空间信息技术与生态保护融合实践

——以洱海流域为例

曾维军　陈运春　主编

中国科学技术出版社

·北　京·

图书在版编目（CIP）数据

空间信息技术与生态保护融合实践：以洱海流域为例 / 曾维军，陈运春主编 . -- 北京：中国科学技术出版社，2024.4

ISBN 978-7-5236-0685-8

Ⅰ.①空… Ⅱ.①曾… ②陈… Ⅲ.①洱海 – 生态环境建设 – 研究 Ⅳ.① X321.274

中国国家版本馆 CIP 数据核字（2024）第 089381 号

策划编辑	王晓义
责任编辑	李新培
封面设计	郑子玥
正文设计	中文天地
责任校对	焦　宁
责任印制	徐　飞

出　　版	中国科学技术出版社
发　　行	中国科学技术出版社有限公司
地　　址	北京市海淀区中关村南大街 16 号
邮　　编	100081
发行电话	010-62173865
传　　真	010-62173081
网　　址	http://www.cspbooks.com.cn

开　　本	720mm × 1000mm　1/16
字　　数	300 千字
印　　张	13.25
版　　次	2024 年 4 月第 1 版
印　　次	2024 年 4 月第 1 次印刷
印　　刷	涿州市京南印刷厂
书　　号	ISBN 978-7-5236-0685-8 / X · 156
定　　价	69.00 元

《空间信息技术与生态保护融合实践——以洱海流域为例》编委会

主　　编　曾维军　陈运春

副 主 编　郭晓飞　赵　昊　董亚坤　王　钰　郑宏刚

参编人员（按姓氏笔画排序）

马　巍　王　莹　王　鹏　文　杰　包　立

刘淑霞　孙碧飞　李　正　李建华　何紫玲

余凤娇　张　川　张　莹　张　鋆　张建生

张耿杰　陈　晨　陈丽红　赵　荟　柳兴鹏

郭羽鑫　黄玉南　葛兴燕　廖丽君　谭志卫

序

追溯历史，远古时代人类就开始意识到环境保护的重要性。中国古代就有“天人合一”的思想，主张人类应该跟自然和谐相处，自然资源开发与保护并重。随着工业革命的到来，生态环境破坏加剧，如伦敦雾霾事件和凯霍加河污染事件，人类付出了沉重的代价，环境保护意识逐步提升，生态环境保护立法日趋完善。生态环境保护的技术水平也逐步提高，由传统的物理学、化学、生物学等方法进行水土污染的治理向膜技术、生态修复技术、电场修复技术等转变。尤其是20世纪60年代以来，空间信息技术迅速发展，在生态环境信息采集、模拟与预测、生态风险识别、面源污染响应、监测与管理等方面的作用进一步凸显，发挥了越来越重要的作用，取得一系列成果。但是，也存在理论凝练不足、方法体系不健全、关键技术原创性不够等问题，我国至今尚未建立一套系统的空间信息技术体系引导全国的生态环境保护工作，限制了信息技术与生态保护的进一步融合发展。因此，创新空间信息技术在生态环境保护的技术模式成为当务之急。

多学科的综合应用与交叉融合是未来研究的重要发展趋势，应用空间信息技术在洱海流域开展生态保护研究具有重要的现实意义。本书依托国家自然科学基金与云南省农业联合专项项目，以RS、GIS、GEE等空间信息科学平台为技术支撑，通过走访调查、野外核查和田间实验，开展资料分析、长期研究和理论提升，加深了对空间信息技术与生态保护关系的认识，厘清了两者之间的内在逻辑关系，构建了相对完整的空间信息技术生态保护框架体系，主要由遥感信息提取、时空演变模拟、生态风险识别、面源污染响应、种植生态区划5个部分组成。云南农业大学的曾维军老师及其团队，在空间信息技术与生态保护的融合实践中进行了有益的探索，取得了一系列的研究成果。

遥感信息提取是生态保护的基础。提取高精度的土地利用、耕地分布、种植结构、水质分布等数据是进一步开展生态保护信息化研究的根本。本书基于“土地利用—耕地系统—种植结构”的流程与视角，创新了流域长时序土地覆被数据产品智能快速提取以及最优分类算法筛选方法，提出了一种基于 Y-Center 阈值提取水浇地的耕地精细化分类方法，构建了最优分割尺度下流域种植结构决策树提取体系。

时空演变模拟是生态保护监测的重要手段。时空演变模拟探索基于“天—地—生”模式的自然环境演变的等级、速度、强度、形态等时空特征及发展趋势。本书分析了近 30 年来洱海流域土地利用时空动态特征，模拟了流域土壤侵蚀及其景观格局过程，探讨了土地利用分异下流域“源—汇”风险格局时空演变规律。

生态风险识别是提高生态保护效率的保障。识别流域生态风险的重点区域，为差别化实施生态保护措施提供依据，实现生态保护投入效益最大化。本书分析了流域耕地氮磷排放强度空间分布规律，明确生态系统服务价值动态趋势及其相互影响，创新地融合多种生态指标相结合的方法评价流域生态环境状况，构建了流域生态环境遥感识别体系。

面源污染响应明确了生态环境影响因素的路径。面源污染影响因素复杂，构建面源污染响应模型具有重要意义。本书构建了作物种植结构提取方法体系，探讨了不同农作物的施肥水平对洱海流域上游面源污染影响，构建了低纬高原气候下洱海流域农业种植结构、施肥水平与面源污染响应模型。

种植生态区划实现了生态与经济效益的双赢。洱海流域在点源污染得到有效遏制后，农业种植业面源污染成为洱海水污染最大污染源，而面源污染治理的重点是种植业产生的水环境危害，种植生态区划对流域生态保护与治理具有重要现实意义。本书依据种植作物排污数据识别污染源的关键源区，建立了基于关键源区识别的种植生态分区体系，4 种分区为减氮减磷区、减氮定磷区、定氮减磷区和定氮定磷区。构建了坡度、距水源距离、“源—汇”风险格局等适宜性评价指标体系，划分了最适宜区、次适宜区、基本适宜区和不适宜区，建立了基于种植适宜性评价的种植生态区划体系。2 种方案以生态与经济双赢为目标，提出了种植结构调整优化建议。

本书对空间信息技术在流域生态保护中的实践进行了客观的、理性的探索，反映了最新的学术观点与趋势，结合实践，内容丰富。本书具有开创性、系统性、引导性 3 个特点：开创性弥补了空间信息技术生态保护框架体系的空白；系统性体现了各种空间信息技术模式的相互关联；引导性突出了空间信息技术与生态保护融合发展方向的指引。本书可作为环境科学与工程、土地资源管理、水土保持、国土整治与生态修复等专业开展教学及岗位培训的教科书使用，同时可供自然资源监测、生态环境保护、水资源管理等部门的管理工作者参考使用。希望通过本书，抛砖引玉，对各级生态环保、自然资源、水利等部门，高校师生，科研院所等单位的读者有所启迪，共同促进生态环境信息化工作的良性发展。

2024.4.9

（朱　翔　云南省生态环境信息中心主任、正高级工程师）

前　　言

我国人口多，自然资源短缺，水环境污染、土地退化、生态风险等日趋约束了社会经济的持续发展，而空间信息技术与水土资源的交叉融合是保护生态环境的重要途径之一。《2023年度国家自然科学基金项目指南》指出，持续推进学科交叉融合，建立符合交叉科学研究特征的评价机制，加强顶层设计，注重交叉科学领域的多学科共性科学问题凝练，面向世界科学前沿和国家重大需求，围绕人类社会发展面临的综合性、复杂性重大问题，组织多学科交叉合作、协同攻关，营造有利于学科交叉和交叉科学发展的学术环境，打破学科壁垒，开拓学科前沿，产生学科生长点。可见，鼓励学科交叉融合，解决人类可持续发展的重大关键问题，是科学研究的发展趋势，而在生态环境保护领域，从数据的获取、表征、监测、动态模拟等都离不开空间信息技术的支撑，因此亟须探索空间信息技术在资源环境研究中的新理论、新方法。

2015年以来，我们在国家自然科学基金项目“基于面源污染‘源—汇’风险空间格局的流域上游种植生态区划”“洱海典型流域水系网络—布局时空演化机理及其生态调控”，以及云南省农业联合专项项目“近30年来洱海流域生态风险及土地利用冲突时空演变”研究过程中，利用RS、GIS、GEE等空间信息技术，运用分类和回归树（CART）、随机森林（RF）、支持向量机（SVM），以及C5.0、CART、QUEST等决策树算法开展了遥感信息提取研究；运用土地利用转移矩阵、土地利用类型动态度、景观指数、热点分析等开展时空演变模拟研究；运用最小累积阻力模型、区域环境质量指数、遥感生态指数、改进的土壤流失方程等进行生态风险识别；运用指标分析、结构方程模型研究面源污染响应关系；构建种植生态区划指标体系，运用GIS空间分析方法开展种植生态区划研究。上述研究运用环境科学、土壤学、景观生态学、流域生态学、环境规划学、资源管理学、自然地理学、环境经济学等学科的优势，融合GIS、RS、Fragstats等空间信息技术平台，创新了资源环境信息提取、时空演变模拟与预测、生态风险识别、种植生态区划的理论与方法，取得了较好的应用效果。

经过多年的工程实践和科研工作的经验积累，团队系统地思考了空间信息技术浪潮下生态环境保护的困境与未来的出路，深刻地认识到空间信息技术在人类发展进步中的重要作用，将贯穿于人类社会发展的整个过程。2020 年以来，全面启动、策划及安排《空间信息技术与生态保护融合实践——以洱海流域为例》专著撰写，从遥感信息提取、时空演变模拟、生态风险识别、面源污染响应、种植生态区划等 6 个方面进行系统阐述。本书从设想到实践探索，再到构思设计、策划、撰写，整个过程历时十余载，倾注了团队所有研究人员的心血和智慧，实属不易。

全书共分 9 章：第一章，概述，重点介绍研究背景与意义、研究特色与技术体系、国内外研究现状等内容；第二章，研究的相关理论，重点介绍空间信息技术、遥感信息提取、生态环境时空演变与识别、面源污染响应下的种植生态区划的相关理论；第三章，洱海流域概况，重点介绍流域的地理位置及行政区划、自然地理情况、自然资源情况、社会经济概况等内容；第四章，遥感信息提取，重点阐述“土地利用—耕地精细化—种植结构”提取的技术方法与流程；第五章，时空演变模拟，重点讲解土地利用、土壤侵蚀、景观格局、风险格局等时空演变规律及其发展趋势；第六章，生态风险识别，重点论述面源污染空间分布规律、“源—汇”风险识别、生态系统服务价值评价等理论与方法；第七章，面源污染响应，分析种植作物与面源污染响应关系，构建种植结构、施肥水平与面源污染的关系模型；第八章，种植生态区划，构建面源污染治理的种植生态区划体系；第九章，结论、建议与展望。

本书由云南农业大学曾维军老师、陈运春老师总体构思设计。在本书的撰写过程中，得到了中国水利水电科学研究院、云南省生态环境厅信息中心、云南省生态环境科学研究院、云南省自然资源厅国土规划整理中心、云南省水利水电勘测设计研究院、国家林业和草原局西南调查规划院、中国电建集团昆明勘察设计研究院、云南省国防科技工业局综合研究所等单位，云南省洱海流域山水林田湖草沙一体化保护和修复工程项目组，以及云南农业大学的相关专家学者的悉心指导和大力支持，借鉴了相关专家和学者既有的研究积淀，在此表示衷心的感谢。由于写作人员的水平有限，且时间仓促，书中难免存在纰漏和不妥之处，恳请读者不吝指正。

目　录

第一章　概　　述

第一节　研究背景与意义

云南省有九大高原湖泊，分别为洱海、滇池、异龙湖、星云湖、杞麓湖、程海、阳宗海、泸沽湖和抚仙湖，其中泸沽湖与抚仙湖的水质最好，为Ⅰ类水质，洱海的水质常年介于Ⅱ类与Ⅲ类之间。洱海是中国第七大淡水湖和云贵高原第二大淡水湖，位于中国云南省大理白族自治州，澜沧江、金沙江和元江三大水系分水岭地带，地理坐标为北纬25° 36′ ~25° 58′，东经100° 05′ ~100° 17′，涉及大理市、洱源县的16个乡镇，流域面积2565.0km^2。洱海湖面面积约250km^2，湖面高程1966.0m，湖泊最深处为20.7m，平均水深10.5m，蓄水量达$2.96 \times 10^9 m^3$。

洱海流域的生态保护一直受到全国人民的关注。2015年1月20日，中共中央总书记习近平来到云南省大理白族自治州考察，了解洱海生态保护情况。他同当地干部合影后说："立此存照，过几年再来，希望水更干净清澈。"他叮嘱当地干部一定要改善好洱海水质，洱海流域的生态治理也要进一步提速。

洱海属典型的高原内陆断陷湖，具有典型的封闭和半封闭特征，容易受地形和气候的影响，主要靠降水补给，水源补给系数相对较小，水体交换周期较长，生态环境较为脆弱。同时，洱海属于城镇近郊型湖泊，是云南省经济增长快速的地区之一，对当地居民生活和社会经济发展起着重要作用，而又以传统农业和旅游业为主要产业，污染问题较为突出。此外，流域内有苍山洱海国家级自然保护区，保护区总面积$7.97 \times 10^4 hm^2$，苍山十九峰对应洱海西岸十八溪，是洱海主要的水源之一，"下关风、银桥花、苍山雪、洱海月"四大自然景观更是闻名遐迩，是全国著名的旅游胜地，旅游开发与人口流动也为生态环境承载带来了巨大的压力。

目前，洱海治理虽然取得一些成绩，但以产业结构调整、保护性耕作、生态补偿等源头治理，湿地建设、水土保持、环湖截污等过程治理，以及蓝藻去除的末端治理的方式效果仍不理想。2017年年初，洱海部分水域集中爆发了蓝藻，大理白族自治州也打响了洱海抢救"七大行动"攻坚战。可见，洱海水质保护面临的局面仍不乐观，亟待提出洱海水环境保护治理的新理念与新方法。

空间信息技术，传统的定义主要包括卫星定位系统、遥感系统、地理信息系统等的理论与技术，即3S技术，以遥感技术为核心的应用端如GEE、谷歌地球、奥维地图、BIM等在人们日常生活中发挥了极大的作用。随着信息技术发展的日新月异，现代信息技术又出现了大数据、云计算、物联网、数字孪生等数据采集、处理、分析的理论与方法，且与3S技术深度融合，进一步拓展了空间信息技术的内涵与发展。

空间信息技术在自然资源、农业、林业、环境保护、水利、交通等领域已进行了广泛的应用，但尚存在地区发展不平衡、信息化技术不深入、社会服务应用不够、覆盖范围仍待加强、数据共享难、信息标准制定滞后等问题，亟待进一步开展空间信息技术与资源环境的交叉融合研究，提高资源环境数据采集的精度与效率，加强资源环境数据挖掘与空间分析能力，发展数据管理与支持决策水平，为新时代流域的生态环境保护添砖加瓦。因此，依托国家自然科学基金项目“基于面源污染‘源—汇’风险空间格局的流域上游种植生态区划（41961040）”与云南省农业联合专项项目“近30年来洱海流域生态风险及土地利用冲突时空演变（202101BD070001-101）”，创新地开展空间信息技术在洱海流域生态保护中的学科交叉实践，通过遥感信息提取、时空演变模拟、生态风险识别、面源污染响应和种植生态区划研究，构建了5种技术体系：①研究长时序土地利用数据最优分类算法的筛选，提出耕地精细化分类方法，创新了复合轮作种植结构提取方法，构建了“土地利用—耕地精细化—种植结构”遥感信息提取体系；②模拟流域土地利用、土壤侵蚀及其景观格局过程，创新地融合多种生态指标相结合的方法模拟流域生态环境状况，构建了“土地利用—土壤侵蚀—生态环境”时空演变模拟体系；③分析流域氮磷污染空间分布规律，探讨土地利用分异下流域“源—汇”风险格局，明确生态系统服务价值动态趋势及其相互影响，构建了“氮磷分布—源汇风险—生态价值”生态风险识别技术体系；④在提取复合轮作作物的基础上，探讨不同农作物的施肥水平对洱海流域上游面源污染影响，构建低纬高原气候下洱海流域农业种植结构、施肥水平与面源污染响应关系模型；⑤采用德尔菲（Delphi）法、构建ECM模型实现基于面源污染关键源区识别的种植生态分区，采用熵值法确定指标权重，建立种植适宜性评价指标体系，构建了“关键源区识别—种植适宜性评价”的种植生态区划体系，以期为流域生态环境保护提供技术支撑。

第二节　研究特色与技术体系

一、研究特色

（一）多学科交叉

多学科的综合应用是未来研究的重要发展趋势，如国家自然科学基金申请中科学问题属性分成“鼓励探索，突出原创”“聚焦前沿，独辟蹊径”“需求牵引，突破瓶颈”“共性导向，交叉融合”4种类型，鼓励多学科开展交叉融合研究，从而突破关键科学问题。本项目综合运用环境科学、土壤学、景观生态学、流域生态学、环境规划学、资源管理学、自然地理学、环境经济学等学科的优势，以 GIS、RS、Fragstats 等空间信息科学平台为技术支撑，在洱海流域开展了遥感信息提取、时空演变模拟、生态风险识别、面源污染响应关系和种植生态区划研究，取得了较好的社会与生态效应。

（二）以流域的树形结构为单元开展研究

典型流域有明确的地理边界，各子流域之间又相互独立，流域与水系构成了独特的树形结构，每个子流域既保持了水系网络、景观体系、生态系统的整体性，又由于流域之间的地形地貌、土地利用、种植结构、经济发展等不同，具有空间单元的可对比性。本书从流域的整体性出发，分析典型流域土地利用、土壤侵蚀、种植结构、生态风向、面源污染响应等特征，研究上述因素在不同流域的差异性，为构建流域生态保护理论打下良好的基础。

（三）研究内容的有机整合

依托国家自然科学基金项目与云南省农业联合专项项目，运用遥感、GIS、GEE、物联网等空间信息技术，本书把 5 个研究内容有机地结合在一起，研究内容由浅入深，联系紧密。

遥感信息提取分 3 个层次：首先是土地利用遥感解译，目的是提取土地利用类型的一级地类——耕地；其次是利用决策树进行耕地的精细化分类，目的是区分耕地中的水田、旱地、水浇地；最后是利用 C5.0 决策树提取复合轮作种植结构。在上述基础上，进行“土地利用—土壤侵蚀—生态环境”的时空演变模拟，分析时空演变规律，预测发展趋势。接下来，分析氮磷污染的空间分布规律，识别“源—汇”风险的关键源区，明确生态服务价值的发展趋势。进一步创新性地提出低纬高原气候下种植结构、施肥水平与面源污染之间的 8 类响应关系模型并进行验证，揭示面源污染影响因素的影响程度与路径系数。最后，构建了“关键源区识别—种植适宜性评价”的种植生态区划体系。

二、技术体系

（一）构建“土地利用—耕地精细化—种植结构”遥感信息提取体系

洱海流域在点源污染得到有效遏制后，种植业面源污染成为最大污染源，农作物种类、施肥处理、土壤和地形是种植业面源污染排污量的决定性因素，精确快速提取耕地种植结构对洱海流域面源污染治理具有重要意义。本书研究长时序土地利用数据最优分类算法的筛选，提出耕地精细化分类方法，利用 C5.0 决策树提取复合轮作种植结构，构建了“土地利用—耕地精细化—种植结构”遥感信息提取体系（图 1–1）。

通过裁剪镶嵌、投影转换、重采样等影像预处理，结合作物物候期，开展多时段、大范围的野外核查，为水环境约束下流域“土地利用—耕地精细化—种植结构”遥感信息提取训练样本选取与指标体系建立积累了大量的基础数据。首先，建立 MNDWI、EVI、NDBI、NDVI 等光谱特征指数，以及高程、坡度等地形特征指数的土地利用提取指

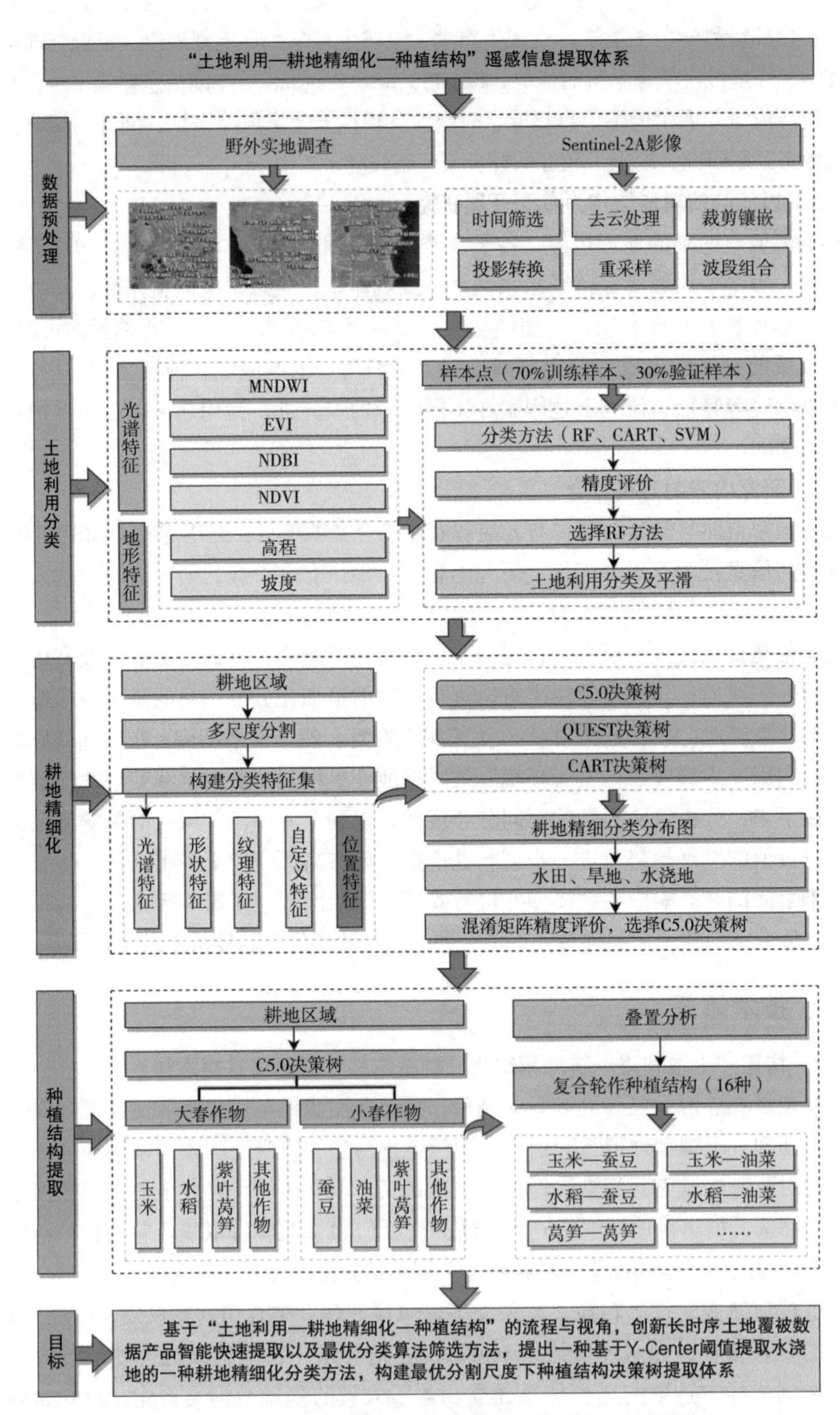

图 1-1 “土地利用—耕地精细化—种植结构”遥感信息提取体系

标体系，并选取70%的训练样本，30%的验证样本，分别运用RF、CART和SVM方法进行洱海流域土地利用分类，而后进行遥感分类的精度评价及适用性分析，开展长时序土地利用数据最优分类算法的筛选，确定流域最优土地利用分类算法。其次，基于ESP最优尺度评价工具对哨兵2号卫星（Sentinel-2A）影像进行多尺度分割，洱海流域土地利用分类的最优分割尺度为150，并在光谱、纹理等常用特征的基础上加入位置特征构建分类特征集，利用C5.0、CART、QUEST决策树算法分别进行规则挖掘并对比分类精度，创新地提出一种基于Y-Center阈值提取水浇地的耕地精细化分类决策树方法。最后，确定流域大春作物、小春作物分类的最优分割尺度为90，选用C5.0决策树算法挖掘分类规则，依据C5.0决策树分类规则绘制大春时期、小春时期的作物精细地块图，大春作物分为水稻、玉米、紫叶莴笋及其他作物，小春作物分为蚕豆、油菜、紫叶莴笋及其他作物，得到复合轮作种植结构共16种。构建的“土地利用—耕地精细化—种植结构”遥感信息提取体系对降低数据采集成本、提高生态保护效率具有重要意义。

（二）构建“土地利用—土壤侵蚀—生态环境”时空演变模拟体系

生态环境是由水资源、土地资源、生物资源等组成的复合生态系统，水土资源动态模拟是其可持续发展的基础，水土资源的不合理利用产生了土壤侵蚀、面源污染、洪涝灾害等生态环境问题，而“土地利用—土壤侵蚀—生态环境”受人类活动、地形地貌影响不断变换结构形态，导致水土资源时空上的重新分配和污染物输移规律的改变，但水土资源时空动态效应尚不清楚，水土资源的时空演变模拟成为重要的科学问题。因此，本书开展土地利用、土壤侵蚀时空演变模拟研究，利用多种生态指标相结合的方法探索流域生态环境过程，构建了“土地利用—土壤侵蚀—生态环境”时空演变模拟体系（图1–2）。

通过收集自然、社会数据，采用RUSLE计算流域土壤侵蚀数据，进行影像校正、投影转换、重采样等影像预处理，得到多期土地利用与土壤侵蚀数据。首先，运用土地利用转移矩阵、单一土地利用类型动态度、综合土地利用类型动态度进行土地利用动态模拟。其次，采用改进的土壤流失方程RUSLE及热点分析研究流域的土壤侵蚀时空变化，并进一步揭示不同坡度下的土壤侵蚀分布规律，应用Fragstats软件从类型与景观水平分析土壤侵蚀景观格局变化趋势。最后，选取区域生态环境质量指数、遥感生态指数和土壤侵蚀3种生态指标分析流域近20年生态环境质量的时空演变规律，与其他2种指数相比，RSEI区域适应性更强。构建的“土地利用—土壤侵蚀—生态环境”时空演变体系对探索流域生态环境过程具有重要的现实意义。

（三）构建“氮磷分布—源汇风险—生态价值”生态风险识别技术体系

目前，洱海流域的治理虽然取得较大成绩，但以源头治理、过程治理和末端治理的方式取得的效果仍需改善，而生态环保措施实施过程中存在目标不明确、方位不清楚、针对性不强等问题。因此，本书分析流域氮磷污染空间分布规律，识别“源—汇”风险的关键源区，明确生态系统服务价值动态趋势，构建了“氮磷分布—源汇风险—生态价值”生态风险识别技术体系（图1–3）。

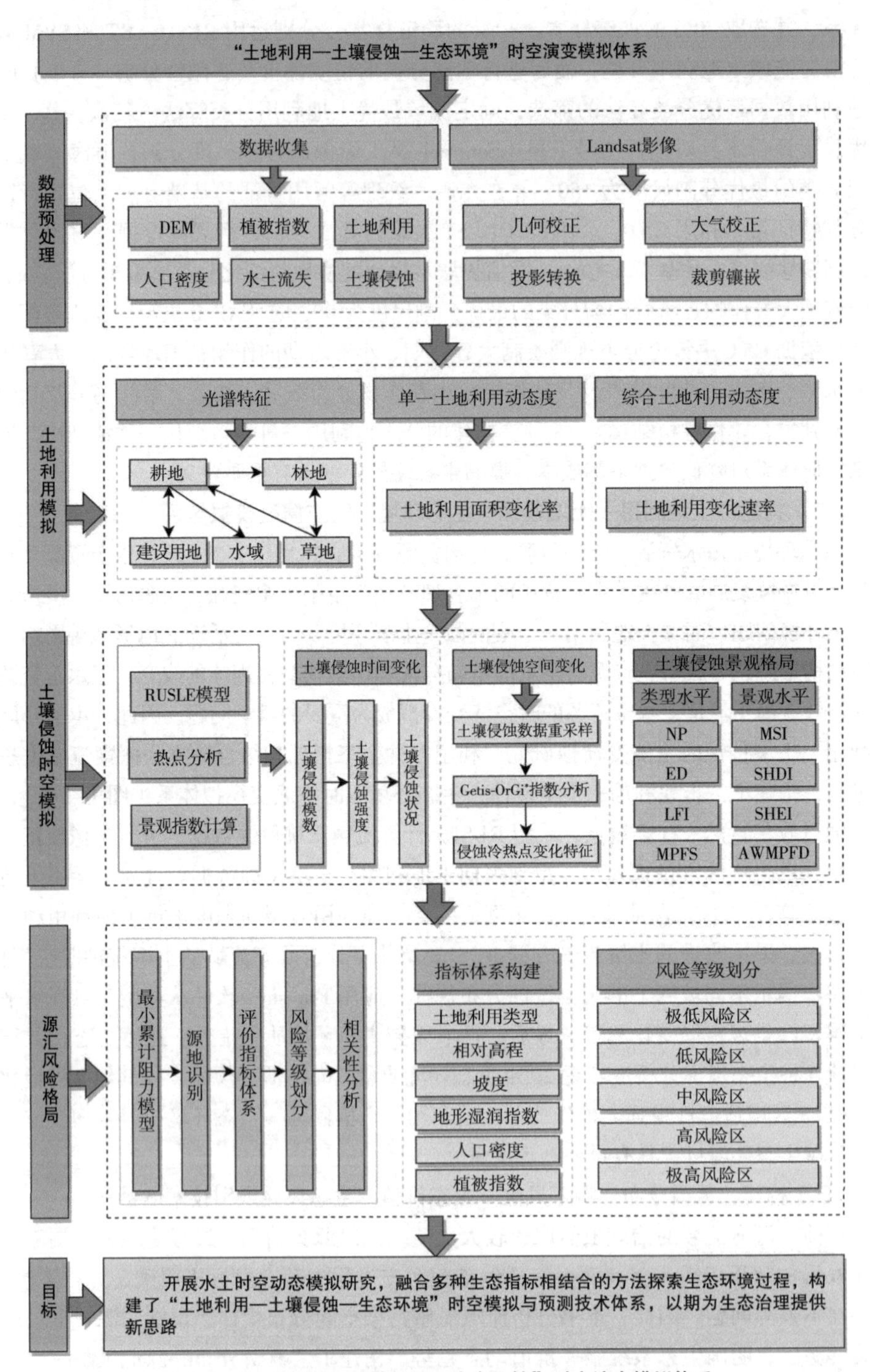

图 1-2 "土地利用—土壤侵蚀—生态环境"时空演变模拟体系

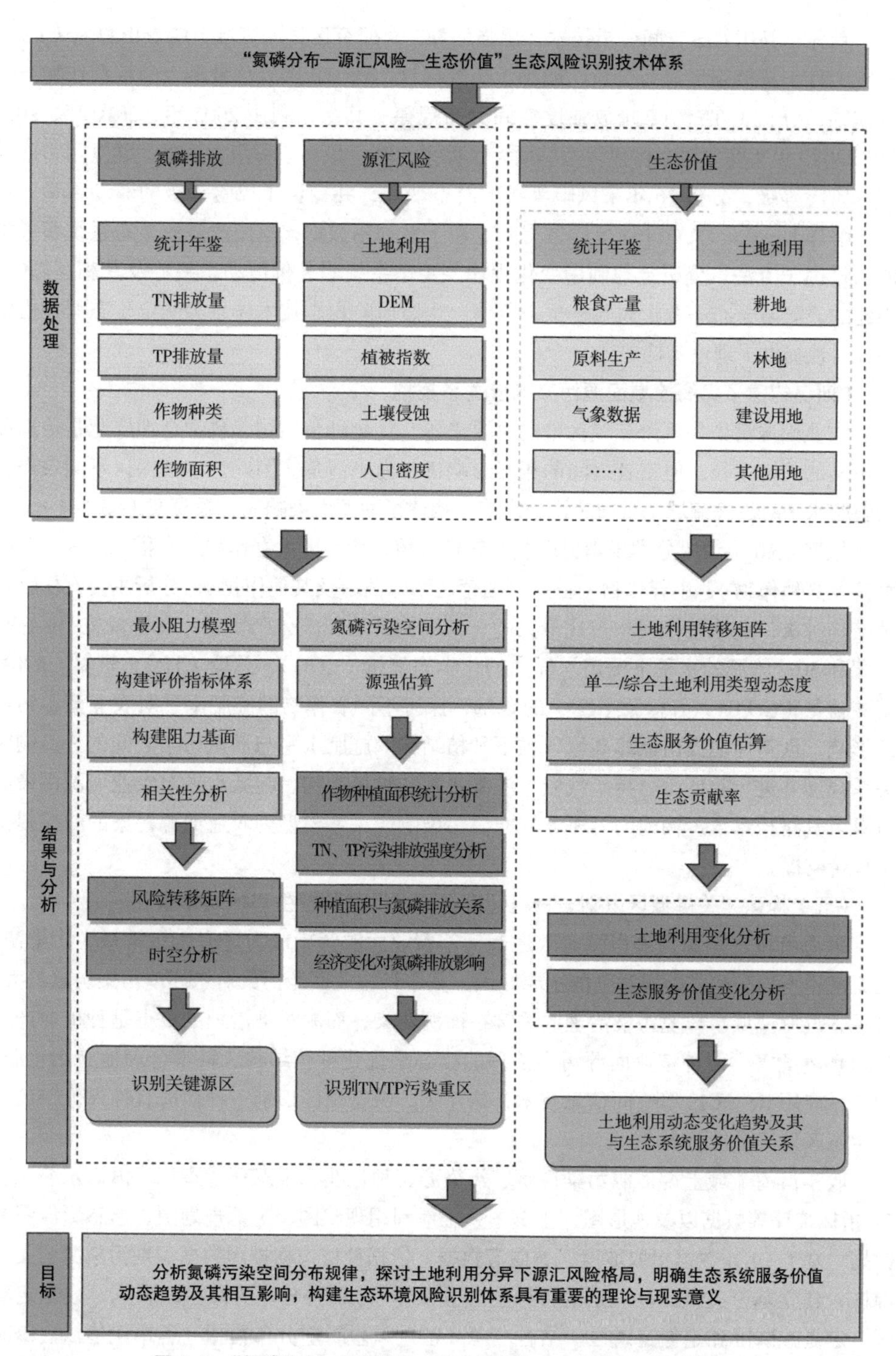

图 1-3 "氮磷分布—源汇风险—生态价值"生态风险识别技术体系

首先，利用GIS空间分析技术、源强估算，对研究区洱海流域上游农田总氮（TN）、总磷（TP）排放强度进行分析，明确了研究区域TN、TP排放总量最大的粮食作物与经济作物，分析了TN、TP排放强度空间分布规律。其次，利用2005年、2010年、2015年和2020年4期数据，构建阻力基面评价体系，基于最小累积阻力模型，建立阻力面并划分风险等级，分析16年来风险等级的时空变化，并探讨了风险等级的驱动因素。最后，解译Landsat TM/OLI遥感影像得到5期土地利用数据，运用改进的生态系统服务价值当量因子方法，分析土地利用变化规律、生态系统服务价值动态趋势及其相互影响。构建的“氮磷分布—源汇风险—生态价值”生态风险识别技术体系为制定生态保护措施的针对性提供了理论支持。

（四）构建了洱海流域面源污染响应关系模型

农业面源污染是洱海流域污染的主要来源，优化种植结构、科学合理施肥是治理面源污染的关键途径，但三者之间的相互影响机制尚不清楚。因此，本书探讨不同农作物的施肥水平对洱海流域上游面源污染影响，构建了面源污染响应关系模型（图1–4）。

依据C5.0决策树分类规则提取复合轮作种植结构，即大春作物（水稻、玉米、紫叶莴笋及其他作物）、小春作物（蚕豆、油菜、紫叶莴笋及其他作物），分析主要农作物种植结构种类，选取轮作面积占比最大的种植结构开展减施化肥实验，在常规施肥、60%施肥和30%施肥的水平下测定水样中的化学需氧量（COD）、总磷（TP）、氨氮（AN）、硝酸盐氮（NO_3-N）与总氮（TN）的含量，探讨不同农作物的施肥水平对农业面源污染的影响，创新性地提出低纬高原气候下种植结构、施肥水平与面源污染之间的8类响应关系模型并进行验证，分析了气候、灌溉水平、种植结构、施肥水平对农业面源污染的贡献及其路径系数。构建的洱海流域面源污染响应关系模型为农业面源污染的防控提供了理论支撑。

（五）构建“关键源区识别—种植适宜性评价”的种植生态区划体系

洱海流域在点源污染得到有效遏制后，农业面源污染成为洱海水污染最大污染源，化肥使用不当是造成面源污染的主要原因，其中种植业面源污染对水环境污染贡献最大。可见，洱海流域水环境污染治理的关键在面源污染，面源污染治理的重点是种植业产生的水环境危害，而种植业面源污染治理的核心是优化种植结构、科学合理地施用化肥。因此，应用RS、GIS等空间信息技术，构建了“关键源区识别—种植适宜性评价”的种植生态区划体系（图1–5）。

收集洱海流域上游面源污染现状、污染源、种植业、生态环境指标、洱海水质TN、TP指标统计等数据以及地形图、土壤图、土地利用现状图、土地规划图、遥感影像图等数据，基于DEM数据提取坡度、坡向等数据，依据种植作物排污数据识别污染源的关键源区，建立基于关键源区识别的种植生态分区体系，4种分区为减氮减磷区、减氮定磷区、定氮减磷区和定氮定磷区。结合“源—汇”风险时空分布数据，运用熵值法、ECM模型、GIS空间分析等方法，开展研究区域种植适应性评价，构建了高程、坡度、距水

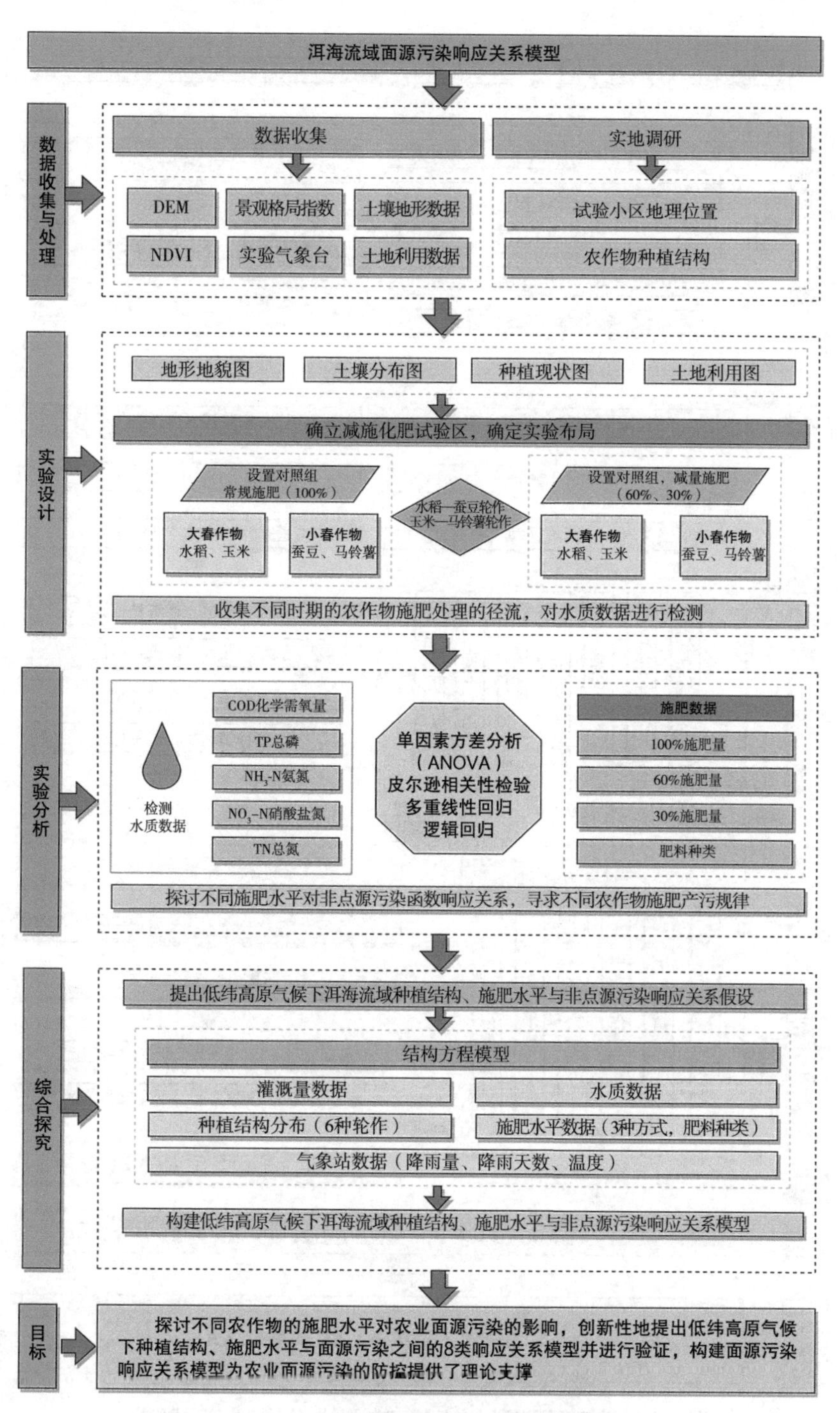

图 1-4 洱海流域面源污染响应关系模型

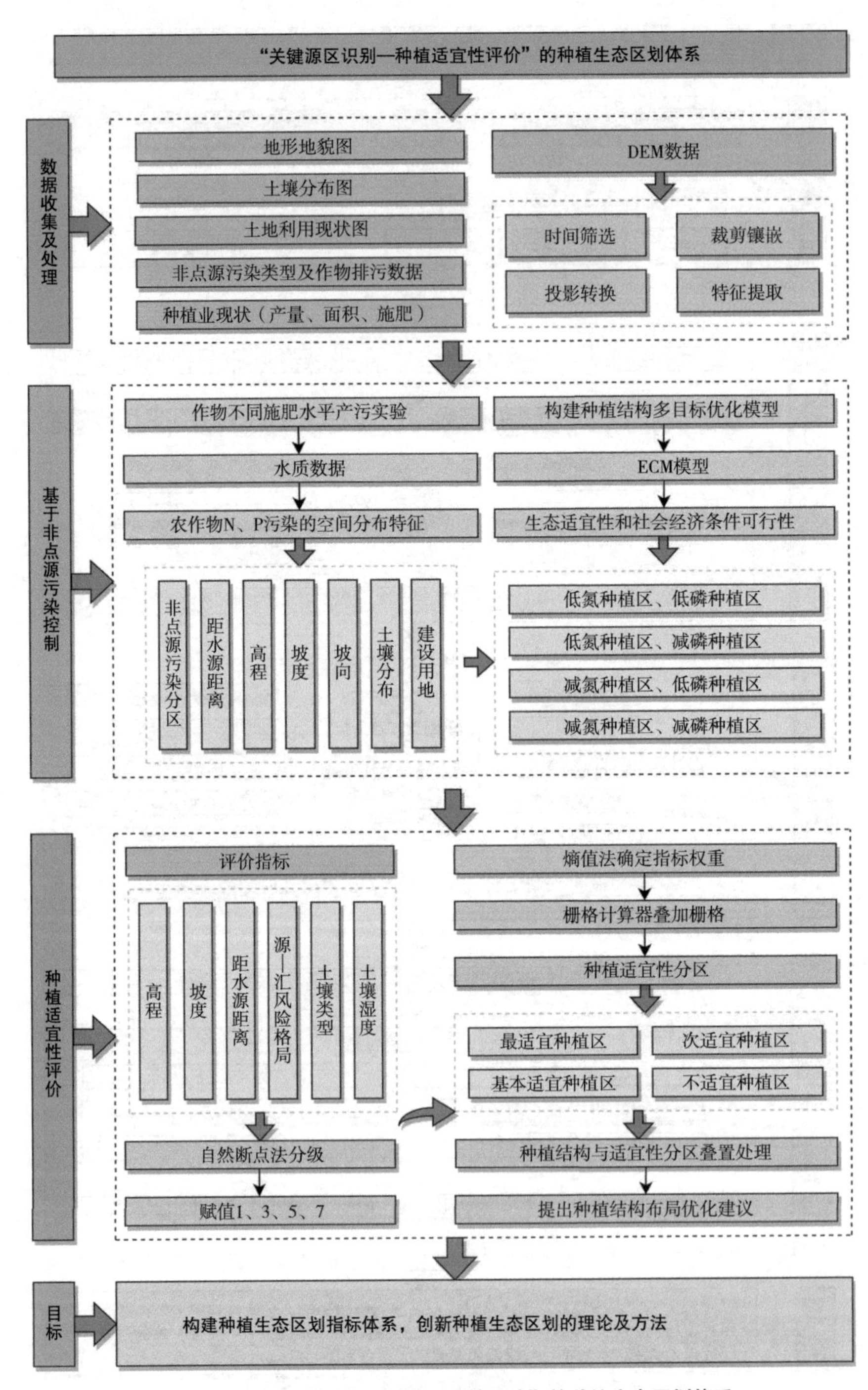

图 1–5 "关键源区识别—种植适宜性评价"的种植生态区划体系

源距离、“源—汇”风险格局、土壤类型、土壤湿度等适宜性评价指标体系，划分了最适宜种植区、次适宜种植区、基本适宜种植区和不适宜种植区，建立了基于种植适宜性评价的种植生态区划体系。2 种方案以生态与经济双赢为目标，提出了种植结构调整优化建议。

第三节 国内外研究现状

一、流域的相关研究现状

流域有明确的地理边界，各子流域之间又相互独立，形成了独具特色的树形结构。本书从流域角度分析土地利用结构、生态环境识别、种植生态区划等，既保持了生态系统的整体性，又具有空间单元的可对比性。以流域作为整体开展水土资源过程、生态环境风险、资源环境协同等研究是未来的发展趋势。

近年来，关于洱海流域环境生态化治理方面的研究很多，但大都围绕水质时空分布、生态评价、种群结构及演替、蓝藻治理、水质影响因素等进行，且多数研究集中在湖泊内部的生物种群结构、水污染分布特征、总量控制及影响因素。例如，万辰等[①]为探究洱海流域油菜种植合理的施肥方式，研究不同有机肥替代对土壤理化性质及油菜产量的影响；何万朝等[②]为探究湖滨带生态廊道建设对湖泊近岸带水生生物群落分布及多样性的影响，研究比较了洱海湖滨带生态廊道建设前后不同类型湖湾（S 型和 L 型）鱼类群落结构的变化；杨雅兰等[③]结合聚类分析、方差分析和冗余分析等，分析驱动浮游植物优势功能群转变的主要因素；苏倩等[④]对洱海上游湿地水体氮磷的空间分布特征进行探析，并利用优化的对数型幂函数普适指数对水体富营养状态进行评价。空间信息技术在洱海流域生态保护中的研究成果还较少，已有的研究大多在解译土地利用数据的基础上，探讨土地利用与水质时空分布的响应关系[⑤]，在空间规划视阈下开展土地利用多功能适宜性研究[⑥]，或进行农村人口与聚落用地空间分布预测[⑦]等。利用遥感、GIS、GEE 等多种空间信息平台，进

① 万辰，马瑛骏，张克强，等．洱海流域不同有机肥替代对土壤理化性质及油菜产量的影响［J］．农业环境科学学报，2021，40（11）：2494–2502.

② 何万朝，尹成杰，袁静，等．生态廊道建设对洱海不同类型湖湾鱼类群落分布及多样性的影响［J］．水生生物学报，2023，47（12）：1965–1975.

③ 杨雅兰，尹成杰，公莉，等．上、下行效应对洱海浮游植物优势功能群的影响［J］．湖泊科学，2023，35（4）：1194–1204.

④ 苏倩，徐红枫，刘云根，等．洱海北部上游不同修复类型湿地氮磷分布及污染风险评价［J］．环境污染与防治，2022，44（5）：612–617.

⑤ 项颂，万玲，庞燕．土地利用驱动下洱海流域入湖河流水质时空分布规律［J］．农业环境科学学报，2020，39（1）：160–170.

⑥ 王明杰，余斌，何永娇，等．空间规划视阈下的洱海流域土地利用多功能适宜性研究［J］．中国农业资源与区划，2020，41（3）：220–229.

⑦ 张磊，武友德，李君．农村人口与聚落用地空间分布的脱钩及预测分析——以大理市洱海东岸地区为例［J］．地域研究与开发，2019，38（1）：148–154.

行“土地利用—耕地精细化—种植结构”一体化遥感信息提取，开展“土地利用—土壤侵蚀—生态环境”时空模拟与预测，识别生态风险关键源区，建立种植生态区划指标体系的研究还有待进一步深入。

二、遥感信息提取

遥感技术作为一种重要的数据获取手段，主要应用于土地利用、植被覆盖、水体质量、水生植被、种植结构等信息提取，尤其在土地利用信息的获取方面进行了广泛的应用。例如，陈航等[①]利用多源多时相的 Landsat 8 卫星遥感数据，基于支持向量机分类法（SVM）和随机森林模型（RFM），对该区的植被类型和土地利用现状类型进行识别；陈妮等[②]采用 U-Net 为代表的深度卷积神经网络对 2m 高分辨率的遥感影像进行特征提取、分割和分类，快速、精确地提取高分辨率遥感影像中的地表覆盖特征，得到高精度的土地利用分类结果；以时间序列 HJ 卫星影像为数据源，构建时间序列归一化植被指数（NDVI）、时间序列光谱第一主成分（PC1）数据集，基于面向对象的随机森林算法对长株潭城市群核心区土地利用 / 覆盖信息进行分类；一种基于 2 个短波红外（SWIR）波段差异的增强型水生植被指数来提取水面以上的水生植被；研究了利用物候特征、Savitzky-Golay 滤波器、谐波分析和决策树协同，从 MODIS EVI 中提取西北干旱地区的开都—孔奇河流域农作物种植结构（CPS）的可行性[③]。虽然在单一土地利用/覆被、种植结构的信息提取有许多研究，但目前基于位置特征提取水浇地的耕地精细化分类，以及复合轮作作物种植结构提取的研究还较少，其相关研究还需要进一步加强。

目前，国内外关于遥感信息提取的方法主要包括：基于面向对象分类方法，对影像进行多尺度分割；基于图像处理的技术，包括滤波、增强、分割等；基于机器学习的方法，包括支持向量机、随机森林、决策树等；基于深度学习的方法，包括卷积神经网络、循环神经网络等。例如，利用遥感技术与机器学习相结合来监测城市问题，并制定了一个在城市研究中整合机器学习和遥感的框架[④]；对 Landsat 8 卫星遥感数据进行了大气定标、波段组合、图像融合等数据增强处理，并基于深度学习的遥感图像块分割，提高数据质量[⑤]。这些方法在遥感信息提取方面具有较高的精度和效率，为遥感信息提取技术的发展提供了有力支持。上述研究为遥感信息提取积累了一定的方法与经验，但在多源遥

---

① 陈航，王颖，张昕，等. 秦岭南坡子午河中下游流域土地利用 / 土地覆被信息提取及其应用［J］. 生态学报，2022，42（22）：9239–9249.

② 陈妮，应丰，王静，等. 基于 U-Net 的高分辨率遥感图像土地利用信息提取［J］. 遥感技术与应用，2021，36（2）：285–292.

③ H. Wang，Y. Li，S. Zeng，et al. Recognition of aquatic vegetation above water using shortwave infrared baseline and phenological features［J］. Ecological Indicators，2022，136：108607.

④ Li F，Yigitcanlar T，Nepal M，et al. Machine learning and remote sensing integration for leveraging urban sustainability：A review and framework［J］. Sustainable Cities and Society，2023，96：104653.

⑤ Shun Z，Li D，Jiang H，et al. 2022. Research on remote sensing image extraction based on deep learning［J］. PeerJ Computer Science，2022，8：e847.

感数据融合和多种方法的对比分析方面还有待进一步研究。

本书融合 Sentinel-2A、TM 等多种数据源，对比基于面向对象的 3 种决策树算法，基于 ESP 最优尺度评价工具进行多尺度分割，在光谱、纹理等常用特征的基础上加入位置特征构建分类特征集，利用 C5.0、CART、QUEST 决策树算法分别进行规则挖掘，并进行分类方法适宜性评价，构建了水环境约束下流域“土地利用—耕地精细化—种植结构”提取技术体系，为农业管理和决策提供了更准确的数据支持。

三、时空演变模拟

近年来，时空演变模拟的研究成为国内外研究的一大热点。从研究内容上看，主要集中于土地利用、植被覆盖度、景观格局、水域空间等。例如，梁锦涛等①研究杭州湾土地利用 / 覆被变化时空格局演变，认为在研究期间内建设用地、水体、裸地面积呈现增加趋势，林地、耕地、滩涂的面积呈现减少趋势，其中耕地是最主要的转出源，以建设用地和裸地为主要的转入对象；唱彤等②对江汉平原水域空间格局进行时空演变特征分析，指出江汉平原水域面积变化显著，农业活动和城镇化的耕地和人造地对水域景观格局影响是最为重要的一个原因；马国强等③针对抚仙湖流域景观格局在时空上的变化，以及景观格局对生态系统服务价值的变化作出研究分析，认为抚仙湖景观类型以湖泊为主，其次是乔木林地，而建设用地类的面积最小。从以上分析可知，时空演变模拟作为研究水土资源长时间序列发展过程及趋势的主要手段，越来越引起研究人员的重视。

从研究方法上看，主要有灰色预测模型、神经网络、土地转移矩阵、决策树、SBAS-InSAR 技术等。例如，吕乐婷等④结合 InVEST 模型与景观生态学的相关理论，对太子河水源涵养时空分布特征做定量的评估，从景观水平与空间视角分析得出，各景观指数对水源涵养起正向作用，而建设用地等对水源涵养起负向作用；谭月等⑤采用面向对象的决策树分类方法得到土地覆盖变化情况，结合土地利用转移矩阵、景观格局分析法和等扇方位分析法，研究人工类型用地时空演变特征，认为农田开垦、城镇建设等人类活动是自然湿地演变的主要驱动力。上述研究方法已较为成熟，但在实践中尚缺少多种方法之间的联系与融合，以及多生态指标的对比验证。

本书为研究土壤侵蚀、生态环境的时空演变，利用遥感与 GIS 空间信息技术，分别

---

① 梁锦涛，陈超，孙伟伟，等. 长时序 Landsat 和 GEE 云平台的杭州湾土地利用 / 覆被变化时空格局演变［J］. 遥感学报，2023，27（6）：1480–1495.

② 唱彤，郦建强，郭旭宁，等. 江汉平原水域空间格局时空演变特征及其驱动因素分析［J］. 水科学进展，2023，34（1）：21–32.

③ 马国强，李秋洁，张蓉，等. 抚仙湖流域景观格局及生态系统服务价值的动态变化［J］. 西北林学院学报，2023，38（2）：26.

④ 吕乐婷，乔皓，郑德凤，等. 太子河流域景观格局时空演变及其对水源涵养的影响［J］. 水资源保护，2023，39（6）：111–120，15.

⑤ 谭月，杨倩，贾明明，等. 辽河口国家级自然保护区湿地时空演变遥感评估［J］. 遥感技术与应用，2022，37（1）：218–230.

选择 RUSLE、热点分析和景观指数，以及生态服务价值、遥感生态指数和土壤侵蚀多种指标相融合的方法，希望弥补单一生态指标评价的不足，准确有效地反映生态环境过程，为洱海流域的生态调控和治理提供新的思路与途径。

四、生态风险识别

生态风险是指不同层次的生命系统在受到外界不良干扰后，其结构、过程、功能、状态、生产力等下降或受损的可能性与程度。生态风险分析与识别是一种把复杂多变的生态状态，通过收集、整理、计算等手段，将生态情况直观地呈现出来，为决策者治理当地生态破坏提供可视化与量化的理论参考。

近年来，生态风险识别的研究已经成为一大热点。宏观层面关注气候变化、全球变暖、空气污染、生态平衡失调等，微观层面大多集中于土壤重金属、微生物、微塑料等，而对于人类过度开发产生的重大灾害生态风险则更为关注，其危害性也更大，包括洪水、地震、水土流失等。例如，马星琢等[①]以太湖流域的河网为研究对象，将沉积物细菌群落对重金属生态风险指数的响应特征做定量分析，分析了 441 个生物序列分类单元与综合生态风险指数存在的响应关系；李惠梅等[②]以青海湖流域为例进行生态功能分区，并针对气候和旅游对研究区的影响进行生态风险评估，指出流域生态风险空间分布格局两极分化明显，生态系统服务重要性空间格局具有异质性；李思琼等[③]以长江流域微塑料为污染源，探明微塑料对长江流域影响，认为交通运输业和旅游业是影响微塑料分布的主要因素。

目前，生态风险识别主要运用统计学、生态风险指数、灰色多目标决策、主成分分析法、FLUS 模型等来量化生态风险。例如，赵庆令等[④]利用地累积指数、正定矩阵因子分解法和主成分分析 / 绝对主成分分析法相互融合，分析了菏泽油用牡丹种植区表层土壤中重金属的来源，认为 Cd 和 Hg 是影响生态风险指数的主导元素；王芳[⑤]、刘可暄等采用地统计学分别对沱江流域、密云水库流域针对生态风险时空演变特征进行分析，发现随着建设用地的不断扩张，两流域的林地和草地生态风险逐年上升；李星谕等[⑥]采用地累积指数法和潜在生态风险指数法，对研究区域的生态风险程度进行评价，利用相关性和主成分分析法解析重金属的潜在来源，从而发现汤逊湖沉积物重金属的生态风险现状

---

① 马星琢，余春瑰，金春玲，等．平原河网沉积物细菌与重金属生态风险的定量响应关系研究［J］．环境科学学报，2023，43（11）：372–383.

② 李惠梅，李荣杰，晏旭昇，等．青海湖流域生态风险评价及生态功能分区研究［J］．生态环境学报，2023，32（7）：1185–1195.

③ 李思琼，王华，储林佑，等．长江流域微塑料污染特征及生态风险评价［J］．环境科学，2024，45（3）：1439–1447.

④ 赵庆令，李清彩，安茂国，等．基于 PMF-PCA/APCS 与 PERI 的菏泽油用牡丹种植区表层土壤重金属潜在来源识别及生态风险评估［J］．环境科学，2023，44（9）：5253–5263.

⑤ 王芳．沱江流域近 30 年景观生态风险时空演变分析［J］．测绘科学，2023，48（6）：198–211，221.

⑥ 李星谕，李朋，苏业旺，等．汤逊湖表层沉积物重金属污染与潜在生态风险评价［J］．环境科学，2022，43（2）：859–866.

较为严重。邓晓辉等[①]以长株潭都市圈景观为例，基于土地利用数据和景观生态风险评价模型，结合PLUS模型预测未来生态风险空间分布格局，认为生态用地减少速率变缓，有助于缓解研究区生态风险。

综上所述可知，生态风险识别研究内容主要集中于自然灾害产生的环境风险，研究方法以统计分析模型、地理统计方法等为主，面源污染风险识别则经历了经验模型、机制模型和GIS耦合应用3个阶段，现阶段应用空间信息技术耦合模型已得到广泛应用，如SWAT、AnnAGNPS、HSPF、SWMM、Basin、HydroWorks等，但需要根据流域的尺度、基础数据的要求、模型的适应性等做出具体选择。

本书利用RS、GIS等空间信息技术，解译长时间序列土地利用数据，分析氮磷空间分布规律，构建最小累计阻力模型的阻力面评价体系，探讨面源污染"源—汇"生态风险格局及其转移规律，识别水污染的关键源区，揭示土地利用类型生态系统服务价值趋势及规律，以期为流域水环境治理提供参考。

五、面源污染响应

洱海流域在点源污染得到有效遏制后，农业面源污染成为洱海水污染最大污染源，化肥使用不当是造成面源污染的主要原因。面源污染具有发散性、不确定性、随机性等特点，面源污染治理成为困扰科研界的一道难题，明晰面源污染响应关系又是当前研究的焦点。

经过长期的发展，面源污染响应关系的研究在不同地区已经取得了一系列研究成果，其中，土地利用与面源污染的关系研究更为深入，成果也较多。例如，李铸衡等[②]、李琳琳等[③]、高斌等[④]探讨了在不同土地利用条件下，面源污染产生与迁移的规律及差异，表明土地利用结构对面源污染具有较大影响；探讨降雨强度和土壤水分条件对氮、磷养分流失的影响，研究表明，随降雨强度的增加，土壤氮、磷养分的流失量也随之增加[⑤]，采用径流系数、径流量以及植被覆盖与施肥水平等多项指标对土地利用与面源污染关系进行了研究，研究表明，N、P的流失与降雨强度和前期土壤水分含量呈正相关，而与植被覆盖度呈负相关[⑥]。面源污染对施肥方式的响应研究大多结合降雨径流进行，部分还探讨

① 邓晓辉，王琳，欧彩虹，等. 基于PLUS模型的长株潭都市圈景观生态风险动态分析［J］. 地理与地理信息科学，2024，40（1）：47-54，98.

② 李铸衡，刘淼，李春林，等. 土地利用变化情景下浑河—太子河流域的非点源污染模拟［J］. 应用生态学报，2016，27（9）：2891-2898.

③ 李琳琳，张依章，唐常源，等. 基于偏最小二乘模型的河流水质对土地利用的响应［J］. 环境科学，2017，38（4）：1376-1383.

④ 高斌，许有鹏，王强，等. 太湖平原地区不同土地利用类型对水质的影响［J］. 农业环境科学学报，2017，36（6）：1186-1191.

⑤ Kleinman P J A，Srinivasan M S，Dell C S，et al. Role of rainfall intensity and hydrology in nutrient transport via surface runoff［J］. Journal of Environmental Quality，2006，35（4）：1248-1259.

⑥ Liu R，Wang J，Shi J. Runoff characteristics and nutrient loss mechanism from plain farmland under simulated rainfall conditions［J］. Science of The Total Environment，2014，468-469：1069-1077.

了施肥方式对土壤养分分布的影响，但对于减量化施肥田面水中氮磷浓度动态变化的研究较少。例如，郭泽慧等[①]探讨了不同施肥处理下流域农田氮素随地表径流与壤中流的流失规律；程浩森等[②]以化肥和农药为切入点，利用生态沟渠对农田面源污染的消减机理。分析整理559组生态沟渠野外观测实验数据，得出污染物随水力停留时间成正相关，与植物种类无关；徐新良等[③]以我国九大农业区为例，对农业污染物空间分布及其演变特征分析，发现污染程度由早期的较低污染等级升高为目前的较高污染等级，其中主要的污染物为化肥、农药、农用塑料膜。

从研究方法上看，主要为回归模型、SWAT模型、EKC理论、机器学习等研究方法。例如，冯琳等[④]以三峡库区TN、TP排放量为研究对象，基于环境库兹涅茨曲线（EKC）理论，构建回归模型，分析库区面源污染时空特征，得到库区农业TN排放波动减少，TP波动增加；赵世翔等[⑤]针对河套灌区玉米田氮素面源污染研究，为防治该区域的面源污染，利用层次—灰色关联法对不同防治技术防治效果进行综合评价，指出综合优化施肥技术最优，且得到广大农户的认可；易绍荣等[⑥]利用SWAT模型，对河套灌区流域面源污染负荷估算，分析灌区的面源污染的时空变化特征，识别该区域的关键污染源，得到生活污水中产生的氮类和磷类污染物为主要来源。

综上可知，面源污染对土地利用的响应，以及面源污染对施肥处理的响应关系的研究较多，而综合考虑气候条件，进行减施化肥处理，构建种植结构、施肥处理与面源污染的关系模型的研究还鲜有涉及。从空间信息技术在面源污染响应关系的应用来看，主要应用遥感手段解译土地利用类型数据，响应关系模型构建中应用到ArcGIS的插件模块，如SWAT、Basin、AGNPS等，而本书应用“土地利用—耕地精细化—种植结构”遥感信息提取技术，实现了洱海流域复合轮作作物的精确提取，为构建低纬高原气候下种植结构、施肥水平与面源污染之间的8类响应关系模型打下了良好的基础。

六、种植生态区划

关于种植生态区划的研究已经开展较多，国内外很多成熟的理论和研究方法为本书

---

① 郭泽慧，刘洋，黄懿梅，等. 降雨和施肥对秦岭北麓俞家河水质的影响［J］. 农业环境科学学报，2017，36（1）：158-166.

② 程浩森，季书，葛恒军，等. 生态沟渠对农田面源污染的消减机理及其影响因子分析［J］. 农业工程学报，2022，38（21）：42-52.

③ 徐新良，陈建洪，张雄一. 我国农田面源污染时空演变特征分析［J］. 中国农业大学学报，2021，26（12）：157-165.

④ 冯琳，张婉婷，张钧珂，等. 三峡库区面源污染的时空特征及EKC分析［J］. 中国环境科学，2022，42(7)：3325-3333.

⑤ 赵世翔，李奕含，李斐. 基于层次—灰色关联法的河套灌区玉米田氮素面源污染防治技术综合评价［J/OL］. 中国土壤与肥料，［2023-12-28］.

⑥ 易绍荣，冯雪娇，王宗伟，等. 基于SWAT的河套灌区氮磷面源污染时空变化研究［J］. 农业环境科学学报，2023，42（11）：2550-2559.

的开展提供了参考。例如，曹淑珍等[①]依据重庆市气候条件类型，对重庆市稻田种植的区域进行了划分；利用模糊逻辑技术，结合降雨、空气湿度和平均气温的历史数据，对巴西巴伊亚洲的科尼尔咖啡种植建立农业气候区划重点研究[②]；根据多参数气候数据，使用基于GIS的多准则分析，利用农业生态区划来划分耕地，对尼日利亚木薯品种的最佳种植条件进行研究[③]；以川芎为例，开发了一个普遍适用于所有重金属污染胁迫植物的综合评价体系，并基于当前和未来气候条件，利用MaxEnt模型模拟重金属污染的空间分布，对研究区内的特色植物进行适应性评价及优先种植规划。

RS技术被广泛应用于种植生态区划数据获取中，如高光谱遥感技术、无人机遥感技术、多光谱遥感技术等在种植生态区划数据处理中已得到广泛应用，如红外成像技术常被用于测量植物的水分状况；高光谱遥感技术能够获取植物的反射光谱信息，通过分析光谱信息，获取植物的生长状况、生物量、叶绿素含量等参数；无人机遥感技术可以搭载各种遥感设备，对地面进行高分辨率的观测，并快速、准确地获取种植生态系统的各种信息；多光谱遥感技术通过获取植物多个光谱波段的反射信息，获取植物的生长状况、病虫害情况的参数[④]。上述遥感技术为种植生态区划提供了强大的数据支持。在种植生态区划空间分析中，GIS技术被广泛应用，刘哲等[⑤]以地理网格为单元，以东北三省为研究区，从时空角度研究玉米种植环境精细区划方法，将东北三省的多年环境特征分成7类，使用类别归属度分析方法，实现东北三省玉米种植环境时空型区划；李玲等[⑥]构建评价模型，利用ArcGIS空间分析，对区域特色农作物大蒜进行适宜性评价以及种植区划；何鹏等[⑦]以四川省宜宾市翠屏区为例，选取立地条件、土壤理化性状和养分状况3个方面的生态适宜性评价因子，在GIS的支持下，利用耕地地力评价成果资料，定量获取各评价因子信息，采用AHP法确定各评价因子的权重，对早茶种植的生态适宜性进行综合评价。

从上述分析可知，种植区划尺度普遍比较大，主要集中在全国与省级范围；种植区划对象单一，研究主要针对某一种作物进行，缺少特定区域的种植业综合区划；区划方

① 曹淑珍，母悦，崔敬鑫，等．稻田土壤Cd污染与安全种植分区：以重庆市某区为例［J］．环境科学，2021，42（11）：5535-5544.

② Medauar C C，Silva S D A，Galvão Í M，et al. Fuzzy Mapping of Climate Favorability for the Cultivation of Conilon Coffee in the State of Bahia，Brazil［J］. International Journal of Fruit Science，2021，21（1）：205-217.

③ Akinwumiju A S，Adelodun A A，Orimoogunje O I. Agro-Climato-Edaphic Zonation of Nigeria for a Cassava Cultivar using GIS-Based Analysis of Data from 1961 to 2017［J］. Scientific Reports，2020，10（1）：1259.

④ 李刚勇，陈春波，李均力，等．低空无人机遥感在草原监测评价中的应用进展［J］．生态学报，2023，43（16）：6889-6901.

⑤ 刘哲，刘玮，昝糈莉，等．基于多年环境特征的东北春玉米时空型种植区划研究［J］．农业机械学报，2017，48（6）：125-131.

⑥ 李玲，张少凯，张欢欢，等．基于农用地分等和地球化学调查的开封市大蒜适宜性评价及种植区划［J］．资源科学，2015，37（2）：370-378.

⑦ 何鹏，廖桂堂，林止甫，等．基于土地适宜性评价的农作物种植区划研究——以宜宾市翠屏区早茶为例［J］.南方农业学报，2013，44（5）：859-864.

法则在建立区划指标体系的基础上，以 GIS 空间分析与空间插值为主，区划指标体系主要考虑产地环境、气候、土地利用现状、地形、土壤类型和土壤质地等要素，较少考虑面源污染对生态环境的影响。本项目种植生态区划指标除上述普适性指标外，不仅考虑种植作物的适宜性，而且考虑不同作物的排污量与产量因素，将关键源区识别与“源—汇”风险时空格局纳入种植生态区划指标体系中，本书的种植生态区划是水环境约束下主要种植作物的综合区划。

第二章　研究的相关理论

第一节　空间信息技术

空间信息技术是指以遥感（RS）、全球定位系统（GPS）、地理信息系统（GIS）等空间信息技术为主要内容，并以计算机技术和通信技术为主要技术平台，用于采集、测量、分析、存贮、管理和应用与地球及空间分布有关数据的一门综合集成的信息科学和技术。除了RS、GIS和GPS，空间信息技术还与其他信息技术相融合，如人工智能、深度学习、数字孪生、物联网、GEE等，在城市规划、资源管理、环境监测等方面发挥了越来越重要的作用。

一、3S技术

（一）遥感（RS）技术

RS指的是从不同高度的平台上，使用不同的传感器，收集地球表层各类地物的电磁波谱信息，并对这些信息进行分析处理，提取各类地物的特征，探测和识别各类地物的综合技术[①]。

遥感技术主要是以电磁波为波源的电磁遥感技术，它的物理基础主要是电磁波理论。地球表面覆盖物的种类繁多，各种物体的物理、化学差别很大。各种物体对于电磁波的吸收、反射或辐射、透射能力是不同的，这种特性叫作物体的光谱特征。利用传感器接受各种物体所反射的电磁波，利用不同的物体的光谱特征感知所监测的对象[②]。通过安装在平台上的遥感器获取地物信息，再由专业图像处理技术对地物信息判别，以供应用[③]。我们可以利用遥感获得城市建成区和周边广大区域的下垫面遥感影像，如地形地貌、建成区与非建成区、绿地系统、水体分布、建筑物布局等。其中1m分辨率的全色图像可以对道路、街区、旷地等的图像提供精确位置的数字信息；而4m分辨率的多光谱图像除了能提供色彩视觉效果外，还能对各种信息进行处理，并提供50多种分类信息，如城

---

① 徐小东. 基于生物气候条件的绿色城市设计生态策略研究［D］. 南京：东南大学，2005.

② 王贵贤. 农业区划知识全书［M］. 济南：山东人民出版社，1993.

③ 张帅，赵京晋，李琳一. GIS在农业中的应用研究进展［C］// 中国农科院农业信息研究所建所50周年庆祝大会国农业信息科技创新与学科发展大会，2007.

市热场分布、土地适用性分类、绿化覆盖率、水体密度、城市空间可发展度等。

（二）地理信息系统（GIS）技术

GIS 是人们在计算机硬、软件环境里，使大量描述客观事物、关系和过程的各种数据，按照它们的地理坐标或地理位置输入编测量存贮更新、量测运算、查询检索、分析处理、模型应用、动态模拟、决策支持、显示制图和报表输出，从而帮助人们实现认识、利用和改造客观世界的某种或某些任务目标的一种信息系统①。GIS 中地理信息是指地理环境要素的数量、质量、性质、分布特征、联系和规律等数字、文字、图像、图形等信息的总称②。

GIS 中数理统计分析主要用于数据分类和综合评价，常用的有主成分分析法、层次分析法、系统聚类分析法。其中主成分分析方法可以从统计意义上将各影响要素的信息压缩到若干合成因子上，从而使模型大大地简化。设有 n 个样本，p 个变量。将原始数据转换成一组新的特征值——主成分，主成分是原变量的线性组合且具有正交特征，即将 X_1，X_2，…，X_p 综合成 m（$m<p$）个指标 Z_1，Z_2，…，Z_m③，其公式如下。

$$
\begin{aligned}
Z_1&=L_{11}*X_1+L_{12}*X_2+\cdots+L_{1p}*X_p\\
Z_2&=L_{21}*X_1+L_{22}*X_2+\cdots+L_{2p}*X_p\\
&\vdots\\
Z_m&=L_{m1}*X_1+L_{m2}*X_2+\cdots+L_{mp}*X_p
\end{aligned}
\tag{2-1}
$$

式（2-1）中：Z_1，Z_2，…，Z_m 分别称作原指标的第一，第二，……，第 m 主成分。其中 Z_1 在总方差中占的比例最大，其余主成分 Z_2，Z_3，…，Z_m 的方差依次递减。在实际工作中常挑选前几个方差比例最大的主成分，这样既减少了指标的数目，又抓住了主要矛盾，简化了指标之间的关系。

地理信息系统是以数字形式表达的现实世界，是对特定地理环境的抽象和综合性表达。在现实世界与数字世界转换过程中，数据模型起着极其重要的作用④。一般而言，GIS 空间数据模型由概念数据模型、逻辑数据模型和物理数据模型 3 个不同的层次组成。其中概念数据模型是关于实体和实体间联系的抽象概念集，逻辑数据模型表达概念模型中数据实体（或记录）及其间关系，而物理数据模型则描述数据在计算机中的物理组织、存储路径和数据库结构，三者间的相互关系如图 2-1 所示。

---

① 农业部科学技术与质量标准司. 深化农业科研计划管理推进新的农业科技革命［M］. 北京：中国农业科技出版社，1998.

② 刘绫，许丽霞，徐琪. 基于 XML 技术的信息系统集成在电子商务中的应用［J］. 电子商务，2007，(9)：73-77.

③ 李建松. 地理信息系统原理［M］. 武汉：武汉大学出版社，2006.

④ 何必，李海涛，孙更新. 地理信息系统原理教程［M］. 北京：清华大学出版社，2010.

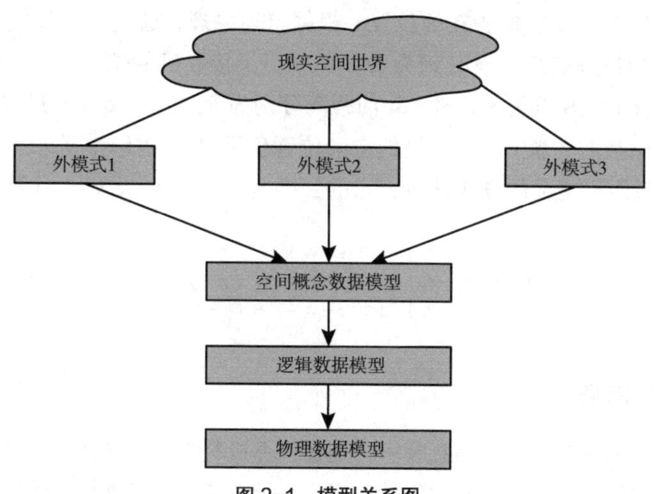

图 2-1　模型关系图

（三）全球定位系统（GPS）技术

GPS 是以卫星为基础，以无线电为通信手段，依据天文大地测量学的原理，实行全球连续导航和定位的高新技术系统①。它是美国从 20 世纪 70 年代开始研制，历时 20 年，耗资 200 亿美元，于 1994 年全面建成，具有在海、陆、空进行全方位实时三维导航与定位能力的新一代卫星导航与定位系统。全球定位系统是美国第二代卫星导航系统，它由空间部分、地面监控部分和用户接收机三大部分组成。

GPS 导航系统是以全球 24 颗定位人造卫星为基础，向全球各地全天候地提供三维位置、三维速度等信息的一种无线电导航定位系统。它由 3 个部分构成，一是地面控制部分，由主控站、地面天线、监测站及通信辅助系统组成；二是空间部分，由 24 颗卫星组成，分布在 6 个轨道平面；三是用户装置部分，由 GPS 接收机和卫星天线组成。中国高度重视北斗卫星导航系统建设发展，自 20 世纪 80 年代开始探索适合国情的卫星导航系统发展道路，形成了“三步走”发展战略：2000 年年底，建成北斗一号系统，向中国提供服务；2012 年年底，建成北斗二号系统，向亚太地区提供服务；2020 年，建成北斗三号系统，向全球提供服务。截至 2018 年 12 月，北斗卫星导航系统可提供全球服务，在轨工作卫星共 33 颗，包含 15 颗北斗二号卫星和 18 颗北斗三号卫星，具体为 5 颗地球静止轨道卫星、7 颗倾斜地球同步轨道卫星和 21 颗中圆地球轨道卫星。

GNSS 定位原理主要利用测量学中测距原理来完成相关服务。在空间中自由选定 3 颗卫星，每颗卫星为一个卫星发射站，可以发射导航电文和卫星坐标。而 GNSS 接收机可以在某一时刻接收来自卫星的导航电文和测量码。利用相关几何知识，设卫星到接收端的距离为 R_1、R_2、R_3，以卫星为球心，以 R_1、R_2、R_3 为半径，作出球面，则 3 个

① 周艳军. 供应链管理［M］. 上海：上海财经大学出版社，2004.

球面相交的位置就是接收机所在的位置。根据上述原理，通过卫星导航电文和测距码算出这颗卫星的位置信息，设时刻为 t，GNSS 卫星接收机的位置为 L，通过测距原理测得 L 点至 3 颗 GNSS 卫星 S_1、S_2、S_3 的距离分别为 R_1、R_2、R_3，通过对 GNSS 导航电文的解析，求出当前 3 颗 GNSS 卫星的空间位置坐标分别为（x_i，y_i，z_i），i=1，2，3，然后就可以通过距离交会的方法求解 L 点的三维坐标（x，y，z）[①]，计算方程式如下。

$$\begin{aligned} R_1 &= (x-x_1)^2+(y-y_1)^2+(z-z_1)^2 \\ R_2 &= (x-x_2)^2+(y-y_2)^2+(z-z_2)^2 \\ R_3 &= (x-x_3)^2+(y-y_3)^2+(z-z_3)^2 \end{aligned} \tag{2-2}$$

二、其他信息技术

其他信息技术主要指现代信息技术，是在计算机科学和信息技术领域中，基于计算机、通信和数据处理技术的一系列先进应用。它涵盖了计算机硬件、软件、网络通信和数据处理等方面的发展，致力于提高数据处理、存储和传输的能力，以及实现更高级别的信息处理和智能化功能。其他信息技术有很多，下面从人工智能、深度学习和 GEE 3 个方向，阐述这些技术的发展与应用。

（一）人工智能

人工智能（AI）是研究、开发用于模拟、延伸和扩展人的智能的理论、方法、技术及应用系统的一门新的技术科学。人工智能是计算机科学的一个分支，其目的是生产出一种能以人类智能相似的方式做出反应的智能机器。该领域的研究包括机器人、语言识别、图像识别、自然语言处理和专家系统等。人工智能从诞生以来，理论和技术日益成熟，应用领域也不断扩大。

人工智能的基本原理主要包括符号主义和连接主义。符号主义认为人工智能应该模拟人类的思维过程，通过对符号的处理来实现智能，其核心是知识表示和推理。连接主义则认为人工智能应该模拟人类的神经网络，通过神经元之间的连接来实现智能，其核心是深度学习和神经网络。这 2 种原理都有其优缺点，在实际应用中需要结合具体场景和需求进行选择和优化。

（二）深度学习

深度学习（DL）起源于对神经网络（NN）的研究，是机器学习研究中一个新的领域，其动机在于建立和模拟人脑进行分析学习的神经网络，其模仿人脑的机制来解释数据，如视频、图像、声音和文本。深度学习是人工智能的一个重要方法，通过构建深层神经网络模型，模拟人脑神经元的工作原理，从大量数据中学习和提取高级特征。

深度学习的基本思想是：假设我们有一个系统 S，它有 n 层（S_1，S_2，…，S_n），它的输入数据是 X，输出数据是 Y，可以非常形象地表示为：$X \Rightarrow S_1 \Rightarrow S_2 \Rightarrow \cdots \Rightarrow S_n \Rightarrow Y$。

① 邓中亮，余彦培．室内外无线定位与导航［M］．北京：北京邮电大学出版社，2013.

假设输出数据 Y 等于输入数据 X，即输入数据 X 经过这个系统之后没有任何的信息损失（$E=0$），这就表示输入数据 X 经过每一层 S_i 都没有任何的信息损失，所以每经过系统的一层都可以认为是输入数据 X 的另一种表示方式。对于深度学习，我们需要机器自动地学习提取特征，对于一大堆输入 X（文本或图像），经过一个系统 S（有 n 层），我们通过调整系统中参数，使得它的输出仍然是输入 X，那么我们就可以自动地获取输入 X 的一系列层次特征，即 S_1，S_2，…，S_n。深度学习的学习过程其实就是在大量外部数据的刺激下不断修改神经网络的权值和偏置值，使其达到期望值，其目的就是训练网络，更好地拟合任务（如分类、回顾、聚类）的需求，完成特殊的任务[①]。

（三）谷歌地球引擎（GEE）

GEE 是基于现代信息技术的地球大数据分析平台。它整合了大量的遥感数据、地理信息系统（GIS）分析工具和高性能计算资源，旨在利用现代信息技术的大数据存储、处理和分析能力，实现高效地球观测和环境分析。GEE 支持用户进行地球观测、遥感影像分析、资源管理和环境研究等应用。

GEE 的核心原理是建立一个广义线性模型（GLM），通过估计总体平均参数来拟合数据。基本结构为：$g(\mu)=\eta_i=\beta_0+\beta_1X_{i1}+\ \beta_1X_{i2}+\cdots+\beta_jX_{ij}$ g 是一个连接函数，用于将自变量的线性组合与因变量的均值联系起来。常见的连接函数包括恒等连接函数、对数连接函数、逆正弦连接函数等。i 表示观测单位的索引，j 表示时间点或者相关性结构的索引，μ_{ij} 表示因变量的均值，β_0、β_1 等是待估计的系数，X_{i1} 等是自变量。GEE 的关键创新在于它不需要对数据的分布进行严格的假设，而是利用一组广义估计方程来估计模型的参数[②]。广义估计方程是一种强大的统计方法，特别适用于处理重复测量、相关性数据或者长期追踪数据的统计分析。它的核心思想是通过建立一个广义线性模型，利用估计方程来估计总体平均参数，而不需要过于依赖数据分布的具体形式。这使得 GEE 方法在各种应用领域中都有广泛的应用，并且具有一致性性质，适用于大样本研究。因此，GEE 方法在现代统计学中扮演着重要的角色，为研究人员提供了强大的工具来探索和理解复杂的数据结构。

第二节 遥感信息提取

一、面向对象分类

传统面向像元分类方法是从中低分辨率遥感影像的基础上发展起来的，主要根据像

① 杨博雄．深度学习理论与实践［M］．北京：北京邮电大学出版社，2020.

② 雪原，张雪雷，仇丽霞．广义估计方程处理重复测量数据的参数解释［J］．中国药物与临床，2015，15（2）：167-170.

元的光谱信息进行分类，分类的结果往往会产生“椒盐噪声”[①]。另外，这种分类方法所有地物类型的提取均在一个尺度中实现，不能充分利用影像蕴含信息。巴茨（Baatz M）和舍佩（Schape A）根据高分辨率遥感影像空间特征比光谱特征丰富的特点，提出了面向对象的遥感影像分类方法。这种分类方法进行信息提取时，处理的最小单元不再是像元，而是含有更多语义信息的多个相邻像元组成的影像对象，在分类时更多的是利用对象的几何信息及影像对象之间的语义信息、纹理信息和拓扑关系，而不仅仅是单个对象的光谱信息。

面向对象的分类方法首先对遥感影像进行分割，得到同质对象，再根据遥感分类或目标地物提取的具体要求，检测和提取目标地物的多种特征（如光谱、形状、纹理、阴影、空间位置、相关布局等），利用模糊分类方法对遥感影像进行分类和地物目标的提取。面向对象方法具有 2 个重要的特点：一是利用对象的多特征；二是用不同的分割尺度生成不同尺度的影像对象层，所有地物类别并不是在同一尺度的影像中进行提取，而是在其最适宜的尺度层中提取。面向对象分类方法的这 2 种特征使得影像分类的结果更合理，也更适用于高分辨率遥感影像的分类[②]。该算法一般来说分为 2 步：第一步是对影像进行分割，并得到图像对象，图像对象定义为形状与光谱性质具有同质性的单个区域，景观生态学中也称为图斑或图块；第二步是根据这些图像对象的属性和空间关系进行分类。

二、决策树

决策树是一种常见的机器学习算法，用于分类和回归任务。它模拟决策过程，通过一系列的条件判断来达到最终的决策结果。决策树的结构类似于树状图，由节点和边组成。决策树模型简单易于理解，且决策树转变为 SQL 语句很容易，能有效地访问数据库，很多情况下，决策树分类器的准确度与其他分类方法相似甚至更好[③]。目前已形成了多种决策树算法，如 C5.0、CART、QUEST 等。

C5.0 决策树算法以特征变量信息增益率为标准，确定最优分割特征和分割阈值，并通过代价矩阵对决策树的节点进行修剪，除此之外，C5.0 决策树算法还引入了 Boosting 技术[④]。Boosting 技术依次建立一系列决策树，后建立的决策树会对前面构建决策树时出现的错分现象加以分析，最终生成更加准确的决策树模型。

分类回归树（CART）是一种二分类递归分割技术，基本原理是将测试变量与目标变量构成数据集，以基尼系数作为最优检验方差和分割阈值的标准，再根据特征值构建二

① 贾永红，李德仁，孙家柄．多源遥感影像数据融合［J］．遥感技术与应用，2000，15（1）：4.

② 谢欢．机载激光数据辅助的高光谱遥感影像面向对象分类和精度分析［D］．上海：同济大学，2024.

③ 熊赟，朱扬勇，陈志渊．大数据挖掘［M］．上海：上海科学技术出版社，2016.

④ 张森，陈健飞，龚建周．面向对象分类的决策树方法探讨——以 Landsat-8OLI 为例［J］．测绘科学，2016，41（6）：117-121，125.

叉树，并循环此步骤，直到待分类的样本集达到停止分类的条件①，基尼系数的计算式如下。

$$Gini(s)=1-\sum_{i=1}^{r}P^2(U_i) \tag{2-3}$$

式（2-3）中：r 为类别变量的个数；$P(U_i)$ 为所选样本的数据集中属于第 i 个类别概率。

QUEST 决策树算法是在 1997 年提出的一种二元分类方法，其基本流程和其他决策树相同，但 QUEST 将特征变量和分割阈值的确定分开进行。一方面对连续性变量和离散型变量同时适用，另一方面还克服了其他决策树算法倾向于选择具有更多潜在分割点的预测变量，因此在特征变量选择上基本无偏，同时可通过多个预测变量构成的超平面在特征空间中区别类别成员和非类别成员。

第三节　生态环境时空演变与识别

一、土地利用动态度模型

土地利用动态度模型可分为单一土地利用动态度和综合土地利用动态度，单一土地利用动态度表达的是某研究区一定时间范围内，某种土地利用类型数量变化的速率，它着重研究单个土地利用类型的变化情况；综合土地利用动态度描述的是某区域土地利用变化的总体速率，可用于土地利用动态变化的区域差异研究，土地利用动态度定量地描述了土地利用的变化速率，对预测未来土地利用变化趋势有积极的作用②。

单一土地利用类型动态度可求出某种土地利用类型变化的速度③，其公式如下。

$$K=\frac{U_b-U_a}{U_b}\times\frac{1}{T}\times100\% \tag{2-4}$$

式（2-4）中：K 表示研究时段内某一类土地利用类型动态度；U_a 和 U_b 表示研究期初和研究期末某地类的面积；T 表示研究时长，当 T 的时段设定为年时，K 为研究时段内某一土地利用类型的年变化率。

综合土地利用动态度则表示研究区土地利用的整体动态，其公式如下。

$$LC=\left[\frac{\sum_{i=1}^{n}\Delta LU_{i-j}}{2\sum_{i=1}^{n}LU_i}\right]\times\frac{1}{T}\times100\% \tag{2-5}$$

---

① 王钰，董亚坤，何紫玲，等. 基于 Sentinel-2A 影像的复合轮作种植结构提取［J］. 南方农业学报，2023，54（8）：2490–2498.

② 郝仕龙. 土地利用土地覆被变化研究以宁夏南部山区为例［M］. 郑州：黄河水利出版社，2009.

③ 葛京凤，冯忠江，高伟明，等. 土地利用 / 覆被变化对水循环影响机制与优化模式研究［M］. 北京：中国科学技术出版社，2007.

式（2–5）中：LU_i 为监测起始时间第 i 类土地利用类型面积；ΔLU_{i-j} 为监测时段内第 i 类土地利用类型面积转为非 i 类土地利用类型面积的绝对值；T 为监测时段长度，当 T 设定为年时，LC 值即为研究期内该研究区土地利用年变化率。

二、土壤流失方程

某地区土壤侵蚀速率是许多自然因素和管理因子综合作用的结果，对这些因子的每种条件都进行田间实际土壤流失观测，显然是不可能的。土壤流失方程的建立，能使水土保持规划者、环境学家和其他关心土壤侵蚀的人，将有限的土壤侵蚀资料外推到目前研究中无土壤侵蚀资料的地区或条件[①]。

当前，模型模拟是用于开展土壤侵蚀研究的主要途径之一，其中土壤流失方程（USLE）或改进的 USLE（RUSLE）应用最为广泛[②]。RUSLE 是 USLE 经过改进，最近发展的经验土壤侵蚀预报模型，用于预报长时间尺度、一定的种植和管理体系下、坡耕地径流所产生的多年平均土壤流失量（A），也可预报草地土壤流失量。RUSLE 模型通过综合降雨侵蚀力因子、土壤可蚀性因子、坡长坡度因子、覆盖与管理因子、水土保持措施因子等的影响，对土壤侵蚀进行定量评价[③]，其计算公式如下。

$$A=R\cdot K\cdot LS\cdot C\cdot P \tag{2–6}$$

式（2–6）中：A 为平均土壤侵蚀模数，单位为 t/（hm^2 · a）；R 为年平均降雨侵蚀因子，单位为 MJ · mm/（hm^2 · h · a）；K 为土壤可蚀性因子，单位为 t · hm^2 · h/（hm^2 · MJ · mm）；LS 为地形（坡长坡度）因子；C 为植被覆盖管理措施因子；P 为水土保持措施因子。

需要指出的是，坡地不同点的土壤流失量变化很大，RUSLE 预报的土壤流失量 A 只是整个坡地的平均流失量，而且是长时期年平均土壤流失量。在坡长较长、坡度均一的坡面上，顶部土壤流失量大大低于坡面平均土壤流失量，底部土壤流失量最大。

三、热点分析

ArcGIS 中的热点分析属于空间聚类分析的一种，可用来识别研究区的热点地区和冷点地区。常用 ArcGIS 中的 Getis-OrdGi* 工具来分析空间数据属性中的位置关系，G_i* 可以反映生态系统服务的冷热点空间分布格局。利用 G_i* 作为局部自相关的指标，它有助于确定每个特征被具有类似高值或低值的特征包围的程度。

热点分析作为一种可以识别出具有统计显著性聚类区域的空间分析方法，目前已在

① 刘宝元，谢云，张科利．土壤侵蚀预报模型［M］．北京：中国科学技术出版社，2001．

② Guo L，Liu R，Men C，et al．Multiscale spatiotemporal characteristics of landscape patterns，hotspots，and influencing factors for soilerosion［J］．Science of the Total Environment，2021，779：14647．

③ 池金洺，于洋，冯娟龙，等．基于 RUSLE 模型的妫水河流域土壤侵蚀时空变化特征［J］．水土保持学报，2024，38（1）：70–78．

地理学、人口统计学和生物多样性研究中得到了广泛应用。此工具的工作方式为：查看邻近要素环境中的每一个要素。高值要素往往容易引起注意，但可能不是具有显著统计学意义的热点。要成为具有显著统计学意义的热点，要素应具有高值，且被其他同样具有高值的要素所包围。某个要素及其相邻要素的局部总和将与所有要素的总和进行比较；当局部总和与所预期的局部总和有很大差异，以至于无法成为随机产生的结果时，会产生一个具有显著统计学意义的 Z 得分。如果应用 FDR 校正，统计显著性会根据多重测试和空间依赖性进行调整[①]。

利用 Getis-OrdGi* 指数分析识别一定空间范围内高值空间聚集（热点区）和低值空间聚集（冷点区）的分布状况[②]，在 ArcGIS 软件中实现，计算公式如下。

$$G_i^* = \frac{\sum_{j=1}^{n} \omega_{ij} X_j}{\sum_{j=1}^{n} X_j} (i \neq j) \tag{2-7}$$

$$Z(G_i^*) = \frac{G_i^* - E(G_i^*)}{\sqrt{\mathrm{Var}(G_i^*)}} \tag{2-8}$$

式（2–7）和式（2–8）中：G_i^* 为空间关联指数；$Z(G_i^*)$ 为 G_i^* 标准化处理值；n 为土壤侵蚀强度等级数；i 为输入栅格数据的某个像元的位置；X_j 为第 j 级土壤侵蚀强度等级的面积；$E(G_i^*)$ 和 $\mathrm{Var}(G_i^*)$ 分别为 G_i^* 的数学期望和变异系数；ω_{ij} 是空间权重。如果 $Z(G_i^*)$ 为正且显著，表示 i 周围的值相对较高（高于均值），属高值空间聚集（热点区）；反之，若 $Z(G_i^*)$ 为负且显著，表示 i 周围的值相对较低（低于均值），属低值空间集聚（冷点区）[③]。

四、源强估算

耕地氮磷排放是造成农业面源污染的主要途径之一，具有高度非线性以及复杂性等特征[④]。其中源强估算法参数要求低，计算方法简单，可实用性强，适合在大量监测数据缺乏的情况下对氮磷排放进行估算。在河流水质评价和预测中，源强估算正确与否对结果影响极大。实践证明源强在水质模拟诸参数中最为敏感。通常源强估算方法有 3 种：一是产值、人口排污负荷估算法；二是河流监测负荷推算法；三是产值、人口与源强负

① Getis A，Ord K. The Analysis of Spatial Association by Use of Distance Statistics［J］. Geographical Analysis，1992，24（3）：189–206.

② 王志杰，柳书俊，苏娷. 喀斯特高原山地贵阳市 2008—2018 年土壤侵蚀时空特征与侵蚀热点变化分析［J］. 水土保持学报，2020，34（5）：94–102，110.

③ 李睿康，李阳兵，文雯，等. 1988—2015 年三峡库区典型流域土壤侵蚀强度时空变化——以大宁河流域和梅溪河流域为例［J］. 生态学报，2018，38（17）：6243–6257.

④ 杨滨键，尚杰，于法稳. 农业面源污染防治的难点、问题及对策［J］. 中国生态农业学报（中英文），2019，27（2）：236–245.

荷回归法。一般大尺度的流域水质规划多用第一种，而河流水系水质评价多用第二种和第三种，具体选用视评价的目的和数据情况而定。这 3 种方法的优缺点和适用性各不相同。第一种方法只能评价和预测年度平均值，而且这种年度负荷平均值也不能直接输入模型，必须考虑进入河道前源强的衰减比率，而该衰减比率又因地而异。在某些污染物排入数条不同河流的地区，其分配比例很难确定。第二种方法在水质测次较充分时，不仅能推算年度平均状况，而且能预测最不利条件下的水质环境影响。但它必须用经济、人口发展速度进行修正才能用于预测。第三种方法是建立产值、人口同河道实际源强的联系，不必考虑衰减系数，其缺点是需要具备 5~8 年的序列资料。在估计源强时，必须同时考虑地区统计的负荷和河道实测负荷，轻信任何一方都是危险的。

采用源强估算法核算耕地 TN、TP 污染负荷排放强度[①]，计算公式如下。

$$P=Q/S \tag{2-9}$$

式（2-9）中：P 为各区耕地污染源排放强度，单位为 t/（km^2 · a），Q 为各区耕地污染排放量，单位为 t/a，S 为以乡镇为单位的耕地面积，单位为 km^2。

五、生态系统服务价值（ESV）

生态系统服务是指人类直接或间接从生态系统得到的利益，主要包括向经济社会系统输入有用物质和能量、接受和转化来自经济社会系统的废弃物，以及直接向人类社会成员提供服务（如人们普遍享用洁净空气、水等舒适性资源）[②]。生态系统服务价值评估方法主要有能值分析法、价值量评估法和物质量评估法等，分别基于不同的原理，有各自的优势和局限性[③]。其中价值量评估法能够量化生态系统服务的市场经济价值，刻画社会经济活动与自然生态系统的相互依存关系，因其数据获取方便、计算过程简单且结果相对客观而被广泛使用。

土地利用变化与生态系统服务之间存在相互影响、互为反馈的复杂相互作用关系，土地利用变化将直接改变生态系统的结构与功能，从而影响各项服务的提供，而对 ESV 的评估结果能够为制定土地利用相关政策提供理论基础[④]。现有研究大多通过2种方法将土地利用与 ESV 相结合，一是基于历史土地利用等数据计算 ESV，分析其时空变化，并通过多元线性回归、结构方程等模型从社会、经济、自然等多角度探究其驱动机制[⑤]；二是模拟不同土地利用情景并预测 ESV 演化趋势，在对其进行解释时也多从土地利用的角度出发。

---

① 郭羽鑫，郑宏刚，吴碧兰，等．洱海流域上游耕地氮磷排放强度空间分析［J］．江苏农业科学，2020，48（16）：291–297.

② 任勇，冯东方，俞海．中国生态补偿理论与政策框架设计［M］．北京：中国环境科学出版社，2008.

③ 董亚坤，郭羽鑫，吴碧兰，等．基于土地利用动态变化的洱海流域上游生态系统服务价值分析［J］．水生态学杂志，2023，44（1）：16–24.

④⑤ 董孝斌，刘梦雪．土地利用/覆盖变化—生态系统服务—人类福祉关系研究进展［J］．北京师范大学学报（自然科学版），2022，58（3）：465–475.

第四节 面源污染响应下的种植生态区划

一、复合轮作种植结构

复合轮作种植结构是一种农业种植管理方式，它涉及在同一农田内轮流种植不同的作物。这种结构的目的是最大化土壤的健康和农作物的产量，通过利用不同植物的生长周期、根系结构和养分需求来改善土壤质量。有助于减少土壤中特定养分的枯竭，并降低害虫和病害的风险[①]。不同作物的根系结构也有助于改善土壤的结构，增加有机质含量，并提高水分保持能力。这种种植结构通常涉及在一个周期内轮流种植不同类型的作物，可能包括粮食、豆类、根茎类蔬菜等，有助于提供多样化的农产品，并促进农田的可持续性和生态平衡。

通过有利的作物分配和种植顺序（如间作、轮作和覆盖作物）来增加种植系统的时间和空间多样性，从而应用了作物多样化计划的生态学原理，如种间的互补性和促进作用以及植物—土壤的反馈。植物—土壤反馈的原理为设计有益的轮作体系提供了科学指导，可有效地促进养分循环，同时最大程度减少病虫害。设计理想的作物系统需要同时考虑农业生产中的生物物理过程、利益相关者的目标和外部因素的影响[②]。选择合适的植物组合，确保它们能够相互配合并实现生态平衡。

二、结构方程模型

结构方程建模（SEM）是通过对变量协方差进行关系建模的多元统计方法，由于是基于变量协方差进行的建模，所以结构方程模型常被称为协方差结构模型（CSM）。一般来说，可以将结构方程模型分解成2个部分：测量模型和结构模型。测量模型涉及指标与潜变量之间的关系，主要处理的是潜变量的测量问题，排除误差对测量精确性的影响，单独的测量模型即为验证性因素分析模型。结构模型涉及潜变量之间以及与非潜变量测量指标以外的观测变量之间的关系，主要处理不同概念之间假设的因果关系[③]。通过对数据进行信度分析，对变量进行探索性因子分析和验证性因子分析，验证结果是否符合建立结构方程模型的基本要求[④]。

应用SEM分析的5个主要步骤：第一步为模型设定，假设初始理论模型；第二步为

---

① 王钰，董亚坤，何紫玲，等．基于Sentinel-2A影像的复合轮作种植结构提取［J］．南方农业学报，2023，54（8）：2490-2498．

② Cong W F，Zhang C，Chunjie L I，et al．Designing diversified cropping systems in China：theory，approaches and implementation［J］．农业科学与工程前沿，2021，8（3）：362-372．

③ 王孟成．潜变量建模与Mplus应用［M］．重庆：重庆大学出版社，2014．

④ 彭华涛．创业企业社会网络演化图谱规模维的稳定性判别分析［J］．系统工程，2012，30（11）：77-82．

模型识别，模型是否能够求出参数估计的唯一解；第三步为模型估计，最常使用的模型估计方法是最大似然法和广义最小二乘法；第四步为模型评价，取得参数估计值后，需要对模型与数据之间是否拟合进行评价；第五步为模型修正，如果模型不能很好地拟合数据，就要对模型进行修正和再次设定[①]。关于模型的总体拟合程度都有许多测量指标，理想地说，应该用每一个拟合指标来解释模型是否能够很好地拟合数据。

三、种植生态区划

农业种植生态区划指在面源污染控制区划的基础上，结合农作物不同施肥处理污染量排放、产量数据，运用多目标优化模型，以产生污染少、经济效益好为目标函数，因地制宜划分农作物适宜种植区[②]。将氮磷污染负荷分析的结果作为种植生态区划的主要依据，根据对湖泊流域面源污染产、排污的影响因子，综合考虑研究区农作物种植的生态适宜性和社会经济条件可行性[③]，按照兼顾科学性和简便性等原则，构建生态种植区划指标体系。

种植生态区划通过对种植农作物与污染物产排量关系进行分析，掌握种植农作物面源污染地域空间差异规律。从本底指标、面源污染分区、离水系距离、地形地貌 4 个方面识别出面源污染治理中湖泊上游种植生态区划主要驱动因子。

种植生态区划评价指标体系建立应该具有以下原则：科学和全面性原则、主导性和独立性原则、代表性和通用性原则、可操作性原则[④]。用于评价指标的方法主要有 Delphi 法、层次分析法、主成分分析法、模糊数学法等。

四、面源污染响应机制模型

农业面源污染响应机制模型是一种基于耦合模型联用的方法，对未来气候变化影响下的流域面源污染负荷特征响应进行定量化评估。面源污染是指降水在向河道汇集及在河道传输过程中受到自然和人为因素干扰而被裹挟进入水体中的污染物，具有分散性、复杂性、动态性等特点，与多种因素关系密切[⑤]。选取适宜的流域模型作为受体模型，将设计或预测的变化情景定量反映到模型输入数据或参数上，是实现评估流域面源污染负荷过程响应的重要途径。

---

① 佚名．基于客户价值与客户信任的移动通信企业客户管理研究［M］．石家庄：河北科学技术出版社，2014.

② 张凤荣，关小克，王胜涛，等．大都市区农田的功能、作物种植区划与土壤肥力调控区划［J］．土壤通报，2009，40（6）：1297-1302.

③ 冯蕾，童成立，石辉，等．不同氮磷钾施肥方式对水稻碳、氮累积与分配的影响［J］．应用生态学报，2011，22（10）：2615-2621.

④ 石淑芹，陈佑启，李正国，等．基于空间插值分析的指标空间化及吉林省玉米种植区划研究［J］．地理科学，2011，31（4）：408-414.

⑤ 沙健，路瑞，续衍雪，等．气候变化下的流域面源污染响应模型评估［J］．环境科学与技术，2018，41（6）：181-187.

农业面源模拟过程模型主要包括各类污染源在不同介质中的产生、累积、流失、衰减、转化与迁移的模型数据表达和驱动机理方程的数值求解。在降低边界输入数据和模型结构不确定性的前提下，优化参数并降低参数不确定性可以达到提升模型的计算与预报精度的目的，这对面源污染模型的建立非常关键①，如在模型中体现径流过程、氮磷的迁移转化过程、氮磷通量和城市降水量的相关参数等②。

模拟流域农业面源污染负荷的数学模型可分为经验模型、机理过程模型2类③。经验模型依靠典型监测数据建立水文与污染物参数之间的经验关系，如输出系数模型（ECM）基于机理过程的流域模型结合了水文模型、土壤侵蚀模型和污染物迁移模型，形成了较为完整的模型体系，能用于预测不同管理模式下流域的径流、侵蚀、泥沙和养分迁移，如应用较为广泛的面源污染环境（ANSWERS）模型等④。

① 黄国鲜，聂玉玺，张清寰，等. 流域农业面源污染迁移过程与模型研究进展［J］. 环境工程技术学报，2023，13（4）：1364-1372.

② Chen L，Gong Y，Shen Z. Structural uncertainty in watershed phosphorus modeling：Toward a stochastic framework［J］. Journal of Hydrology，2016，537：36-44.

③ Shen Z，Liao Q，Hong Q，et al. An overview of research on agricultural non-point source pollution modelling in China［J］. Separation and purification technology，2012，84：104-111.

④ Beasley D B，Huggins L F，Monke E J. ANSWERS：A Model for Watershed Planning［J］. Transactions of the ASAE—American Society of Agricultural Engineers，1980，23（4）：938-944.

第三章　洱海流域概况

第一节　地理位置及行政区划

洱海流域位于中国云南省大理白族自治州，北纬 25° 36′ ~25° 58′，东经 100° 05′ ~ 100° 17′，包括大理市、宾川县、洱源县和漾濞彝族自治县。流域面积 2565.0km^2。洱海流域地处澜沧江、金沙江和元江三大水系分水岭地带，属澜沧江水系。洱海位于苍山东麓，地跨大理市、洱源县 2 县（市），共有 16 个镇（乡），167 个村委会和 33 个社区。其中大理市有 10 个镇，包括下关镇、大理镇、凤仪镇、喜洲镇、海东镇、挖色镇、湾桥镇、银桥镇、双廊镇、上关镇；洱源县有 6 个乡镇，包括茈碧湖镇、邓川镇、右所镇、三营镇、凤羽镇、乔后镇、牛街乡。洱海是云南省高原湖泊中面积仅次于滇池的第二大湖泊，同时也是滇西最大的高原湖泊。湖区周长 203.66km，湖面面积约 250km^2，最高水位海拔 1974m，湖容量 2.96 × 10^{9}m^3，南北长约 40km，最大湖宽 9.0km，平均湖面宽 6.3km，平均水深 10.5m。

洱源县是高原明珠洱海的发源地，位于云南省西北部、大理白族自治州北部，东与鹤庆县相连，南与大理市、漾濞彝族自治县接壤，西与云龙县分疆，北与剑川县毗邻。洱源县总面积 2614km^2，国道 214 线、省道平甸公路纵贯县境。县城驻茈碧湖镇，海拔 2060m，距省会昆明市公路里程 389km，距大理市公路里程 69km。洱源县因自然资源丰富，被人们赞誉为“鱼米之乡”“梅子之乡”“乳牛之乡”。

第二节　自然地理情况

一、地形地貌

苍山洱海地处我国最强大的一条径向构造带，即康藏“歹”字形构造褶皱带的东部边沿上，这是一条地壳西升东降的巨型深大断裂，洱海断裂是滇中高原和横断山区在本区的分界，地层在强烈的抬升过程中错断陷落，隆起地块形成苍山断块山地，陷落地块成为断陷盆地并积水成为洱海（图 3–1）。

洱海是典型的内陆断陷湖，洱海湖盆为典型的地堑式湖盆，主构造线为北北西向，南北长，东西窄，岸坡陡峭，深度较大，岸线平直，湖形狭长。湖体基岩以沉积岩和变质岩为主，沿岸广泛分布有片岩、片麻岩、大理岩、灰岩、碳酸岩和硅岩等，碳酸盐成分极高；表土以红壤、水稻土及冲积土为主。洱海主要靠降水补给，入湖水源也有很多，主要入湖河流有海潮河、凤羽河、波罗江、弥苴河、罗时江、苍山十八溪等170多条，其中以弥苴河为最大，约占总汇水的54%，补给洱海水源占补给量的50%以上。洱海唯一的出水河为湖西南的西洱河，湖水经澜沧江注入湄公河。洱海pH值为8.0~8.7，湖水矿化度200mg/L，水质无色无臭，属清洁级重碳酸盐钙镁型淡水湖泊，营养状况为中营养型。

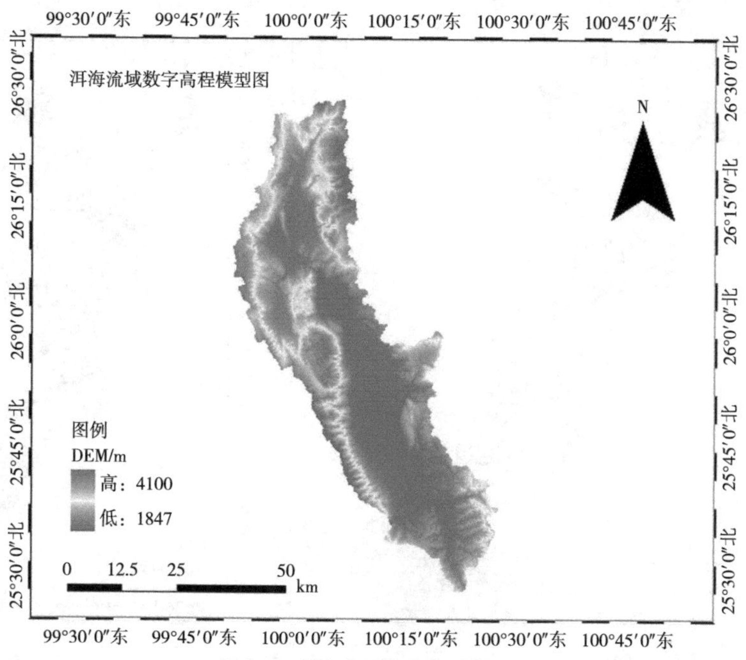

图 3-1　洱海流域数字高程模型图

洱海西侧的大理平原是一个洪积湖积平原。由于苍山十八溪长期堆积的结果，形成了一个巨型的洪积扇形地，以7°~9°和2°~3°的倾斜向湖滨平原过渡，平均宽3~6km，以大理市附近最宽，南北长约40km。

二、气候水文

洱海流域地处东亚季风与西南季风气候系统的交错地带，气候系统的变化对区域环境演化有直接影响。洱海湖区海拔均在2000m左右，属高原气候，平均气温16.2℃，日照2250~2480h/a，年内降水充沛，多年平均降雨量1000~1100mm，但降水季节差异显著，干湿季节分明，降雨多集中在6~8月，占全年80%以上，洱海西部降雨比东部多25%~30%，主导风向为西南季风。冬春季节盛行大风是洱海湖区的一大特点，平均风速为4.1m/s，大风风速一般为12~14m/s，最高风速达20m/s。苍山东坡气候属亚热带类型，苍山西坡属中亚热带类型（图3-2和图3-3）。

洱海属澜沧江—湄公河水系，有弥苴河、永安江、波罗江、罗时江、西洱河、凤

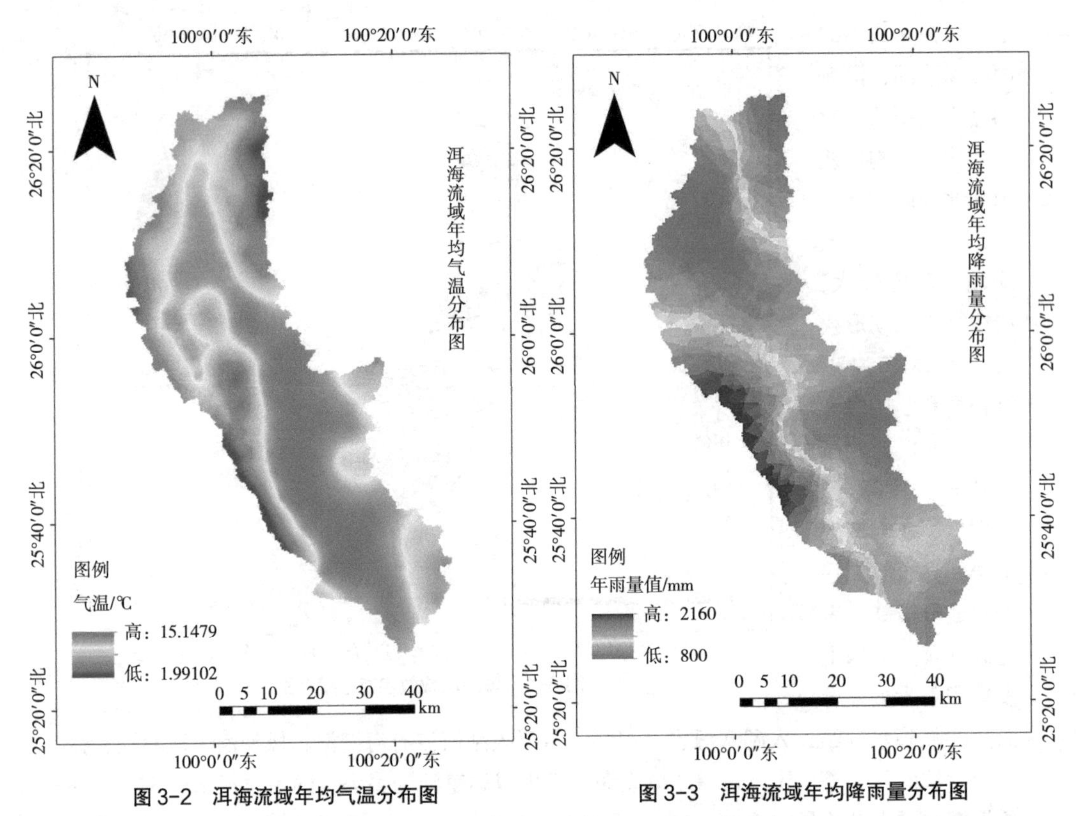

图 3-2　洱海流域年均气温分布图

图 3-3　洱海流域年均降雨量分布图

羽河及苍山十八溪等大小河溪共 117 条，流域内有洱海、茈碧湖、海西海、西湖等湖泊水库。

洱海主要补给水为大气降水和入湖河流，北有茈碧湖、西湖和海西海，分别经弥苴河、罗时江、永安江等穿越洱源盆地、邓川盆地进入洱海。其中弥苴河为最大入湖河流，汇水面积 1389km^2，多年平均来水量为 5.1×10^8m^3，占洱海入湖总径流量的 51% 左右。洱海唯一的天然出湖河流为西洱河，该河全长 23km，至漾濞平坡入黑惠江流向澜沧江。20 世纪 90 年代初，在南岸打通引洱（洱海）入宾（宾川县）隧洞，主体工程 8263m，洞身长 7745m，设计过水流量 10m^3/s，年引洱海水量为 5.0×10^7m^3。

三、土壤类型

洱海流域的土壤分布受到地形、气候和植被等多种因素的影响。由于该地区地形复杂，山脉、峡谷、盆地等地形交错分布，因此土壤的分布也呈现出明显的地域性特征。

在洱海东岸的山地，由于地形较高、气温较低、降雨量大，土壤主要为山地黄壤和黄棕壤，这些土壤富含有机质，但肥力较低，呈酸性反应。在洱海西岸地区，土壤主要为水稻土和潮土，这些土壤肥力较高，呈微酸性。土壤的成土母质以变质岩类的片麻岩、片岩、大理岩和沉积岩类的沙页岩、紫色沙质岩、石灰岩为主，也有少量的火成岩，流域内的地带性土壤为红壤。受气候、植物等因素的作用，土壤垂向分异显著，从低到高依次为：红壤 > 黄棕壤 > 暗棕壤 > 亚高山草甸土 > 高寒草甸土 > 紫色土、漂灰土、石灰土和沼泽土，其厚度从中到厚，从中到重，大部分为酸性土壤。

四、植被情况

洱海河谷地区的植物状况较为复杂，其主要受地形、气候、土壤等诸多因子的共同作用。洱海东岸的森林以针叶林与阔叶林为主，云南松和华山松是针叶林的主体，而落叶阔叶林以栎树、栗树和杨树等植物为主。在山顶及陡峭的山坡上，植物稀少，以草灌为主。洱海西海岸的植被以耕地和人工林为主。耕地以平原地带居多，以水稻、小麦和玉米等作物种植为主；针叶林、灌丛和草甸主要分布在流域北岸和西岸的山地；栽培植被分布在流域北岸和南岸以及洱海西岸的平原地带。据统计，流域内有 21 个植物群系，有维管植物苍山特有种 66 个，如龙女花、苍山杜鹃、大理独花报春等。其中，国家珍稀濒危植物 23 种，如水青树、云南梧桐、蓝果杜鹃等。

另外，洱海流域分布着大量的水库、池塘等水生植物，它们在维持水体的稳定性及物种多样性方面起着十分关键的作用。

第三节　自然资源情况

一、水资源

洱海流域河流水系发达，入湖河溪大小共计 117 条，是流域生态系统中重要的生态廊道。洱海盆地内的水系以弥苴河、永安江、罗时江、凤羽河为主干，以枝杈形式分布。它们由多条支流流入洱海，构成了一个相对完善的系统。位于洱海西侧的 18 条山区溪流组成了“苍山十八溪”系统，具有水流集中、水质优良等特点，但其系统发展不够完善，水流短小，缺少南北贯通，整体呈现出“川”字形的水系分布。洱海流域南侧以波罗江和它的分支塔河为主的“波罗江”系统为主体，洱海顺时针入湖，使得波罗江在水中长期停留，容易形成氮磷等有机污染物（图 3–4）。

二、矿产资源

大理白族自治州地处洱海流域，地质条件优越，成矿条件优越，矿产资源十分丰富。主要矿产资源有 200 多处，如锰、铁、锡、锑、铅、锌、铜、镍、钴、钨、银、金、铂、钯、钼、铝、汞等。目前，非矿物包括煤、岩盐、大理石、石灰石、白云岩、萤石、石英砂、砷、重晶石、石棉、石墨、石膏、滑石、膨润土、硅藻土、黏土矿等。其中，砂石黏土类集中分布在流域的海东—风仪等主要交通干线两侧；铂钯矿集中分布在洱海流域的金宝山、荒草坝2处；地热资源主要分布在洱海流域的洱源县一带；硅藻土分布于洱源县凤羽镇等。目前洱海流域范围内的中小型矿山均已按照要求关闭停采。

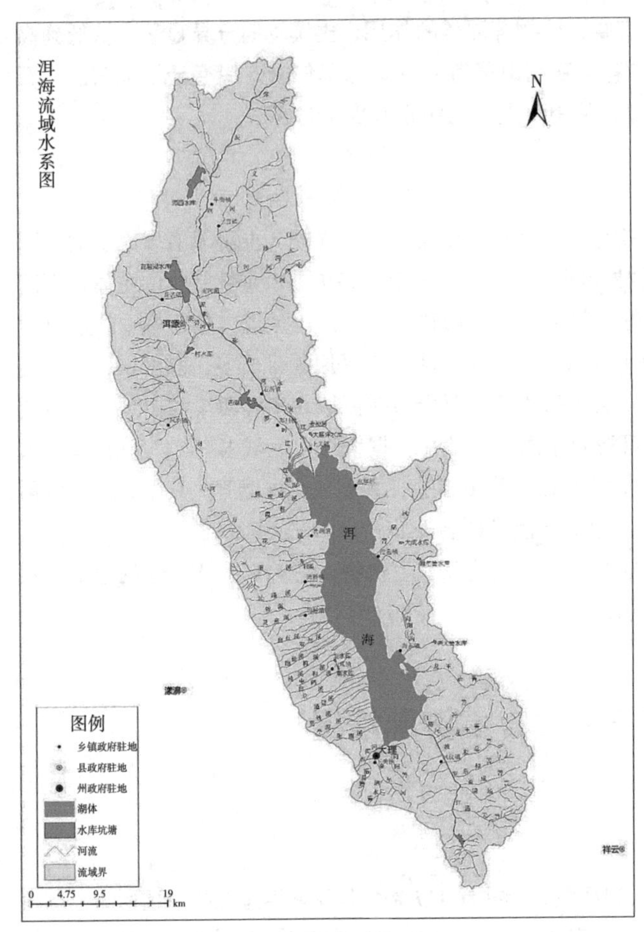

图3-4 洱海流域水系图

三、动植物资源

洱海流域植被类型主要有针叶林、灌丛、草丛、草甸和栽培植被五大类，其中栽培植被面积约占流域面积的33.88%，面积最大；针叶林约占流域面积的12.56%，是林地的主要类型。植被类型在空间分布上受地貌和气候影响较大，流域北部和西部的山地主要是针叶林、灌丛和草甸；流域东部、南部的丘陵和平原地带主要是草丛。流域北部、南部以及洱海西岸的平原地带主要是栽培植被。流域内有23种国家珍稀濒危植物（水青树、云南梧、蓝果杜鹃等）、2种国家一级重点保护野生植物（喜马拉雅红豆杉、钟萼木）、8种国家二级重点保护野生植物（榧木、澜沧黄、秃、金铁、水青、松口蘑、西康玉兰、金荞、野菱）、1种省三级重点保护野生植物（川八角莲）。

洱海流域的动物资源有哺乳动物、鸟类、爬行动物、两栖动物、昆虫、鱼类等类型。其中，哺乳动物的主要类型是以啮齿目和食虫目为主的小型哺乳类，约占总数的72%，流域拥有4种国家二级保护野生哺乳类（黑熊、小熊、青鼬、斑羚）；鸟类有215种，近一半是水鸟类，有2种国家一级重点保护野生鸟类（黑鹳、黑颈长尾雉）、38种国家二级重点保护野生鸟类（多为隼形目、鸡形目和鸮形目）；有34种爬行动物，48种两栖动物，10种两栖爬行类的珍稀物种（红瘰疣螈、虎纹蛙、双团棘胸蛙、疣刺齿蟾、眼镜王蛇、紫灰山隐蛇、白头缅蝰、山烙铁头蛇、菜花原矛头、高原蝮）；昆虫方面，洱海流域是横断山地区重要的昆虫模式标本产地，有11目89科480余种，2种昆虫的珍稀物种

（鹤顶粉蝶、枯叶蛱蝶）；鱼类方面，有 5 目 7 科 33 种，洱海流域特有的鱼类是大头鲤、大理鲤、弓鱼。

四、自然保护区

苍山洱海国家级自然保护区位于云南省西北部的大理白族自治州，地理坐标为北纬 25° 36′ ~25° 58′，东经 100° 05′ ~100° 17′。保护区由苍山和洱海两大片组成，地跨 2 县（含自治县）1 市，苍山西坡为漾濞彝族自治县，苍山东坡和南端为大理市，苍山北端为洱源县，洱海湖面属于大理市，保护区总面积 $7.97 \times 10^4 hm^2$。

苍山区域内河流均属于澜沧江水系。苍山十八溪位于洱海西岸的苍山，各溪流上游坡降陡急，河床下切厉害，造成沟壑夹谷、峰涧相同的苍山自然景观。进入下游平坝坡度变缓，然后汇入洱海。南起下关镇，北至喜洲镇，延绵 48km，与洱海平行并列。由北向南河流的顺序为霞移溪、万花溪、阳溪、茫涌溪、锦溪、灵泉溪、白石溪、双鸳溪、隐仙溪、桃溪、梅溪、中和溪、绿玉溪、龙溪、清碧溪、莫残溪、葶蓂溪、阳南溪。苍山十八溪是洱海主要的水源之一，流经大理坝子，灌溉洱海西岸肥沃的土地。

苍山洱海自然保护区地跨 1 市 2 县（含自治县），东坡为大理市，西坡为漾濞彝族自治县，北端为洱源县。保护区内开发比较早，社会经济较为发达。洱海地区处于完全开放状态，苍山地区处于半开放状态。苍山洱海国家自然保护区与人类活动相互影响。

第四节　社会经济概况

一、交通情况

流域所在地区大理白族自治州开发历史悠久，交通相对优越。大理白族自治州机场有飞机可直达云南省的昆明市、西双版纳傣族自治州以及北京市、天津市、上海市等城市，有高速公路和国道可通云南省所有城市、贵州省及西藏自治区等，有铁路可直达昆明市，交通便利。2020 年以来，大理白族自治州瞄准“强化枢纽、外通内畅”目标，积极构建铁路、公路、航空、水运为一体的综合交通网络，夯实全市经济社会加速发展的基础。一是构建“三主二联多支一枢纽”的铁路网布局，加快实施广大（楚大城际铁路）、大瑞铁路建设，加快大临铁路，启动大攀铁路，打造铁路枢纽，满足长距离、大运量、高速化客货运输需要，打造滇西铁路枢纽和云南省铁路次中心。二是畅通大动脉，打造“一纵二横多连接”的高速公路网，推进大永高速公路建设，加快楚大高速公路提升改造，启动主线建设，完成大南高速建设，启动下关支线建设，完成大漾云高速大理白族自治州州内段建设。三是构建面向南亚东南亚、辐射全国主要大中城市的滇西重要航空港，改（扩）建大理机场，发展通用航空产业。

二、人口分布

2021 年，洱海流域总人口为 102 万人，有白族、汉族、彝族、回族等 25 个民族。其中农村人口 592363 人，约占总人口的 58%。大理市常住人口城镇化率为 77.25%，洱源县常住人口城镇化率为 24.69%。大理市下关街道是大理白族自治州州政府、大理市市政府所在地，人口数量占流域总人口 1/3 以上。

2021 年，洱海流域的男性人口为 504900 人，占总人口的 49.50%，女性人口为 515100，占总人口的 50.50%。其中，白族人口最多，为 632100 人，占总人口的 61.97%，汉族人口排名第二，为 349320，占总人口的 34.25%。

2021 年，洱海流域出生人数为 8179 人，出生率为 8.42‰，死亡人数为 6138 人，死亡率为 6.73‰。

三、产业经济

2021 年，洱海流域完成地区生产总值 603.15 亿元，约占大理白族自治州地区生产总值 1632.99 亿元的 36.94%。三次产业比例结构为 1∶3∶6。近 10 年来，洱海流域 3 次产业发展速度迅猛，尤其是第二、第三产业，总产值分别年均增长 14.02%、6.06%。流域第一产业尽管总产值年均增长 6.1%，但占国民经济总产值的比重由 1999 年的 18.15% 下降为 2021 年的 16%。

2021 年，大理市全年地区生产总值（GDP）实现 517.44 亿元，比上年增长约 9.43%。分产业看，第一产业增加值 2.59 亿元，增长约 10.05%；第二产业增加值 19.94 亿元，增长约 14.00%；第三产业增加值 22.05 亿元，增长约 7.24%。3 次产业结构由上年的 5.45∶30.12∶64.43 调整为 5.48∶31.38∶63.14。

2021 年洱源县地区生产总值实现 857143 万元，比上年增长约 9.76%。分产业看，第一产业增加值 27474 万元，增长约 8.96%；第二产业增加值 18854 万元，增长约 14.24%；第三产业增加值 29961 万元，增长约 8.75%。3 次产业的结构为 38.95∶17.64∶43.41。流域主要工业行业有烟草、交运设备、电力生产、非金属矿物（主要是水泥）、饮料制造等，其中烟草行业和交运设备行业近年来成为流域工业领域的两大龙头产业。

（一）第一产业情况（农林牧渔业发展情况）

洱海地区被誉为“鱼米之乡”“梅子之乡”“乳牛之乡”“温泉之乡”“兰花之乡”“高原水乡”。洱海地区的农林牧渔业主要由农业、林业、牧业、渔业以及农林牧渔服务业组成，近 3 年来，洱海地区农林牧渔业生产总值持续升高，2020—2021 年增幅为 20.94%，2021—2022 年增幅有所下降，但仍增幅 9.44%。

洱海鱼类生态调控旨在通过合理开展洱海鱼类资源生态调控优化洱海鱼类种群结构，完善洱海湖泊生态系统结构和功能，恢复水生植被和浮游动物群落，促进湖泊内源营养物质转化利用，提高湖泊自我净化和自我平衡能力，确保洱海生态系统健康发展。同时适度利用洱海鱼类资源，充分发挥洱海渔业资源经济效益。

（二）第二产业情况（工业结构及发展情况）

目前大理市工业支柱产业结构单一，对烟、电的依赖程度较大；高科技龙头企业不多，现有规模以上工业企业中多为乳制品加工、饮料、啤酒、药业等传统优势行业，在智能制造、数字经济等方面的高科技知名品牌企业不多。

洱海流域工业主要产品有自来水供应量、乳制品、饮料酒、精制茶、卷烟、纸制品、饲料、钢材、中成药、砖、拖拉机等。2021年洱海流域规模以上工业企业合计67家，比上年增长约3.08%；营业利润243604万元，比去年增长约49.98%；流动资产合计1714507万元，比上年增长约3.17%；工业总产值2297364万元，比上年增长约10.28%。

（三）第三产业情况（旅游业发展情况）

洱海流域有着丰富的旅游资源和极高的旅游知名度，当地政府一直坚持突出生态优势，着力加强生态文明保护，同时也加强绿色产业和旅游产业发展，旅游业逐渐成为农业以外的重要产业，以双廊为代表的洱海环湖旅游“井喷式”发展。2021年洱海流域旅游业总收入为209.0619亿元，约占大理白族自治州地区旅游业总收入的38.7%。其中国内旅游收入为208.86亿元，约占大理白族自治州地区国内收入的38.7%。旅游外汇收入为283.66万美元，约占大理白族自治州旅游外汇收入的66.8%。

四、土地利用情况

根据第三次全国国土调查成果，据不完全统计，土地利用主要以林地为主，林地面积约为1364.48km^2，约占总面积的51.77%；耕地为第二大分布地类，面积约为409.34km^2，约占总面积的15.95%；草地面积约为174.04km^2，约占总面积的6.78%；水域面积相对较少，约为259.51km^2，约占总面积的9.96%；建设用地约为272.22km^2，约占总面积的10.54%；湿地面积约为13.02km^2，仅占总面积的0.5%。

五、种植结构情况

据洱海流域“十四五”种植结构调整方案统计可知，为了保护洱海流域生态环境以及打造世界一流“绿色食品”示范区，按照洱海种植结构调整需求，禁止种植大蒜，减少蔬果、地栽花卉和中药材播种面积，扩大水稻、烤烟种植面积，增加豆类油菜种植规模。提高绿色产业规模，推广有机肥代替化肥，从源头上减少化肥农药的使用，从而减少种植业结构不合理带来的农业面源污染。

2020年，洱海流域农作物播种总面积522.33km^2，其中，粮食作物307km^2，约占总播种面积的58.78%，水稻、玉米、蚕豆、马铃薯和麦类播种面积分别为71.93km^2、79.06km^2、87.8km^2、26.73km^{2}和24.93km^2；经济作物215.33km^2，约占总播种面积的41.22%，蔬菜、烤烟、水果和油菜播种面积分别为102.73km^2、34.93km^2、46.33km^{2}和10.80km^2。

第四章　遥感信息提取

资源环境信息的精确提取需要综合运用各种技术，包括地理信息系统（GIS）、遥感（RS）、谷歌地球引擎（GEE）、全球定位系统（GPS）等。然后利用 GIS、RS 和 GPS 等技术对数据进行分类特征提取分析，再利用提取出的特征，构建资源环境信息模型，如决策树、机器学习、神经网络模型等。这些技术和方法的不断发展和创新将为资源环境信息的提取提供更加准确、高效和全面的解决方案。本章节基于这些技术的基础上对土地利用/覆被分类、耕地精细分类、种植结构精确提取的方法进行分析。

第一节　土地利用/覆被最优分类算法

一、引言

土地利用/覆被变化（LULC）反映出区域的经济水平和城镇化的发展①，准确分类和评估土地利用变化对于保护土地和生态环境及制定可持续发展战略至关重要②。遥感影像具有观测面积广、周期短等优点，在监测大面积及长时序土地覆被变化方面具有优势，因此在 LULC 分类中被广泛使用。从单一类型的 LULC 变化监测，如森林、水域等，到地表覆被的全部分类③。从传统的人工目视解译，到如今的人工智能自动、批量化解译。随着遥感技术及处理平台的发展，机器学习算法、人工智能解译在遥感影像分类中的应用，分类和回归树（CART）、随机森林（RF）、支持向量机（SVM）等方法广泛应用于遥感图像分类中。而 GEE 是一个采用 JavaScript 或 Python 语言调用、处理和分析数据的平台，其性能稳定，尤其适合大范围、长时间、多源遥感数据解译。一经推出便被众多科研人员使用，研究区涉及平原、岛屿、流域盆地等地形地貌。

---

① 位盼盼，昝梅．伊犁地区土地覆被变化及其对植被碳储量的影响［J］．西北林学院学报，2020，35（4）：158-166.

② 张友水，原立峰，姚永慧．多时相 MODIS 影像水田信息提取研究［J］．遥感学报，2007,（2）：282-288.

③ Shen Y，Li J，Zhao R，et al. Multiresolution Mapping of Land Cover From Remote Sensing Images by Geometric Generalization［J］. IEEE Transactions on Geoscience and Remote Sensing，2022，60：1-20.

洱海流域内的大理市一直属于旅游胜地，频繁的人类活动造成地表变动剧烈[①]。目前，有关洱海流域土地覆被产品，如 GlobeLand30、GLC_FCS30 等是目前公认度较高的土地覆被产品，但总体精度不高，各有优缺点，在对分类精度要求更高的中小尺度内会存在区域适应性不强的现象[②]。例如，GLC_FCS30 在云南省山区会将湖泊、耕地错分成草地、林地或城镇用地；GlobeLand30 分类结果细节表现不足且经过人工处理，而 GLC_FCS30 在中国南部的丘陵城市、印度中部的乡村、美国的东部平原会出现部分地类错分或者分类结果不完整。陈逸聪等人[③]指出，FROM_GLC、GLC_FCS30 和 GlobeLand30 总体对占长三角地区面积越高的地类其分类精度越高。此外，对比 4 种分类算法，指出区域最优的分类算法并进行精度对比；贾玉洁等[④]将面向对象特征的决策树、ISODATA 法和最大似然法对 Sentinel-2A 影像进行分类对比，结果指出面向对象特征的决策树方法在大理市的适用性较好。众多分类方法多集中于单期的土地利用 / 覆被分类，缺少长时间序列下较大面积的复杂高原山区的快速、准确提取。而高原山区受到山脉阴影、地形复杂等因素影响，相比其他地形区而言，在遥感影像的长时间、高效分类上，难以满足研究需求。

因此，本研究利用 GEE 平台，以及 RF、CART 和 SVM 3 种常用的机器学习方法，进行洱海流域的长时间土地利用覆被变化分类，寻找最适合洱海流域的分类方法，为洱海流域土地的合理开发利用及产业布局规划提供数据参考。

二、数据来源与处理

（一）数据来源

数据来源于 GEE 平台数据集，详见表 4–1。

表4–1　数据来源

数据	描述
地表反射率	2000 年、2005 年和 2010 年影像为 Landsat/LT05/C01/T1_SR 数据，2015 年和 2020 年的影像为 Landsat/LC08/C01/T1_SR 数据
高程	采用 NASA 的 DEM 数据，分辨率为 30 m
土地利用	土地利用 / 覆被数据（GLC_FCS30）来自中国科学院地球大数据科学工程数据共享服务系统
真彩色	将 Landsat 传感器中的红、绿、蓝 3 个波段在遥感图像处理软件中合成一幅彩色图像，以显示真实地表颜色信息

① 孙亚楠，李仙岳，史海滨，等. 基于特征优选决策树模型的河套灌区土地利用分类［J］. 农业工程学报，2021，37（13）：242–251.

② Tanveer M，Rajani T，Rastogi R，et al. Comprehensive review on twin support vector machines［J］. Annals of Operations Research，2022，abs/2105.00336：1–46.

③ 丁胜锋，孙劲光，陈东莉，等. 一种改进的 SVM 决策树及在遥感分类中的应用［J］. 计算机应用研究，2012，29（3）：1146–1148，1151.

④ Zhang L Y，Lei G P，Guo Y Y，et al. Object-oriented land use classification based on landsat images：a case study of the lower liaohe plain［J］. Journal of Basic Science and Engineering，2021，29（2）：261–271.

（二）数据处理

首先，基于 GEE 平台加载研究区矢量边界和已有的土地利用/覆被数据（GLC_FCS30），选取研究区地表植被生长状况较好的时间段，同时为消除冬季高山积雪影响，设置各年份影像获取时间均为 3~10 月（此时间段虽横跨 3 个季节，但却为研究区种植水稻等粮食作物时节，也是植被生长旺盛时期，可利用季节性差异进行土地覆被分类），通过年份筛选含云量低于 20% 的遥感影像；其次，采用 GEE 中的算法对每期原始卫星影像数据进行裁剪等预处理，构建光谱指数，基于 DEM 数据提取高程、坡度等，构建地形特征，联合光谱指数构建多维分类特征集；然后，基于谷歌地球、遥感影像和 GLC_FCS30 产品数据选取样本点，进行洱海流域的 LULC 分类；最后，进行八邻域空间滤波等分类后处理，平滑影像。其技术路线图见图 4-1。

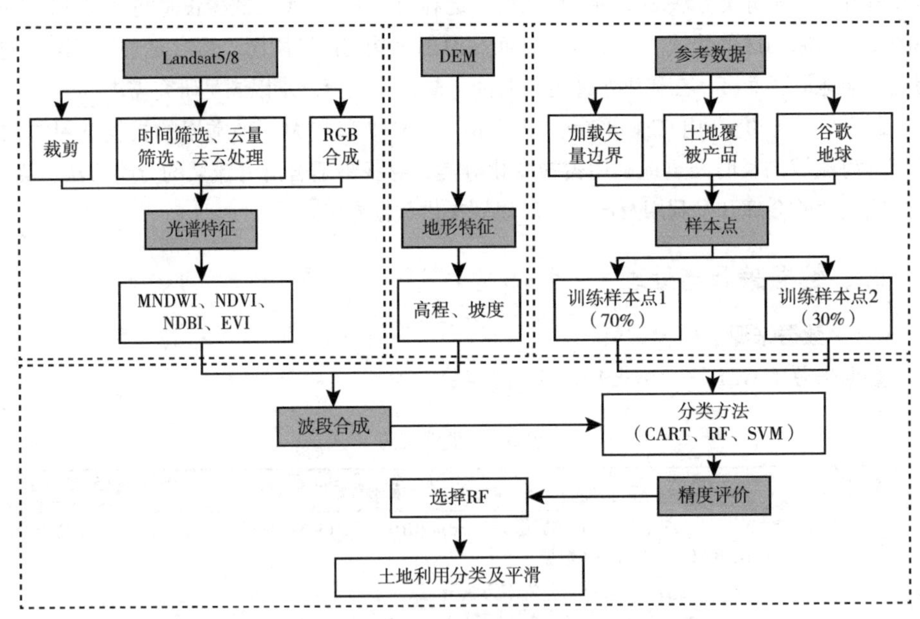

图 4-1　技术路线图

三、研究方法

（一）土地利用分类和样本点选择

结合研究区实际情况，将洱海流域的土地利用类型分为耕地、林地、草地、水域、建设用地和未利用地 6 类。样本点的选取采用“多源一致、时序稳定、均匀选取”的方法。首先，在 GLC_FCS30 等产品中遴选分类可信、稳定不变的区域选取样本点；其次，利用实地调查数据、谷歌地球历史影像、不同波段的影像组合选取样本点；最后，在此基础上，再根据分类结果、评价精度，结合实地确认的地类，以目视方式适当修正少量样本点，保证样本均匀分布的同时反复调整训练样本使不同方法分类效果达到较优状态[①]。经对不同地类、不同年份的样本点计算，样本点的重合率在 80% 以上，重合的区域为湖泊、永久基本农田、受人类活动影响较小的林地和草地以及建设用地主城区（表 4–2）。

表4–2 训练样本点

年份 / 年	耕地	林地	草地	水域	建设用地	未利用地	总计
2000	75	85	93	34	65	7	359
2005	76	91	100	34	68	7	376
2010	76	86	93	34	66	7	362
2015	63	82	83	36	74	7	345
2020	64	83	86	34	77	7	351

（二）分类特征提取

洱海流域地形、地貌多样，有高耸的苍山山脉，需要选择多种特征参数进行辅助分类，以提高分类精度。分类主要是应用遥感影像丰富的光谱信息，因此光谱特征是最主要的特征参数。而山体阴影、坡度等会影响洱海流域土地利用 / 覆被分类，所以地形特征是分类过程中除光谱特征外最主要的特征参数[②]。在光谱特征中，植被洱海流域中所占面积最大，NDVI 和 EVI 是区分植被与非植被的重要参数。洱海流域存在大面积水域，城镇用地主要分布在洱海周围坝区与盆地坝区，MNDWI 和 NDBI 对水域和城镇用地的提取具有重要作用。

四、结果与分析

（一）整体分类结果对比分析

在 GEE 中使用 CART、RF 和 SVM 对 2000 年、2005 年、2010 年、2015 年和 2020 年的洱海流域 LULC 进行分类，3 种分类算法的精度评价如表 4–3 所示。RF 的总体精度和 Kappa 系数均在 90% 以上；CART 的总体精度在 90% 左右，Kappa 系数在 87% 左右；SVM 的总体精度最高为 91%，Kappa 系数最高为 88%。单从总体精度和 Kappa 系数来看，RF 的总体精度和 Kappa 系数都是最高，其次是 CART，SVM 的总体精度和 Kappa 系数都是最低。同时 RF 和 CART 的 5 期精度评价数值整体起伏变化基本一致，而 SVM 5 期精度评价数值结果波动较大，总体精度最大相差 0.17，Kappa 系数最大相差 0.22。

① Ding S F，SUN J G，CHEN D L，et al．Improved SVM decision-tree and its application in remote sensing classification［J］．Application Research of Computers，2012，29（3）：1146–1148，1151．

② ZHANG L Y，LEI G P，GUO Y Y，et al.Object-oriented Land Use Classification Based on Landsat Images：A Case Study of the Lower Liaohe Plain［J］．Journal of Basic Science and Engineering，2021，29（2）：261–271．

表4-3 分类精度评价

年份 / 年	CART		RF		SVM	
	OA/%	Kappa/%	OA/%	Kappa/%	OA/%	Kappa/%
2000	89.0	86.0	93.0	0.91	74.0	66.0
2005	90.0	85.0	93.0	0.91	83.0	78.0
2010	90.0	87.0	95.0	0.93	83.0	78.0
2015	92.0	90.0	93.0	0.91	91.0	88.0
2020	91.0	88.0	93.0	0.91	88.0	84.0

以 2020 年为例，3 种分类算法的分类结果及各土地利用类型的评价精度如图 4–2、表 4–4 所示。图 4–2 中，CART、RF 和 SVM 均能够很好地对洱海流域的 LULC 进行分类。其中 CART 和 RF 的分类结果一致度更高，而 SVM 的分类结果和 CART、RF 有明显的差别，尤其是在建设用地的分类中，如大理市市区。RF 算法下的 6 种土地利用类型的 PA 和 UA 整体要好于 CART 算法和 SVM 算法。除了未利用地的 PA 较低之外，其余土地利用类型的 PA 和 UA 均在 80% 以上，达到良好的分类效果。而通过比较 3 种分类算法下各类地物的 PA 和 UA 来看，3 种分类方法下的 PA 和 UA 均水域最高，林地次之，未利用地的分类精度结果最低。表 4–3 和表 4–4 显示，RF 算法比 CART 算法和 SVM 算法的结果更准确，更适合于洱海流域的地类划分。

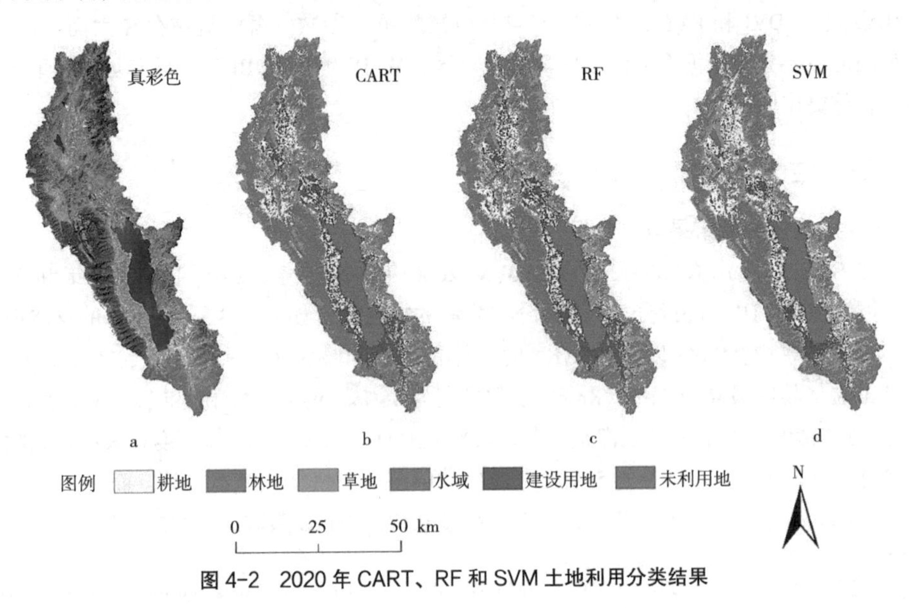

图 4–2 2020 年 CART、RF 和 SVM 土地利用分类结果

表4-4　2020年3种分类算法下的混淆矩阵

分类方法	土地利用类型	耕地	林地	草地	水域	城镇用地	未利用地	UA/%	PA/%
CART	耕地	40	1	0	0	0	0	87.0	98.0
	林地	0	26	1	0	0	0	93.0	96.0
	草地	2	1	17	0	1	0	94.0	81.0
	水域	0	0	0	11	0	0	1	1
	城镇用地	4	0	0	0	23	0	88.0	85.0
	未利用地	0	0	0	0	2	0	0	0
RF	耕地	40	1	0	0	0	0	93.0	98.0
	林地	0	21	0	0	0	0	84.0	1
	草地	1	3	24	0	1	0	96.0	83.0
	水域	0	0	0	6	0	0	1	1
	城镇用地	2	0	0	0	34	0	97.0	94.0
	未利用地	0	0	1	0	0	1	1	50.0
SVM	耕地	37	0	2	0	0	0	86.0	95.0
	林地	0	25	1	0	0	0	89.0	96.0
	草地	3	3	14	0	0	1	78.0	67.0
	水域	0	0	0	15	0	0	1	1
	城镇用地	3	0	0	0	14	1	1	78.0
	未利用地	0	0	1	0	0	0	0	0

（二）局部分类结果对比分析

由图4-3分析可知，CART解译的结果细节较为突出，如道路能够准确提取，但图斑较破碎，实际准确度不够高，有错分区域，如草地错分成耕地，林地错分成水域；SVM图斑较为连贯、成片，但线状地物不够突出，实际分类结果也不够高，存在错分或少区域，如建设用地比实际缩小或错分成未利用地；相比之下，RF在线状地物提取的准确度不如CART，在图斑连续性不如SVM，但实际分类结果要高于二者，尽管也存在错分地类，如草地错分成耕地。在满足评价精度和实际准确度的基础上，RF在三者当中分类精度最高，同时它也可以处理分类上的微小差异。因此，我们得到了基于RF算法的5期洱海流域LULC分类结果，称为Erhai_RF（图4-4）。

由表4-5可见，协同使用光谱和地形特征获得了最高解译精度，单独使用地形特征解译精度最低。洱海流域2000年、2005年、2010年、2015年 和 2020年最高总体精度分别为93.10%、92.9%、95.0%、93.3% 和 93.3%，对应Kappa系数分别为0.912、0.906、0.934、0.915 和 0.913，满足分析要求。与单独使用光谱特征和地形特征的分类相比，加入光谱和地形特征后，5 期 OA 平均分别提高了 2.7% 和 20.8%。可见，联合光谱和地形特征后，总体精度得到一定提高。

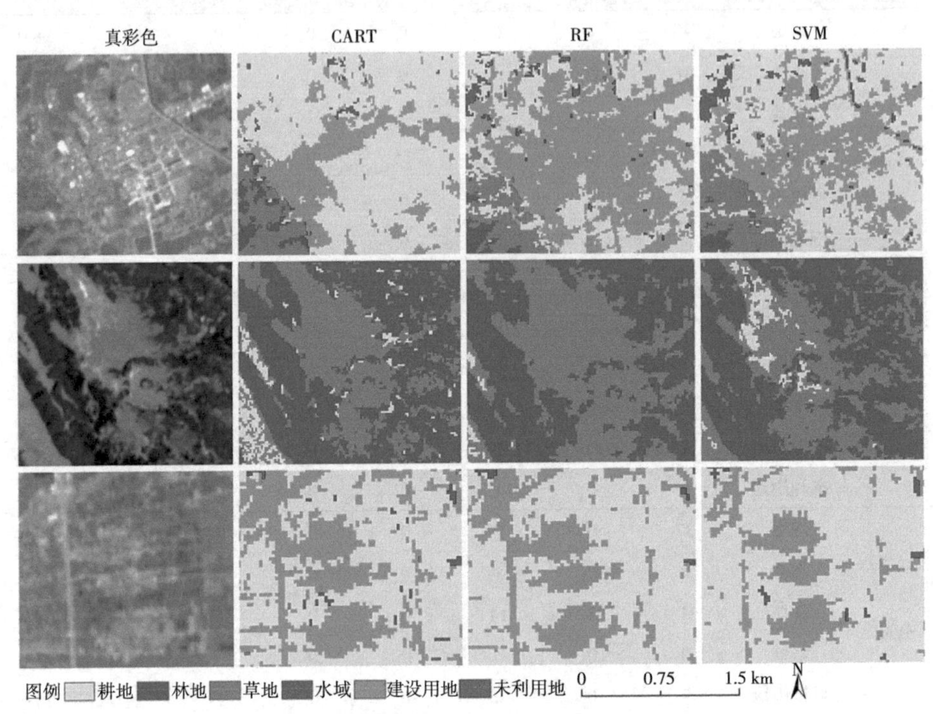

图 4-3　2020 年 CART、RF、SVM 分类结果细节对比

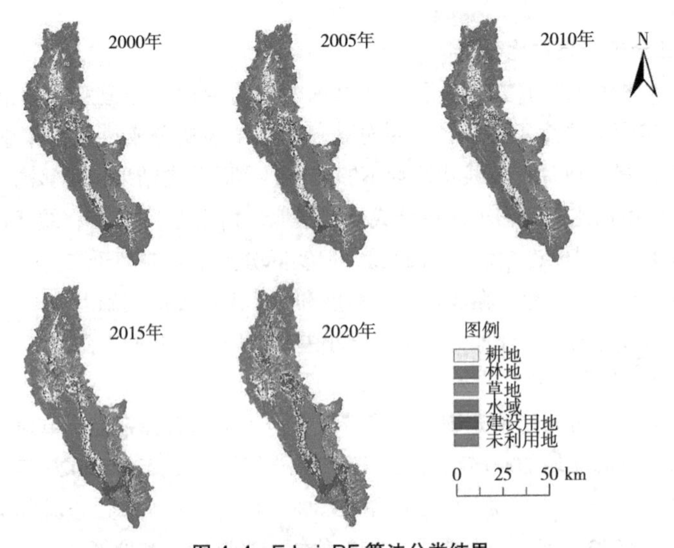

图 4-4　Erhai_RF 算法分类结果

表4-5　RF不同特征组合的分类精度

年份 / 年	光谱特征		地形特征		光谱特征和地形特征	
	OA/%	Kappa/%	OA/%	Kappa/%	OA/%	Kappa/%
2000	84.6	79.6	76.5	68.9	93.1	91.2
2005	91.5	88.7	74.4	65.6	92.9	90.6
2010	92.1	89.6	79.6	73.2	95.0	93.4
2015	93.4	91.5	71.4	62.0	93.3	91.5
2020	92.4	90.1	61.6	51.3	93.3	91.3

（三）Erhai_RF 与 GlobeLand 30、GLC_FCS 30 对比分析

如图 4-5 所示，以 2020 年为例，选取了海西海水库北部（图 4-5a）、山中道路（图 4-5b）、大理机场（图 4-5c）、典型草地（图 4-5d）和洱海入水口（图 4-5e）

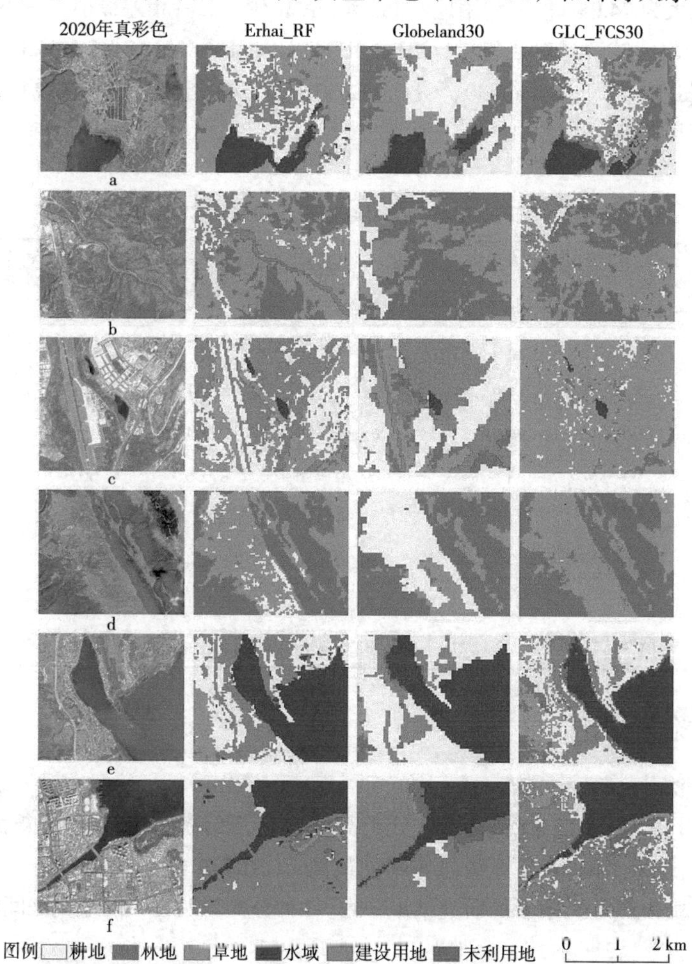

图 4-5　Erhai_RF 与 GlobeLand 30、GLC_FCS 30 分类结果对比

与出水口（图 4-5f）共 6 个区域进行对比分析。图 4-5a 海西海水库北部的水体，图 4-5b、图 4-5e、图 4-5f 的道路、桥梁，GlobeLand30 和 GLC_FCS30 解译出部分或者未能完全解译出来，而 Erhai_RF 能够较完整地解译出水体、道路和桥梁；从图 4-5c 来看，Erhai_RF 和 GlobeLand30 均能够解译出机场跑道，但 Erhai_RF 却将机场附近的草地错分成耕地，GLC_FCS30 未能将机场解译出。从图 4-5b、图 4-5d 来看，Erhai_RF 和 GLC_FCS30 均能将林地和草地准确解译出，但 Erhai_RF 也出现将草地错分成耕地。GlobeLand30 也能够准确解译出林地，但却将部分草地大面积错分成耕地。

由表 4-6 分析可知，Erhai_RF2020 的 PA 和 UA 几乎全部高于 GlobeLand30 和 GLC_FCS30，最少也高出 3.49%；同时 OA 和 Kappa 系数也至少高出 GlobeLand30 和 GLC_FCS30 7.6%。其中 Erhai_RF2020 的草地的 PA 和 UA 相较于 GlobeLand30 和 GLC_FCS30 相差最大，最大为 74.04%；未利用地的 PA 和 UA 相较于二者相差最小，最小为 4.34%。

总之，局部区域解译对比显示，Erhai_RF 与 GlobeLand30、GLC_FCS30 均存在错分区域。但 Erhai_RF 较 GlobeLand30、GLC_FCS30 较少存在错分，同时在线状地物上（如道路）提取更加准确。

表4-6 Erhai_RF2020与GlobeLand30、GLC_FCS30的精度比较

类型	Erhai_RF2020		GlobeLand30		GLC_FCS30	
	PA/%	UA/%	PA/%	UA/%	PA/%	UA/%
耕地	98.0	93.0	74.86	76.87	74.41	59.47
林地	1	84.0	71.20	80.51	76.32	79.98
草地	83.0	96.0	65.38	21.94	39.23	31.09
水域	1	1	67.70	87.06	60.04	80.47
建设用地	94.0	97.0	68.36	79.33	76.94	75.92
未利用地	50.0	1	59.36	86.24	78.27	63.70
OA/%	93.3		85.7		77.3	
Kappa/%	91.3		82.0		72.9	

五、讨论与结论

（一）讨论

本书使用 RF、CART 和 SVM 3 种分类算法进行洱海流域的土地覆被解译，均取得良好的分类结果。RF 分类算法总体精度最高，CART 次之，SVM 最差，与库利塔莱（Kulithalai）、戴声佩等[①]学者的研究结果一致。3 种分类算法在不同地类之间的分类精度

① 戴声佩，易小平，罗红霞，等．基于 GEE 和 Landsat 时间序列数据的海南岛土地利用分类研究［J］．热带作物学报，2021，42（11）：3351-3357．

各有优缺点。CART 在城镇用地细节上更加突出，SVM 在草地分类上准确度更高，而 RF 更适合实际分类准确度和评价精度都较高的地类。主要原因是 3 种分类算法的原理不同造成的，其次地形地貌、样本点的质量和数量也是原因之一。在多次分类实验中，使用高分辨率的遥感影像、样本点选取进一步准确、遥感影像进行正射校正消除山体阴影等都会进一步提高解译的精度。经对比分析，在 3 种分类算法中，RF 的实际分类结果、总体精度等都最适合洱海流域，说明 RF 算法适合高原、山区、平原等地形地貌。同时在大范围内也可使用 RF 算法，适用地形较多。

训练样本点的质量、数量和分布对于分类结果至关重要。样本点的数量和研究区的面积、地形、地类复杂度具有相关性。研究区面积越大、地形越复杂、分类地物越多，所需样本点数量越多。样本点数量要根据研究区的实际情况确定，样本点过多会影响解译的速度和效率，过少会影响解译的精度。尽管将谷歌地球、已有的 GLC_FCS 产品、各种波段组合的影像联合在一起来选取样本点，但地表“同物异谱”“异物同谱”现象普遍存在，如坡耕地、草地、裸岩石区域和建设用地，从而不可避免地造成遥感图像分类过程中的错分、漏分等现象。

洱海流域属于高原山间盆地，流域面积 2000 多平方千米，属于中小尺度流域，分类只按一级地类。因此，对样本点的选取力求随机均匀地分布在整个研究区。经多次实验，样本点选取的数量也只有数百个，和 GlobeLand、GLC_FCS 等全球范围内的土地覆被产品选取数千甚至上万的样本点相比，相差巨大。正是研究区域较小，所以 RF 分类方法在分类速度、分类精度上能够达到甚至超过 GlobeLand、GLC_FCS，但在地类分类数量上不如二者。一方面是尺度不同，GlobeLand、GLC_FCS 等是面向全球范围的 LULC 产品，另一方面是面向的使用者不同，需求不同，小范围的研究区更追求分类结果的准确。结合洱海流域的地形地貌，相关学者提出 RF 的分类方法精度更高，与本书研究结果一致，但仍存在不足之处。遥感影像分辨率可进一步提高，如使用高分辨卫星影像、多源影像融合等方法以便达到更好的结果。另外，本次引入的主要特征为光谱及地形特征，在提高分别率后可加入纹理特征，并使用其他分类方法（如面向对象的分类方法）进一步提高解译精度，同时今后选取更加准确的训练样本也会提高解译精度。

（二）结论

（1）在 RF、CART 和 SVM 分类算法中，RF 对洱海流域分类精度最高，均超过 90%，其次是 CART，在 90% 左右，SVM 最低，在 85% 左右；在使用相同数据源和训练样本的情况下，RF 分类方法能够更准确识别各类地物信息，更适于洱海流域土地利用分类的研究。

（2）洱海流域土地覆被分类与地形地貌、样本点等具有相关性。RF、CART 和 SVM 算法在洱海流域土地利用分类中均对水体的分类精度较高，对未利用地的分类精度较低。

（3）Erhai_RF 与 GlobcLand、GLC_FCS 虽在局部分类上存在一定差异，但是在空间分布上保持着较高的一致性，具有较高的分类精度，满足研究需求。

第二节　耕地精细化分类

一、引言

近几年来，随着城镇经济社会发展需要进一步扩张用地范围，建设用地面积急剧增长、耕地面积锐减是一定时期内土地利用/覆被变化的显著特征之一，导致耕地非农化问题凸显[①]。及时准确了解不同耕地类型的面积及空间分布状况，对粮食安全、水资源管理及调配等方面具有重要意义。由于地球观测卫星能够快速有效地收集田间信息，因此遥感技术成为耕地区域提取与面积测算的有效工具。

近20年来，基于遥感技术对农田分类的研究较多，主要聚焦在水田、旱地的提取，其中水田识别常依据提取水稻作物或土壤含水特征来实现。早在2007年就依据水稻的物候信息，采用时序NDVI法和影像分类法实现AVHRR和TM影像的水田信息提取。选用NDVI和土壤调整植被指数（SAVI）将耕地区域划分为水田和旱地。而目前水浇地的提取因其种植结构复杂或光谱特征不显著等因素研究较少，若仅依赖光谱波段或光谱指数信息难以保证其分类精度。相异于传统的分类方法，面向对象分类在同质多像素的基础上对图像进行切割，生成一系列具有相似特征的像素集合，分割过程减少了类内光谱的变化，可以有效减少“椒盐效应”，并为提高分类精度提供了机会[②]。分割后的影像对象含有丰富的特征信息，常用的有光谱、形状、纹理等特征，目前位置特征用于分类的研究极少，而处理有地理参考的数据时，位置特征对于空间分布上呈现集聚性或连续性的地物提取十分有效。

面向对象结合支持向量机、卷积神经网络、决策树、随机森林等机器学习分类方法建立分类规则，便能实现目标地物的较精确提取。在众多分类方法中，决策树凭借其简单高效、逻辑性强，且能用于无规则、无次序的样本数据集等优点而成为一种较为常用的分类方法，目前已应用于土地覆盖分类相关的不同领域，决策树可以帮助选择最具影响力的变量，并确定不同土地覆盖类别的阈值。根据不同的构建原理和剪枝方法，常用的决策树主要有ID3、C4.5、C5.0、CART、CHAID和QUEST等，它们的学习和容错能力不同，对数据源及区域的适用性也存在差异[③]。目前，大多数研究均基于单种决策树算法实现目标地物提取，但对比多种决策树算法的分类效果、精度研究较少，尤其针对不

---

① Wei H，Xiong L，Tang G，et al. Spatial-temporal variation of land use and land cover change in the glacial affected area of the Tianshan Mountains［J］. Catena: An Interdisciplinary Journal of Soil Science Hydrology-Geomorphology Focusing on Geoecology and Landscape Evolution，2021，202（1）.

② 易凤佳，李仁东，常变蓉，等．面向对象的丘陵区水田遥感识别方法［J］．农业工程学报，2015，31（11）：186-193.

③ Yang H，Deng F，Fu H，et al. Estimation of Rape-Cultivated Area Based on Decision Tree and Mixed Pixel Decomposition［J］. Journal of the Indian Society of Remote Sensing，2021，49（6）：1285-1292.

同决策树算法在耕地精细分类中的适用性研究更是鲜少涉及。

基于此，本研究以 Sentinel-2A 影像为数据源，基于面向对象分类方法对影像进行多尺度分割，并选取光谱、形状、纹理、位置和自定义 5 个方面的特征构建分类特征集，采用随机森林方法对研究区进行土地利用分类提取一级地类耕地，然后在耕地区域内分别应用 C5.0、CART、QUEST 决策树模型进行二级分类。本研究结果可为洱海流域农业种植生态区划提供理论依据，也可为其他区域耕地分类在决策树的选择上提供新思路。

二、数据来源与处理

（一）数据来源

本研究使用的 Sentinal-2A 遥感影像数据来源于欧空局哥白尼数据中心。影像数据共获取 2020 年 3 月和 8 月 2 期，其中 3 月用于土地利用分类研究，8 月用于耕地精细分类研究。

（二）数据处理

Sentinel-2A 遥感影像产品等级为 L2A 级，选择蓝（Blue）、绿（Green）、红（Red）、近红外（NIR）和短波红外（SWIR）5 个波段，利用 SNAP 软件对其重采样，在 ENVI 中进行波段组合。

野外样本数据来自 2022 年 11 月全流域实地考察，利用手持 GPS 采集得到 314 个样本数据，主要用于土地利用分类和耕地分类的训练样本参考。虽然野外采样时间与研究时间不一致，但课题组人员曾在 2020—2022 年内多次进行洱海流域小范围调查，通过对比统计资料与走访调查发现研究区土地类型结构无明显变化，可以确保所选样本的适用性。研究技术路线如图 4-6 所示。

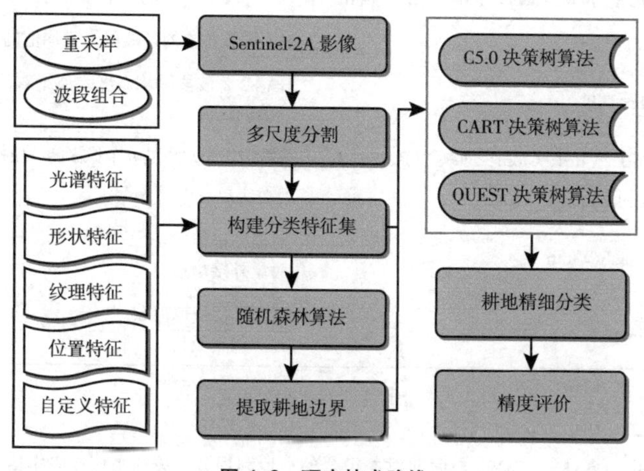

图 4-6 研究技术路线

三、研究方法

（一）最优分割尺度的确定

最优分割尺度的确定为多尺度分割方法的核心内容，本研究利用ESP尺度评价工具进行土地利用分类及耕地分类的最优尺度选择。

ESP尺度评价工具是一种无监督自动选择尺度的方法，可以消除人工调试的主观因素影响。局部方差（LV）表示不同分割尺度下影像对象同质性的局部变化，ROC代表局部方差变化率，当ROC最大即出现峰值时，该点对应的分割尺度即为最优分割尺度。一般来说，ESP计算得到的最优分割尺度并非只有1个，这是由于几个最优分割尺度是针对影像内不同地物得出的[①]。局部方差变化率（ROC）计算公式如下。

$$\mathrm{ROC}=\left[\frac{\mathrm{Scale}_L-\mathrm{Scale}_{L-1}}{\mathrm{Scale}_{L-1}}\right]\times 100\% \tag{4-1}$$

式（4-1）中，Scale_L代表目标层的局部方差；Scale_{L-1}代表将Scale_L目标层当作基准的下一层的局部方差。

（二）构建分类特征集

选择合适的分类特征信息进行组合是提高遥感影像自动解译精度的关键，因此本研究依据研究区各地类的影像特征，通过光谱（包括各波段的均值和标准差）、形状、纹理、位置和自定义5种特征共选择27个特征参数构建分类特征集（表4-7）。

表4-7　分类特征集信息

类型	特征	描述
光谱特征	Mean（Red、Green、Blue、NIR、SWIR）	由构成1个对象的n个像素的波段均值计算所得
	Brightness	1个影像对象的各波段光谱均值的算数平均值
	Max-Diff	任意2个波段平均亮度差值绝对值的最大值与亮度均值的比值
	StdDev（Red、Green、Blue、NIR、SWIR）	由构成1个对象的n个像素的波段标准差值计算所得
形状特征	Border Length	对象边界长度
	Length/Width	$\frac{\text{对象外接矩形长}}{\text{对象外接矩形宽}}$
	Compactness	$\frac{\text{对象外接矩形面积}}{\text{像素数目}}$

① 任向宇，孙文彬，袁烨. MESMA与面向对象组合的土地利用分类方法［J］. 遥感信息，2021，36（1）：69-76.

续表

类型	特征	描述
形状特征	Density	$\frac{对象面积}{协方差矩阵计算的半径}$
	Border index	$\frac{对象周长}{对象外接矩阵周长}$
	Shape index	$\frac{对象周长}{对象面积的平方根\times 4}$
纹理特征	GLCM Homogeneity	$\sum_i\sum_j \frac{P(i,j)}{1+(i-j)^2}$
	GLCM Dissimilarity	$\sum_i\sum_j P(i,j)*\lvert i-j\rvert$
	GLCM Entropy	$-\sum_i\sum_j P(i,j)*\log_2 P(i,j)$
位置特征	X-Center	影像对象中心点的 X 方位
	Y-Center	影像对象中心点的 Y 方位
自定义特征	NDVI（归一化植被指数）	$(mean_{NIR}-mean_{Red})/(mean_{NIR}+mean_{Red})$
	NDWI（归一化水体指数）	$(mean_{Green}-mean_{NIR})/(mean_{Green}+mean_{NIR})$
	NDBI（归一化建筑指数）	$(mean_{SWIR}-mean_{NIR})/(mean_{SWIR}+mean_{NIR})$
	RVI（比值植被指数）	$mean_{NIR}/mean_{Red}$

注：i、j 分别为行号和列号，N 为行总数或列总数，$P(i,j)$ 为灰度共生矩阵 i 行 j 列的值；$mean_{NIR}$、$mean_{SWIR}$、$mean_{Green}$、$mean_{Red}$ 分别为近红外、短波红外、绿光波段和红光波段均值。

（三）决策树模型

C5.0 决策树算法以特征变量信息增益率为标准，确定最优分割特征和分割阈值，并通过代价矩阵对决策树的节点进行修剪，除此之外，C5.0 算法还引入了 Boosting 技术。Boosting 技术依次建立一系列决策树，后建立的决策树会对前面构建决策树时出现的错分现象加以分析，最终生成更加准确的决策树模型①。

分类回归树（CART）是一种二分类递归分割技术，基本原理是将测试变量与目标变量构成数据集，以基尼系数作为最优检验方差和分割阈值的标准，再根据特征值构建二叉树，并循环此步骤，直到待分类的样本集达到停止分类的条件②。基尼系数的计算式如下。

$$\text{Gini}(s)=1-\sum_{i=1}^{r}P^2(U_i) \tag{4-2}$$

式（4–2）中，r 为类别变量的个数；$P(U_i)$ 为所选样本的数据集中属于第 i 个类别概率。

---

① Barsacchi M，Bechini A，Marcelloni F.An analysis of boosted ensembles of binary fuzzy decision trees［J］. Expert Systems with Applications，2020，154：113436.

② Miljkovic T，Chen Y J. A new computational approach for estimation of the Gini index based on grouped data［J］. Computational Statistics，2021，36（3）：2289–2311.

QUEST 决策树算法是在 1997 年提出的一种二元分类方法[①]，其基本流程和其他决策树相同，但 QUEST 将特征变量和分割阈值的确定分开进行。一方面对连续型变量和离散型变量同时适用，另一方面还克服了其他决策树算法倾向于选择具有更多潜在分割点的预测变量，因此在特征变量选择上基本无偏，同时通过多个预测变量构成的超平面在特征空间中区别类别成员和非类别成员。

四、结果与分析

（一）分割结果

使用 ESP 分割尺度工具需要确定分割的起始尺度、形状因子和紧致度因子，本研究的形状因子、紧致度因子分别设为 0.3、0.7，并以起始尺度为 60，步长分别为 1、10、100 的方式对影像进行遍历，遍历完成后对生成的 ROC-LV 曲线的峰值进行对比分析。

ROC-LV 曲线变化如图 4-7 所示，可以看出当分割尺度为 64、83、103、119 时局部方差的变化率出现了峰值，因此本研究选取以上 4 个峰值作为不同层级的最优分割尺度，根据目视判别的方法对 4 种分割尺度的分割效果进行对比分析，分割对比图如图 4-8 所示。当分割尺度为 64 和 83 时，能较好地区分不同田块，但分割尺度为 64 时，耕地的分割过于细碎，存在过分割现象，因此耕地分割的最优尺度为 83；当分割尺度为 103 和 119 时，能较好地识别不同土地类型，但分割尺度为 119 时，部分草地与建设用地、水体出现了不同程度的混淆，存在欠分割现象，因此土地类型分割的最优尺度为 103。

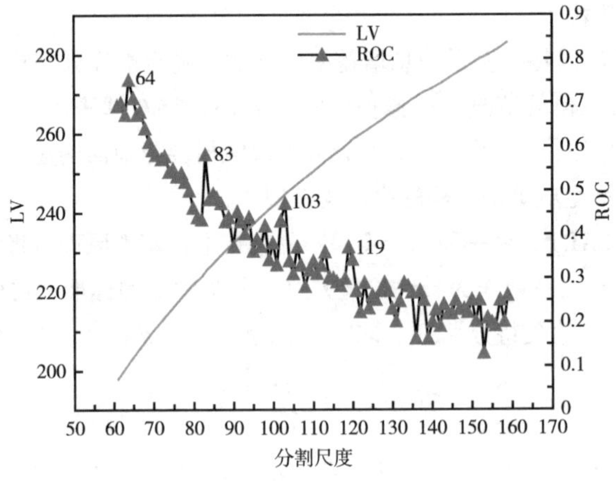

图 4-7　ROC-LV 变化图

① Loh W Y，Shih Y S. Split selection methods for classification trees［J］. Statistica Sinica，1997，7（4）：815–840.

a.分割尺度为64

b.分割尺度为83

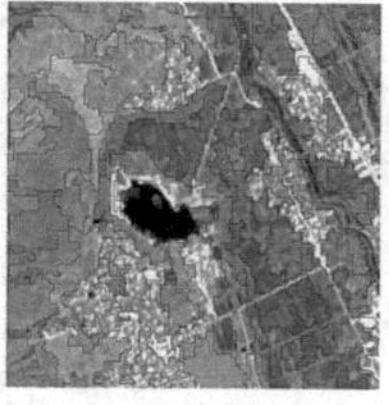
c.分割尺度为103

d.分割尺度为119

图 4-8　不同分割尺度效果对比图

（二）决策树构建结果

对耕地进行精细分类之前，首先应提取研究区耕地边界。本研究以最优分割尺度103对影像进行分割，遴选出23个更易于区分不同地类的特征，并输入随机森林算法实现分类，从而提取耕地区域。耕地一般可继续细分为水田、旱地和水浇地。

参考野外样本数据和同时期谷歌地球影像在耕地区域内选择水田、旱地、水浇地训练样本分别为289个、195个、110个，以分类类别作为目标变量，特征参数值作为输入变量，进行分类规则挖掘，在此过程中会进一步优化分类特征集，降低冗余度，经过剪枝、合并等操作完成分类决策树的构建（图4-9），并预测各特征重要性排名（表4-8）。

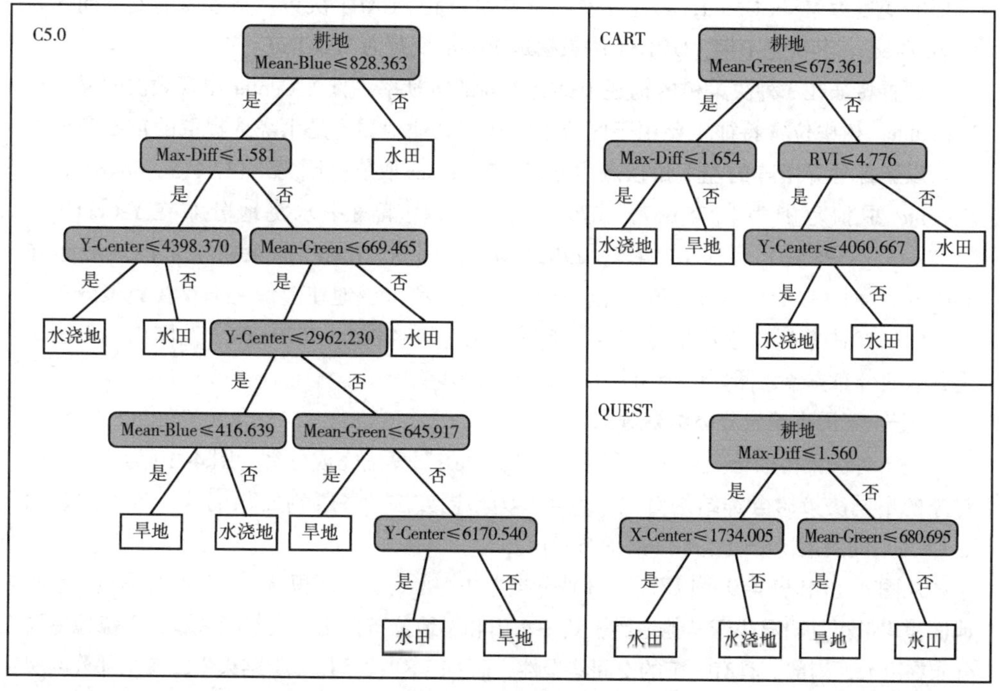

图 4-9　决策树模型

表4-8 特征重要性排名

类型	特征	取值范围	预测特征重要性（0~1）	频次
C5.0 决策树	Mean-Green	[265.722，9099.385]	0.14	2
	Y-Center	[137.415，8848.081]	0.08	3
	Max-Diff	[0.151，2.595]	0.05	1
	Mean-Blue	[210.368，9607.077]	0.05	2
CART 决策树	Mean-Green	[265.722，9099.385]	0.45	1
	RVI	[0.973，20.529]	0.35	1
	Max-Diff	[0.151，2.595]	0.13	1
	Y-Center	[137.415，8848.081]	0.04	1
QUES 决策树	Max-Diff	[0.151，2.595]	0.50	1
	Mean-Green	[265.722，9099.385]	0.36	1
	X-Center	[275.667，4679.667]	0.08	1

构建 C5.0 决策树、CART 决策树及 QUEST 决策树的节点变量主要有光谱、位置和自定义 3 个方面的特征参数。从出现的频次上看，Mean-Green、Max-Diff 在 3 种决策树中均有出现，Y-Center 在 C5.0 决策树中出现 3 次；从特征的重要性上看，C5.0 决策树最重要的变量为 Mean-Green，其他变量的重要性较低，CART 决策树最重要的变量同样为 Mean-Green，其次是 RVI，QUEST 决策树最重要的变量为 Max-Diff。

位置特征在 3 种决策树的构建中都有较高的贡献率，且 Y-Center 出现频次明显高于 X-Center，树中位置特征主要用于区分水浇地与其他地类，是水浇地提取的重要变量之一。以影像外界矩阵的左下角顶点为原点，Y-Center 取值范围为 [137.415，8848.081]，X-Center 取值范围为 [275.667，4679.667]。C5.0 决策树中水浇地分布在 Y-Center 为 [137.415，4398.370] 和 [137.415，2962.630] 范围内，CART 决策树中水浇地分布在 Y-Center 为 [137.415，4060.667] 范围内，因此预测水浇地在影像南部存在集聚分布现象；QUEST 决策树中水浇地分布在 X-Center 为 [1734.005，4679.667] 范围内，无法确定其东西分布方位，需要结合 Max-Diff 特征进一步判断。

（三）不同决策树分类结果对比

基于各决策树的分类规则，利用“assign class”算法完成分类，图 4-10 为基于面向对象的不同决策树分类结果对比，表 4-9 为不同方法的各类别面积统计，图 4-11、图 4-12 为不同决策树分类结果局部细节对比。

从图 4-10 和表 4-9 可以看出，3 种分类方法均得到水田面积最大，其次为旱地，水浇地面积均最小且明显小于其他地类，其中水田和旱地分布在流域大范围区域，水浇地主要分布在洱海西南部，具有一定的空间集聚性，而 QUEST 决策树分类结果中，海东部分区域存在水浇地明显错分现象。如图 4-11、图 4-12 所示，区域 A 中，C5.0 决策树和 CART 决策树对水田识别都有较好判断，而 QUEST 决策树存在错分为水浇地现象；区域 B、区域 C 中，C5.0 决策树分类结果边界清晰，能较好区分水田和旱地，而 QUEST 决策树水田和旱地边界混乱，且出现错分为水浇地现象；区域 D 中，C5.0 决策树能准确识别水浇地，而 CART 决策树和 QUEST 决策树存在水田、旱地和水浇地混分现象；区域 E 中，C5.0 决策树对于水浇地与旱地边界表现基本清晰，而 CART 决策树和 QUEST 决策树都出现不同程度的边界错移现象。因此，C5.0 决策树对于水田和旱地边界表现比较清晰，且能准确识别水浇地，而 CART 决策树和 QEST 决策树对水田和旱地分布大致判断准确，但对于 2 种地类及以上边界表达能力明显低于C5.0决策树，QUEST决策树水浇地错分现象最为严重。

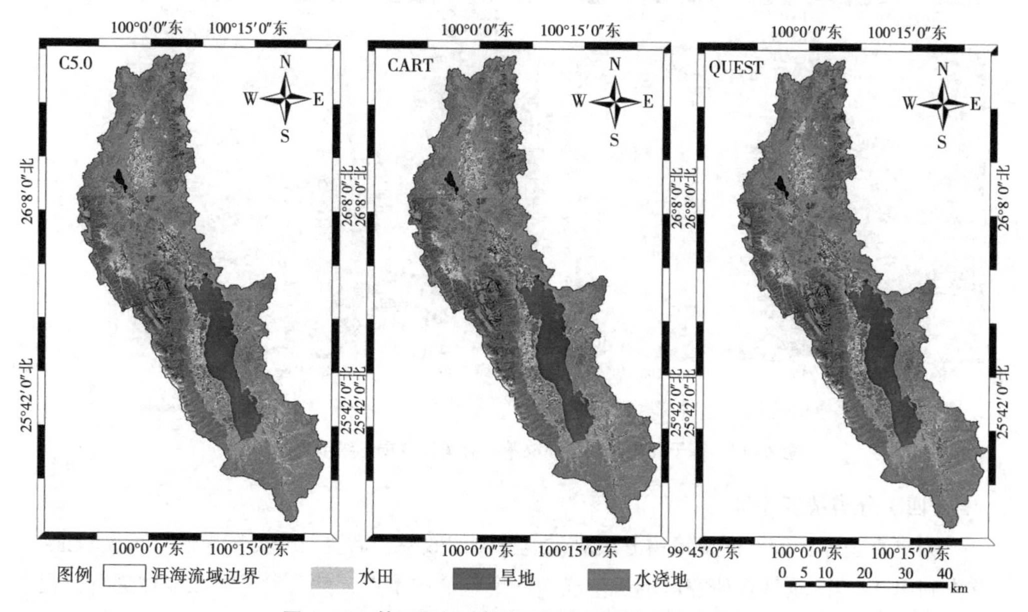

图 4-10　基于面向对象的不同决策树分类结果对比

表4-9　不同方法的各类别面积统计

分类方法	类别	面积 /km²
基于面向对象的 C5.0 决策树	水田	112.76
	旱地	63.09
	水浇地	17.17
基于面向对象的 CART 决策树	水田	101.79
	旱地	73.77
	水浇地	17.46
基于面向对象的 QUEST 决策树	水田	91.22
	旱地	80.91
	水浇地	20.89

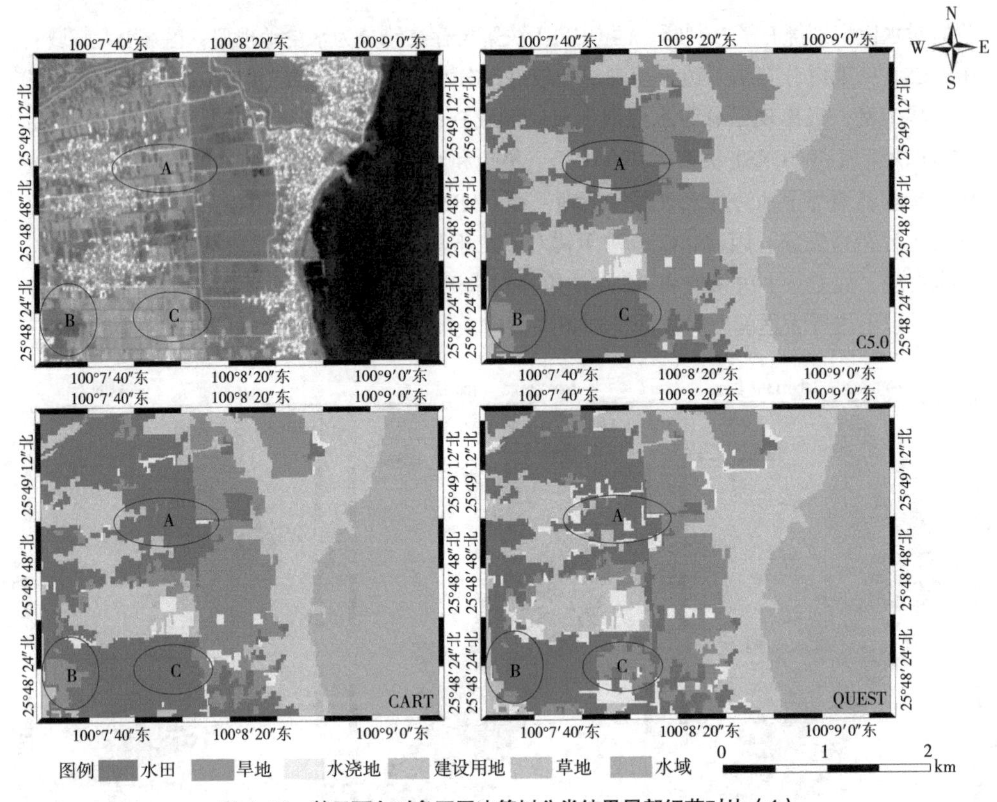

图 4-11　基于面向对象不同决策树分类结果局部细节对比（1）

（四）分类精度评价

为更直观地比较不同决策树方法对耕地分类的效果，需要对分类结果进行精度验证。首先利用 ArcGIS 软件在研究区随机生成 300 个验证样本点，然后参考谷歌地球进行目视解译，对分类类别进行判读，并在 ArcGIS 软件中进行属性编辑，最后利用混淆矩阵工具计算总体分类精度、用户精度、生产者精度以及 Kappa 系数等（表 4-10）。为减少因训练样本与验证样本导致精度评价的差异，本研究所有方法使用的训练样本和验证样本均保持一致。

如表 4-10 所示，3 种决策树的分类效果均能满足分类所需精度。C5.0 决策树分类效果最好，总体精度为 91.33%，Kappa 系数为 0.8556；CART 决策树的总体精度为 87.67%，Kappa 系数为 0.7978；QUEST 决策树的总体精度为 81.67%，Kappa 系数为 0.7502，分类精度最低。从用户精度来看，水田分类效果在 3 种方法上都达到了最优，而对水浇地的分类效果较差，其中 QUEST 决策树的水浇地分类精度仅达到 60.42%，存在较为明显的错分现象。从生产者精度来看，C5.0 决策树在水田分类精度达到最大值，为 94.04%，CART 和 QUEST 决策树在旱地分类精度达到最大值，都在 90%以上，但是 QUEST 决策树的水浇地和水田分类精度较低。总体来看，C5.0 决策树对研究区耕地精细分类效果最佳。

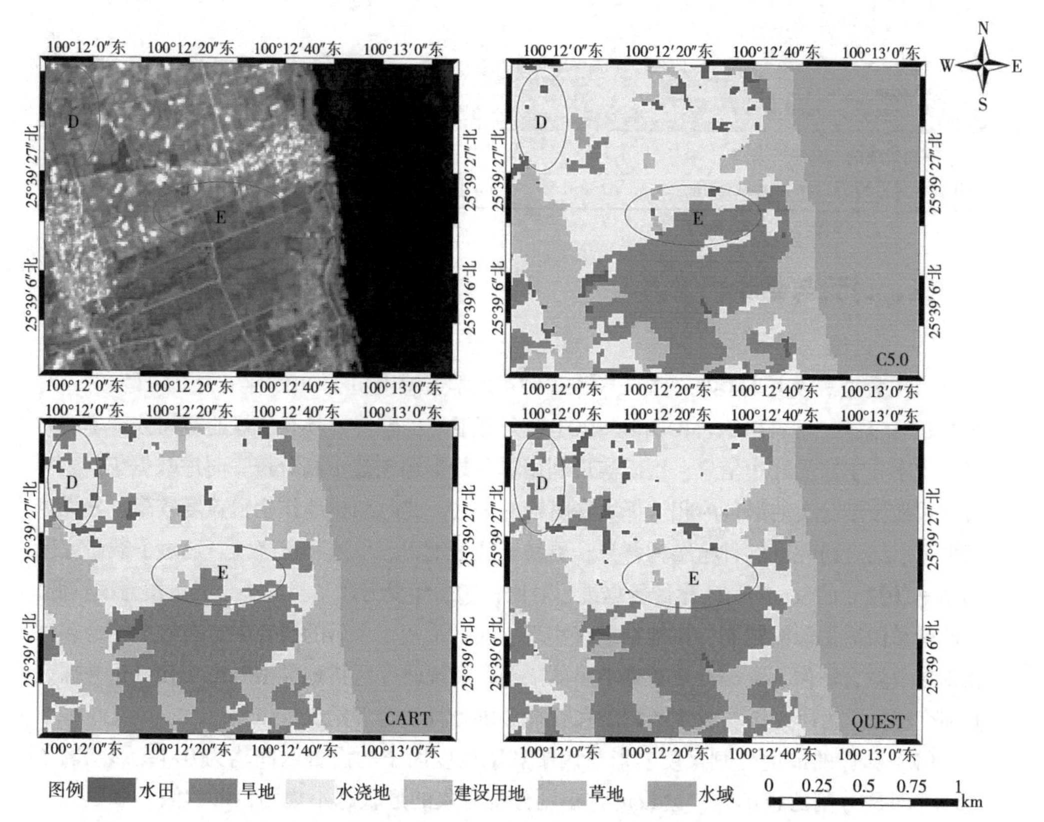

图 4-12　基于面向对象不同决策树分类结果局部细节对比（2）

表4-10　3种方法的分类精度对比

分类方法	类别	真实地物			合计	用户精度 /%
		旱地	水浇地	水田		
基于面向对象的C5.0 决策树	旱地	96	2	7	105	91.43
	水浇地	5	36	2	43	83.72
	水田	6	4	142	152	93.42
	合计	107	42	151	300	
	生产者精度 /%	89.72	85.71	94.04	91.33[a]	0.8556[b]
基于面向对象的CART 决策树	旱地	99	2	14	115	86.09
	水浇地	6	34	7	47	72.34
	水田	2	6	130	138	94.20
	合计	107	42	151	300	
	生产者精度 /%	92.52	80.95	86.09	87.67[a]	0.7978[b]
基于面向对象的QUEST 决策树	旱地	98	9	17	124	79.03
	水浇地	3	29	16	48	60.42
	水田	6	4	118	128	92.19

续表

分类方法	类别	真实地物			合计	用户精度 /%
		旱地	水浇地	水田		
基于面向对象的 QUEST 决策树	合计	107	42	151	300	
	生产者精度 /%	91.59	69.05	78.15	81.67[a]	0.7502[b]

注：[a] 为总体精度，[b] 为 Kappa 系数。

五、讨论与结论

（一）讨论

（1）数据源及其时相的选择。Sentinel-2A 光学遥感卫星于 2015 年 6 月 23 日发射，对比 Landsat 系列、AVHRR、MODIS、SPOT 系列等卫星传感器，具有较好的空间分辨率、时间分辨率和丰富的红边信息，可以实现利用单一数据源构建中高分辨率时序数据集[①]。本研究耕地精细分类的最佳时相选择大春时期的 8 月，此时期耕地作物覆盖度较高，分类过程中可以结合研究区的种植结构背景，更易于区分水田、旱地和水浇地。通过下载研究区 2016—2022 年的 Sentinel-2A 影像数据进行对比，2020 年受云团干扰最小，云量覆盖率较低，因此受影像数据源的限制，耕地精细仅实现 1 期。希望在今后的研究中，有机会结合多时相影像及融合影像，突破有效数据不足的限制，实现研究区耕地类型时空变化分析并探究其演变特征，为研究区农业生产调度和管理提供更科学合理的决策依据。

（2）影像的最优分割尺度。形状因子和紧致度因子的设置区间均为 0~1，形状因子越小，对象分割的越细碎，紧致度越小则分割对象的形状越不规则，形状因子和紧致度因子一般和为 1 时效果比较好，且影像分辨率越高形状因子设置值越大。起始尺度的设置参照 ESP 最优尺度评价工具的官方文档，从 20 开始实验，直至 ROC 出现峰值为止，本研究到设置起始尺度为 60 时出现峰值。

（3）Y-Center 依据决策树阈值有效预测水浇地空间分布。水浇地种植结构比较复杂，一般常分布有水源保证或灌溉设施的蔬菜等作物。经实地调查，洱海流域西南部的大理镇、下关街道等地大范围种植紫叶莴笋，一般为一年 2~3 熟制，8 月正处于生长成熟期，在影像上呈现特征明显的深紫色。鉴于研究区水浇地的空间分布特性，特加入位置特征用于耕地分类，结果表明位置特征能有效区分水浇地与其他地类，是水浇地提取的重要变量之一。但由于研究区形状呈现南北狭长，东西较窄，因此 Y-Center 能依据决策树阈值预测水浇地的南北分布方位，相比 X-Center 在决策树的构建上发挥更大的作用。

（4）参与决策树的分类特征及不同决策树分类精度存在差异的原因。C5.0 决策树、CART 决策树、QUEST 决策树中被筛选出的节点特征重复率较高，说明光谱、位置和自定义特征更适用于洱海流域耕地精细分类，而形状特征和纹理特征未能参与分类，可能因为研

① Guo X，Yin J，Li K. Fine Classification of Rice Paddy Based on RHSI-DT Method Using Multi-Temporal Compact Polarimetric SAR Data［J］. Remote Sensing, 2021，13（24）：5060.

究区的耕地区域地势平坦，地块规整，分割后的影像对象大小比较接近，且在10m空间分辨率下，各田块内部比较均匀，纹理特征差别较小，因此形状特征和纹理特征在区分不同耕地类型方面作用不大。此外，不同决策树在分类结果和精度中存在一定差异，这可能与算法的原理相关。C5.0算法是在C4.5算法基础上的进一步改进，它的实质是建立多棵C4.5决策树，每建立一次决策树，重复增加上次分类错误的样本的权重。权重越大，被选为训练样本的概率越大。也就是说，重新分析在最终模型中被错误分类的叶子，并尝试正确分类这些叶子。因此，基于C5.0决策树算法构建的决策树相对于CART决策树和QUEST决策树结构更复杂，分类精度最高。对比C5.0决策树算法、C4.5决策树算法、CART决策树算法在林区面向对象分类中的效率，同样得出C5.0分类精度最高，其总体分类精度为90.0%[①]。

（二）结论

（1）基于多尺度分割原理，自上而下对影像进行分割的方法弥补了以往只利用光谱特征信息分类的不足，避免了影像破碎以及“椒盐”现象。同时利用ESP最优尺度选择后确定最佳分割尺度为83和103，即在103尺度上，将耕地、林地、水域等土地类型进行区分；在83尺度下对耕地的水田、旱地、水浇地进行进一步细分。

（2）构建C5.0决策树、CART决策树及QUEST决策树的节点变量主要有光谱、位置和自定义3个方面的特征参数，其中光谱特征为最主要的变量，在3种决策树中均为首个分割特征，位置特征主要用于区分水浇地与其他耕地类型，且Y-Center出现频次明显高于X-Center。

（3）决策树算法能从大量数据中自动挖掘出分类信息，与面向对象分类的多特征结合，可以实现更加快速、高效的影像分类。基于面向对象的3种决策树的分类结果均能满足分类所需精度，其中C5.0决策树分类效果最好，总体精度为91.33%，Kappa系数为0.8556；CART决策树分类效果次之，总体精度为87.67%，Kappa系数为0.7978；QUEST决策树分类精度最低，总体精度为81.67%，Kappa系数为0.7502。

第三节 种植结构提取

一、引言

准确地获取作物种植结构在粮食安全、经济和环境等方面发挥着突出作用。区域尺度上的作物类型和分布对于作物面积估算和产量预测至关重要。基于传统调查方式获取作物种植结构的方法，因其时效性和范围性在实际应用中受限[②]，哨兵2号卫星（Sentinel-

① Awoin E, Appiahene P, Gyasi F, et al. Predicting the Performance of Rural Banks in Ghana Using Machine Learning Approach［J］. Advances in Fuzzy Systems, 2020, 1（1）: 8028019.

② 田鑫，何海，金双彦，等．基于遥感影像的张掖灌区作物种植结构提取研究［J］．中国农村水利水电，2022，478（8）：206-212.

2A）的发射使遥感在农作物提取方面得到很大程度的提高，提取洱海流域复合轮作种植结构，可为流域农业管理及结构调整、资源合理利用等方面提供理论依据。近 20 年来，利用遥感技术调查作物结构的研究较多，其中面向对象与机器学习算法相结合的方法受到诸多关注。不同于传统的分类方法，面向对象方法可有效减少椒盐效应，从多个尺度对图像进行切割，生成一系列具有相似特征的像素集合。分割后的影像对象含有丰富的光谱、形状、纹理等特征信息，从中选择最优的特征参数进行组合，并结合机器学习分类方法建立分类规则①，便能实现目标作物的精确提取。依据 2014—2018 年 Landsat 和 Sentinel-2 数据的密集时间序列，采用 RF 提取多年棉花种植模式，提取精度高达 96.93%；基于 Sentinel-1 和 Sentinel-2 影像数据，应用随机森林（RF）等机器学习方法绘制农场玉米地图②；刘通和任鸿瑞③利用 SNIC 算法对 Sentinel-2 影像进行分割，结合 SVM 算法和 RF 算法构建 6 种不同的模型进行水稻种植分布提取。仅依据单一作物种植结构难以从宏观上掌握农业基础情况，但目前多种作物结构提取的研究较少，尤其是复合轮作种植结构的研究更鲜见报道。以云南省大理白族自治州洱海流域为研究区，选择 Sentinel-2A 影像为数据源，选取影像的光谱、纹理和位置等特征信息，应用面向对象的 C5.0 决策树模型提取一级地类耕地，并在耕地区域内提取复合轮作种植结构，为一定区域内开展种植结构提取提供技术参考。

二、数据来源与处理

（一）数据来源

Sentinel-2A 遥感影像下载于欧空局哥白尼数据中心，产品等级为 L2A 级，选取蓝（Blue）、绿（Green）、红（Red）、近红外（NIR）和短波红外（SWIR）5 个波段，其中蓝、绿、红和近红外 4 个波段的空间分辨率为 10 m，短波红外空间分辨率为 20m。

（二）数据处理

利用 SNAP 9.0 对波段进行重采样，在 ENVI 5.3 中进行波段组合。影像数据共获取 2020 年 3 月和 8 月 2 期，其中 2020 年 3 月用于土地利用分类和小春作物提取，2020 年 8 月用于大春作物提取。野外样本数据来自 2022 年 11 月全流域实地考察，利用手持 GPS 采集得到 314 个样本数据，用于土地利用和作物分类的训练样本参考。虽然野外采样时间与研究时间不一致，但课题组人员曾在 2020—2022 年内多次进行洱海流域小范围调查，通过对比统计资料与走访调查发现，研究区作物种植结构无明显变化，可确保所选样本的适用性。本研究技术路线图如图 4–13 所示。

---

① 杨北萍，陈圣波，于海洋，等．基于随机森林回归方法的水稻产量遥感估算［J］．中国农业大学学报，2020，25（6）：26–34.

② Li Q Q，Liu G L，Chen W J. Toward a simple and generic approach for identifying multi-year cotton cropping patterns using Landsat and Sentinel-2 time series［J］. Remote Sensing，2021，13（24）：5183.

③ 刘通，任鸿瑞．GEE 平台下利用物候特征进行面向对象的水稻种植分布提取［J］．农业工程学报，2022，38（12）：189–196.

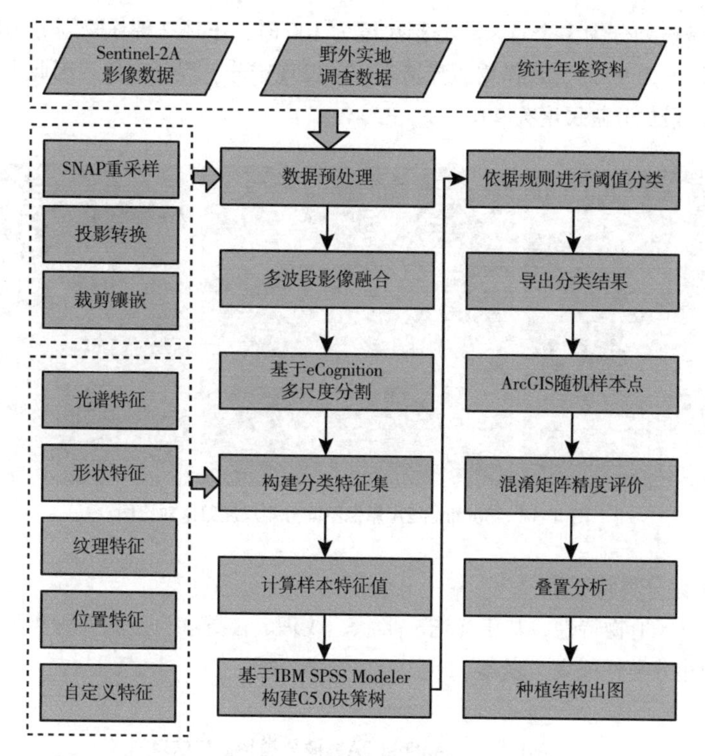

图 4–13　技术路线图

三、研究方法

（一）多尺度分割

影像分割是面向对象方法的核心步骤，将影像分割为同质像元组成的多边形，产生初级的影像对象，为进一步的分类构建信息载体。本研究分割过程通过 eConigition 9.0 实现，选用多尺度分割。分割过程中需要设定分割参数，而最优的分割尺度是地物能通过 1 个或者多个影像对象来表达，同时又不会出现过于破碎或边界模糊的现象[①]。通过经验试错法，确定形状因子和紧致度分别为 0.2 和 0.5 时各地类边界显示较好。对比多个分割尺度的分割结果（图 4–14），分割尺度为 100 时，居民地和道路的分割过于细碎，选择该尺度不仅会增加分类工作量，还会降低分类精度；分割尺度为 200 时，部分水体和植被区错分在一起，道路边界不清；分割尺度为 150 时，各类地物能通过较少的对象表达，地物边界显示清晰。因此，土地利用分类的最优分割尺度为 150。同理，大春和小春作物分类的最优分割尺度通过对比 80、90、100 分割效果后确定，分割尺度为 80 时，大片

① Wang K，Chen H，Cheng L，et al. Variational-Scale Segmentation for Multispectral Remote-Sensing Images Using Spectral Indices［J］. Remote Sensing，2022，14（2）：326.

同种作物区域被划分为多个对象；分割尺度为100时，出现2种作物划分为同一对象的现象；分割尺度为90时，各作物边界清晰，未发现错分、混分现象，因此大春作物和小春作物分类的最优分割尺度为90。

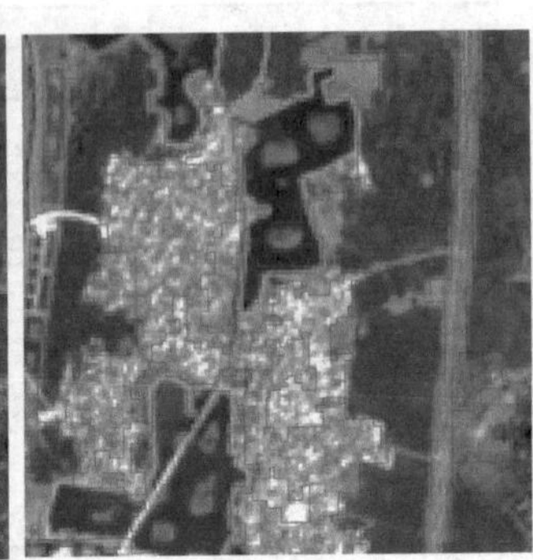

图 4-14　Sentinel-2A 影像不同分割尺度效果对比图

（二）构建分类特征集

根据研究区地物特性，基于光谱、形状、纹理、位置和自定义5种类型特征共选择16个特征构建分类特征集（表4-11）。

表4-11　Sentinel-2A影像分类特征集信息

特征类型	特征	描述
光谱	Mean（Red、Green、Blue、NIR、SWIR）	由构成1个对象的 n 个像素的波段值计算所得
	StdDev-Blue	由构成1个对象的 n 个像素的蓝光波段值计算所得
	Brightness	1个影像对象的各波段光谱均值的算数平均值
	Max-Diff	任意2个波段平均亮度差值绝对值的最大值与亮度均值的比值
形状	Border index	对象实际周长与最小外界矩阵周长的比值
纹理	GLCM homogeneity	$\sum_i\sum_j \frac{P(i,j)}{1+(i-j)^2}$*
位置	X-Center	影像对象中心点的X方位
	Y-Center	影像对象中心点的Y方位
自定义	NDVI	$(mean_{NIR}-mean_{Red})/(mean_{NIR}+mean_{Red})$
	NDBI	$(mean_{SWIR}-mean_{NIR})/(mean_{SWIR}+mean_{NIR})$
	NDWI	$(mean_{Green}-mean_{NIR})/(mean_{Green}+mean_{NIR})$
	RVI	$mean_{NIR}/mean_{Red}$

注：i、j 分别为行号和列号，$mean_{NIR}$、$mean_{SWIR}$、$mean_{Green}$、$mean_{Red}$ 分别为近红外、短波红外、绿光波段和红光波段均值。

（三）构建 C5.0 决策树模型

C5.0 决策树以特征变量信息增益率为标准确定最优分割特征和阈值，并通过代价矩阵对决策树的节点进行修剪，除此之外，C5.0 算法基于 Boosting 技术依次建立一系列决策树，后建立的决策树会对前面构建决策树出现的错分现象加以分析，最终生成更加准确的决策树模型①。参照野外样本数据和同时期谷歌地球在待分类影像上选择训练样本，计算训练样本的 16 个特征参数，以分类类别作为目标变量，特征参数值为输入变量，进行分类规则挖掘，在此过程中会进一步优化分类特征集，降低冗余度，最后经过剪枝、合并等操作构建分类决策树模型（图 4–15），并预测树中各节点特征重要性排名。

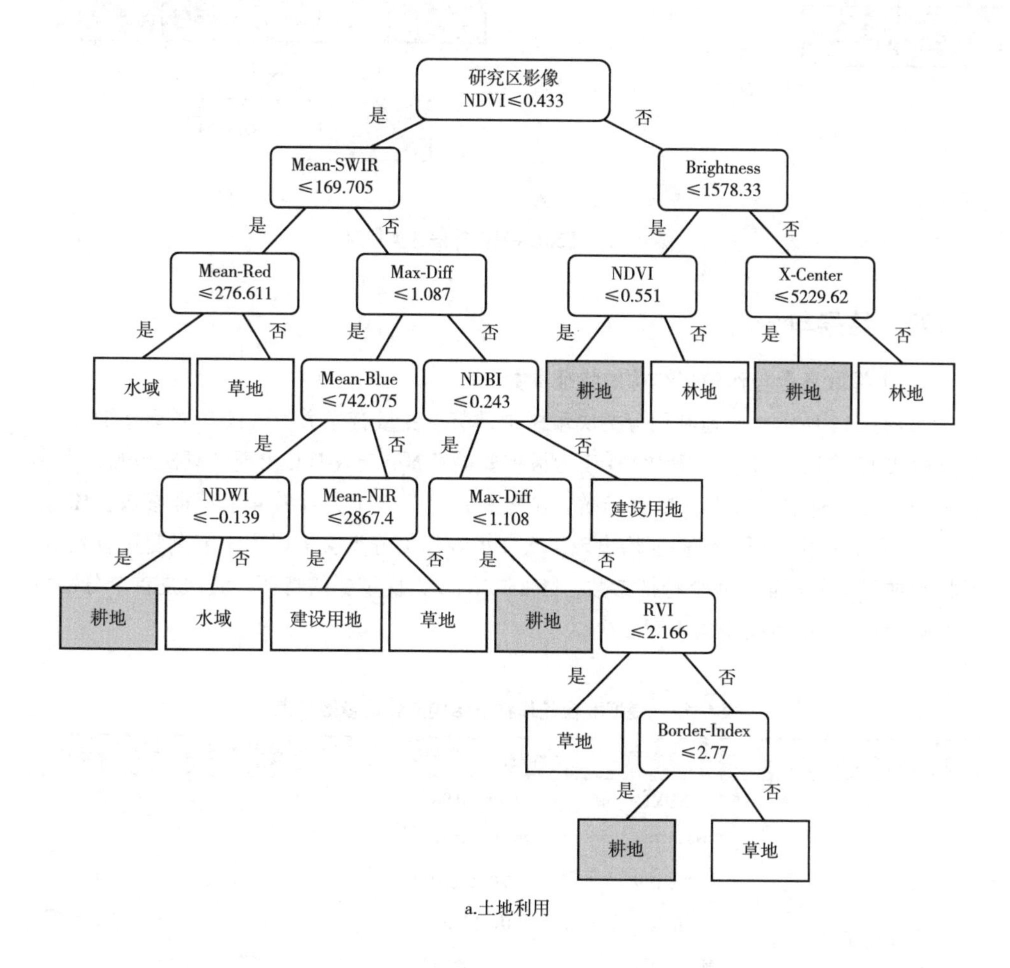

a.土地利用

① Fayyad A A，Abdel Gawad A F，Alenany A M，et al. Transmission Line Protection Using High-Speed Decision Tree and Artificial Neural Network：A Hardware Co-simulation Approach［J］. Electric Power Components and Systems，2021，49（11–15）：1181–1200.

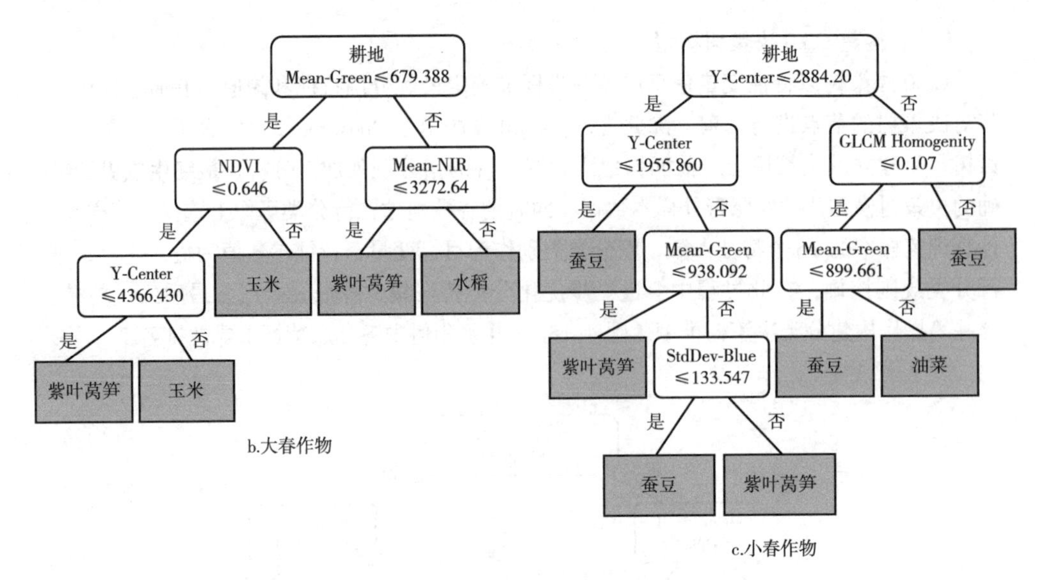

图 4-15　C5.0 决策树算法分类规则

四、结果与分析

（一）提取复合轮作种植结构的特征参数

如表 4-12 所示，土地利用分类决策树中，节点变量有光谱、形状、位置和自定义 4 个方面共 13 个特征参数，其中 NDVI 为最重要的特征，Max-Diff 出现的频次最高，大春作物分类决策树中，节点变量有光谱、位置和自定义 3 个方面共 4 个特征参数，Mean-Green 为最重要的特征，各特征均出现 1 次。小春作物分类决策树中，节点变量有光谱、形状和纹理 3 个方面共 4 个特征参数，Mean-Green 为最重要的特征，其次是首个分割特征 Y-Center，在决策树中均出现 2 次。

表4-12　提取复合轮作种植结构的特征参数信息

分类决策树	特征	特征取值范围	重要性排名	出现频次
土地利用	NDVI	[−1，0.98]	1	1
	Mean-Blue	[29.39，1754.95]	2	1
	Max-Diff	[0.39，8.10]	3	2
	RVI	[0，124.75]	4	1
	Mean-SWIR	[0，5089.39]	5	1
	Mean-Green	[15.55，1935.50]	6	1
	Mean-NIR	[0，6297.30]	7	1
	Brightness	[17.28，3046.36]	8	1

续表

分类决策树	特征	特征取值范围	重要性排名	出现频次
土地利用	Mean-Red	[3.49，2933.61]	9	1
	NDWI	[−0.92，1.0]	10	1
	Border index	[1.07，7.87]	11	1
	X-Center	[98.29，6075.20]	12	1
	NDBI	[−1.0，1.0]	13	1
大春作物	Mean-Green	[328.92，4743.51]	1	1
	Mean-NIR	[1010.28，8340.73]	2	1
	NDVI	[−0.32，0.91]	3	1
	Y-Center	[185.05，10642.84]	4	1
小春作物	Mean-Green	[415.97，1623.11]	1	2
	Y-Center	[1111.99，9799.05]	2	2
	StdDev-Blue	[20.76，328.80]	3	1
	GLCM Homogenity	[0.03，0.17]	4	1

（二）大春时期和小春时期的作物分类结果

对洱海流域进行土地利用分类的主要目的是提取耕地边界，进而实现耕地区域内的种植作物提取。耕地面积约 19853.05hm^2，约占洱海流域总面积的 7.61%，主要分布在上游及海西地区（图 4–16a）。从图 4–16b 和表 4–13 可知，大春作物主要为水稻和玉米，分别约占耕地总面积的 43.87% 和 39.23%，交错分布在流域大部分地区；紫叶莴笋所占面积最小，为 1438.13hm^2，约占耕地总面积的 7.25%，主要分布在海西南地区，具有一定的空间集聚性。从图 4–16c 和表 4–13 可知，小春作物主要为蚕豆，所占面积为 11511.51hm^2，占耕地总面积的 60% 左右，主要分布在流域上游及海西的喜洲镇；紫叶莴笋相较于大春时期种植面积有所增加，为 2020.18hm^2，约占耕地总面积的 10.18%，同样分布在海西南地区，说明此区域常年种植紫叶莴笋；油菜所占面积最小，为 1107.51hm^2，约占耕地总面积的 5.58%，主要分布在流域上游的凤羽镇。其他作物主要包括烤烟、小葱和箭舌豌豆等，因同时期作物特征不显著且种植面积相对较小，未进行细化分类。

（三）复合轮作种植结构提取结果

大春作物包含水稻、玉米、紫叶莴笋及其他作物，小春作物包含蚕豆、油菜、紫叶莴笋及其他作物，对大春和小春 2 个时期的作物进行叠置处理，得到水稻—蚕豆、水稻—油菜、玉米—蚕豆等 16 种轮作种植结构，为降低分类图斑细碎度，仅保留 5 种经典作物的轮作方式，剩余 11 种归并为其他轮作方式。综合图 4–17 和表 4–14 可知，水稻—

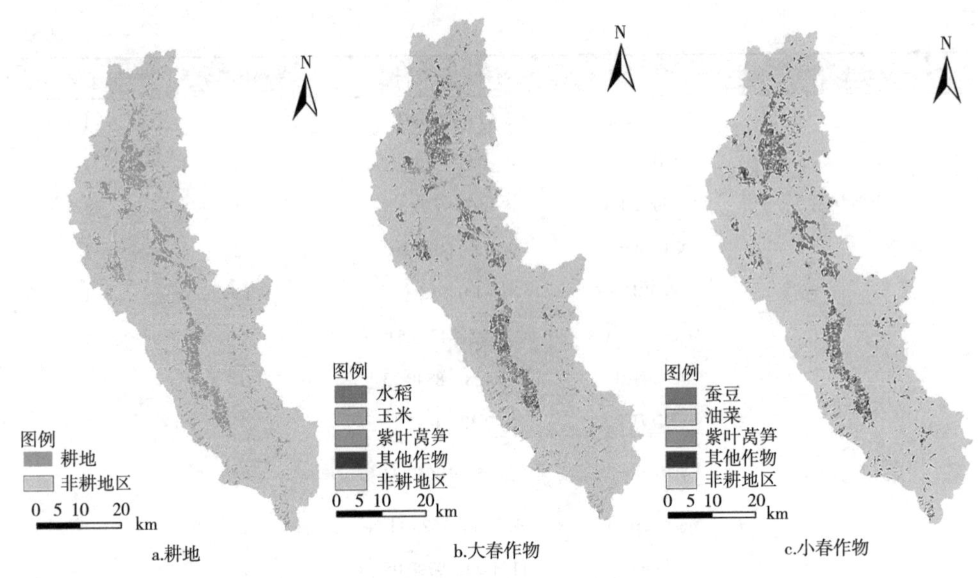

图 4-16　洱海流域耕地及作物空间分布图

表4-13　洱海流域大春时期、小春时期各作物面积及占比

时期	作物类别	面积 /hm^2	面积占比 /%
大春时期	水稻	8709.82	43.87
	玉米	7788.99	39.23
	紫叶莴笋	1438.13	7.25
	其他作物	1916.11	9.65
小春时期	蚕豆	11511.51	57.98
	油菜	1107.51	5.58
	紫叶莴笋	2020.18	10.18
	其他作物	5213.85	26.26

表4-14　洱海流域各轮作种植结构面积及占比

轮作种植结构	面积 /hm^2	占比 /%
水稻—蚕豆	5864.49	29.54
水稻—油菜	406.50	2.05
玉米—蚕豆	4696.84	23.66
玉米—油菜	313.24	1.58
紫叶莴笋—紫叶莴笋	845.21	4.26
其他	7726.77	38.91

蚕豆轮作方式所占面积最大，为 5864.49hm^2，约占耕地总面积的 29.54%，主要分布在洱海流域上游；其次是玉米—蚕豆轮作方式，约占耕地总面积的 23.66%；受油菜种植结构的限制，水稻—油菜和玉米—油菜轮作方式主要分布在流域上游的凤羽镇，且所占面积较小，分别约占耕地总面积的 2.05% 和 1.58%。大春时期和小春时期均种植紫叶莴笋的区域主要分布在海西南的大理镇和湾桥镇等地，约占耕地总面积的 4.26%。其他 11 种轮作方式所占面积之和为 7726.77hm^2，约占耕地总面积的 38.91%，主要分布在流域下关街道及耕地的边缘地区。综上，复合轮作种植结构分布复杂，存在空间分布不均等问题，因此种植结构和模式的调整还有较大的发展空间。

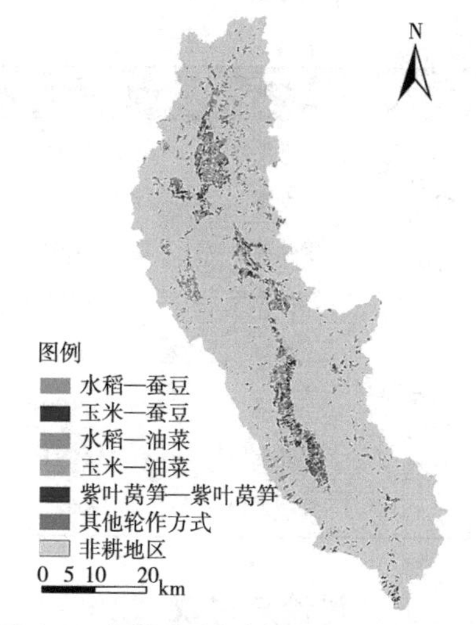

图 4–17 洱海流域复合轮作种植结构分布图

（四）土地利用及作物分类精度评价

分类精度结果如表 4–15 所示。土地利用分类总体精度为 89.25%，Kappa 系数为 0.8558，其中耕地作为作物分类的掩膜约束条件，生产者精度较高，为 90.24%。大春作物分类总体精度为 80.00%，Kappa 系数为 0.7142，从用户精度来看，水稻分类精度最高，为 88.11%，玉米分类精度最低，为 73.20%；从生产者精度来看，玉米分类精度最高，为 90.32%，紫叶莴笋分类精度最低，为 68.97%，存在较为明显的错分现象。小春作物分类总体精度为 81.75%，Kappa 系数为 0.6983，从用户精度来看，蚕豆分类精度最高，其次是紫叶莴笋；从生产者精度来看，油菜分类效果最好，精度高达 91.89%，其他作物分类精度普遍较低，主要是因为其他作物为多种作物的混杂分布，光谱特征比较复杂，容易发生错分现象。从最终精度评价结果来看，基于面向对象的决策树方法实现精细作物提取整体可行，各作物的分类精度保证了研究区复合轮作种植结构提取的准确性。

表4–15 土地利用及作物分类精度评价表

	类别	用户精度 /%	生产者精度 /%	总体精度 /%	Kappa 系数
土地利用分类	建设用地	86.90	82.95	89.25	0.8558
	林地	93.64	88.79		
	草地	84.28	90.65		
	耕地	90.24	85.38		
	水域	97.30	100.00		

续表

	类别	用户精度 /%	生产者精度 /%	总体精度 /%	Kappa 系数
大春作物分类	水稻	88.11	76.83	80.00	0.7142
	玉米	73.20	90.32		
	紫叶莴笋	81.63	68.97		
	其他作物	77.36	77.78		
小春作物分类	蚕豆	90.45	80.36	81.75	0.6983
	油菜	69.39	91.89		
	紫叶莴笋	84.21	87.67		
	其他作物	64.47	74.24		

五、讨论与建议

（一）讨论

作物物候信息的合理使用对于提高作物分类的精度和效率至关重要。明确提取目标的最佳时相能有效排除作物间的干扰，从而降低提取工作难度。洱海流域的蚕豆成熟期为5~6月，3月蚕豆处于生长茂盛期，影像呈深绿色图斑，此时油菜处于开花期，影像呈现金黄色图斑，是油菜提取的最佳时相①，同时期的紫叶莴笋叶片呈深紫色，影像特征明显。因此，选取3月影像数据提取小春作物能有效将蚕豆、油菜、紫叶莴笋与其他作物分离。8月玉米与水稻生长旺盛，叶片宽厚浓绿，各类作物生长稳定，因此光谱信息丰富，利于不同作物类型提取；紫叶莴笋处于第2轮生长期，影像同样呈深紫色，能有效区别同期的其他绿色植株。综上，选取3月和8月影像数据作为研究区小春作物、大春作物提取的最佳时相较为合理。

在遥感影像分类中，并非空间分辨率越高分类精度越高，分辨率较高或较低均会影响分类精度②。例如，高分二号影像其分辨率为1m，图像提供各地物细节，但在分类中同一地物因影像的细微差别可能被划分为不同类别，导致同一类别内光谱异质性增大，不同类别间的光谱异质性减小，影像同物异谱和同谱异物现象严重，反而降低地物间的可分性。又如Landsat系列影像，其分辨率为30m，在分类中多组田块被划为一个像素单元，导致不同类别混杂在一起，不利于提高分类精度。比较之下，分辨率为10m的Sentinel-2A遥感影像更适用于本研究，能在分类识别中达到更好的效果。

Sentinel-2A光学遥感卫星于2015年6月23日发射，对比Landsat系列、AVHRR、

① 姜楠，张雪红，汶建龙，等. 基于高分六号宽幅影像的油菜种植分布区域提取方法［J］. 地球信息科学学报，2021，23（12）：2275-2291.

② 高常军，蒋侠朋，甄佳宁，等. 耦合WorldView-2和珠海一号影像的红树林物种分布［J］. 遥感学报，2022，26（6）：1155-1168.

MODIS及SPOT系列等卫星传感器，具有较好的空间和时间分辨率及丰富的红边信息，可实现利用单一数据源构建中高分辨率时序数据集，更适用于田块尺度的作物分类。通过对比2016—2022年Sentinel-2A影像，2020年受云团干扰最小，云量覆盖率较低，因此受影像数据源的限制，本研究复合轮作种植结构仅提取1期。今后的研究应结合多时相影像及融合影像，突破有效数据不足的限制，实现复合轮作种植结构时空变化分析并探究其演变特征，为研究区农作物种植结构调整提供更科学合理的决策依据。

（二）建议

1. 运用位置特征对空间分布集聚或连续的作物实现有效提取

复合轮作种植结构的提取相较于单种作物结构具有一定的复杂性，针对此问题，充分挖掘影像的光谱、纹理、形状和位置等特征构建分类特征集很有必要，而位置特征对于空间分布上呈现集聚性或连续性的地物能实现有效提取，因此在处理有地理参考的数据时，建议加入位置特征构建分类特征集，解决分类过程中工作量大、作物识别精度低等难题。

2. 面对多种决策树算法建议选择C5.0决策树用于复合轮作种植结构的提取

常见的决策树算法有C4.5、C5.0、CART和Quest等，C5.0算法是在C4.5算法基础上进一步改进，同时生成规模更小的决策树，且C5.0算法有Boosting技术的支持，使准确率大幅提高，基于面向对象的C5.0决策树方法对于作物种植结构信息的快速、精确提取具有借鉴意义，建议其他区域提取复合轮作种植结构时，面对多种决策树算法的选择，可考虑C5.0决策树。

3. 加强对农业种植结构的引导

本研究中复合轮作种植结构共计16种，除水稻—蚕豆和玉米—蚕豆外，剩余14种轮作方式所占面积较小，图斑细碎、规模化率低，但水稻—油菜、紫叶莴笋—紫叶莴笋等部分轮作方式又存在集聚分布特征，复合轮作种植结构整体呈空间分布不均。区（县）、镇（乡）级相关农业部门加强宣传引导，遵循因地制宜的原则，根据每个区域的气候、土壤和地形等自然特点，以及作物的物候期、产量和经济收益等特征，优化调整洱海流域农作物种植结构，提高流域农业种植生态、经济与社会效益，达到可持续、绿色发展的目标。

第五章　时空演变模拟

第一节　土地利用时空动态特征

一、引言

随着人类对土地资源的粗放型开发和使用，导致区域性人地矛盾持续加剧。经济社会的发展会影响土地利用类型，而其变化会引起各种问题，尤其是导致面源污染、土壤流失、气候改变等众多生态环境问题的产生[①]。洱海是大理白族自治州人民的母亲河，其流域上游地区主要包括大理市的上关街道、洱源县的牛街乡、三营镇、茈碧湖镇、右所镇、邓川镇和凤羽镇7个乡（镇、街道）。波罗江、弥苴河、罗时江发源于洱海上游的洱源县，每年通过7个乡（镇、街道）注入洱海的水量约占其补水总量的70%，其中以弥苴河为最大，约占总汇水的54%，补给洱海水源占补给量的50%以上[②]。因此，洱海流域上游的地类变化会直接影响洱海的水质。

目前，针对土地利用研究成果颇多，研究范围涉及平原、丘陵、荒漠、草原、高原和盆地等，如马帅等人[③]以江淮生态经济区为例，研究华北平原土地利用景观格局时空变化；王一舒等人[④]以西江下游为例，分析下游流域水质与不同空间尺度土地利用的响应关系；王珊珊等人[⑤]研究塔里木河下游土地利用/覆被变化对生态输水的响应；梁旭等以北方典型农牧交错的岱海流域为研究对象，对其2000—2018年的土地利用/覆被和湖泊水质的变化进行分析。

以上研究利用GIS分析方法，探索了土地利用与景观格局、土地利用与水质等之间

---

① Tan J，Yu D，Li Q，et al．Spatial relationship between land-use/land-cover change and land surface temperature in the Dongting Lake area，China［J］．Scientific Reports，2020，10（1）：9245．

② 项颂，万玲，庞燕．土地利用驱动下洱海流域入湖河流水质时空分布规律［J］．农业环境科学学报，2020，39（1）：160-170．

③ 马帅，程浩，林晨，等．江淮生态经济区土地利用景观格局时空变化［J］．水土保持研究，2021，28（1）：292-299．

④ 王一舒，吴仁人，荣楠，等．西江下游流域水质与不同空间尺度土地利用的响应关系［J］．水资源保护，2021，37（4）：97-104．

⑤ 王珊珊，王金林，周可法，等．塔里木河下游土地利用/覆被变化对生态输水的响应［J］．水资源保护，2021，37（2）：69-74，80．

的关系。洱海流域上游地区作为典型的高原山间盆地，相比于耕地以下游分布为主的其他山间盆地，其独特的地形地貌使得洱海流域的耕地主要集中在上游地区，同时其占据洱海入湖水量的70%左右，优越的地理环境和气候使得此流域内人类活动和土地利用异常频繁。而土地利用与面源污染具有重要关系，洱海流域在点源污染得到有效遏制后，上游种植业面源污染成为最大污染源。各种涉农产品大量种植并使用，如以高水高肥为主要特点的大蒜种植，造成了大面积土地面源污染，使得洱海水质日益下降。以洱海流域上游的洱源县（洱海流域上游地区特指洱海流域上游的洱源县）为例，分析洱海流域上游地区的土地利用时空变化，以期为当地政府提供合理的生态保护规划与建议，同时也可为洱海的保护和面源污染的治理提供建议。

二、数据来源与处理

（一）数据来源

采用美国陆地资源卫星2005年5月14日Landsat 5-TM遥感影像和2019年5月21日Landsat 8-OLI遥感影像，空间分辨率均为30m×30m，遥感影像来源于地理空间数据云（表5–1）。

表5–1　基础数据

数据	数据类型	数据来源
2005年Landsat 5-TM遥感影像	栅格数据	地理空间数据云
2019年Landsat 8-OLI遥感影像	栅格数据	

（二）数据处理

对遥感数据进行辐射校正、几何校正、剪裁等处理，利用ENVI5.2软件对处理好的遥感影像进行监督分类和人机交互解译，经数据转换最终生成2期洱海流域上游土地利用矢量图，经实地验证及分析混淆矩阵和Kappa系数，解译精度符合要求。数据处理和分类以及后续的空间分析使用软件ARCGIS10.5。本书在对实验数据进行分析处理时，依据国土资源部（今自然资源部）修订的国家标准《土地利用现状分类》（GB/T 21010—2017）体系，采用该分类系统中的一级类型，并依据研究需要重新分类、排序，经过重新排序处理的土地利用类型如表5–2所示。

表5–2　土地利用分类

代码	1	2	3	4	5	6	7
土地类型	耕地	园地	林地	草地	建设用地	水域	其他用地

三、研究方法

（一）土地利用转移矩阵

土地利用类型之间的相互转换情况主要利用土地转移矩阵来实现。土地利用类型转移矩阵是马尔科夫模型在土地利用变化方面的应用，可全面反映区域内各用地类型的转移方向与转移数量，被普遍地应用于土地利用变化研究，能很好地展示土地利用格局的时空演变过程[①]。

$$S_{ij}=\begin{bmatrix} S_{11} & S_{12} & \cdots & S_{1n} \\ S_{21} & S_{22} & \cdots & S_{2n} \\ \vdots & \vdots & \ddots & \vdots \\ S_{n1} & S_{n2} & \cdots & S_{nn} \end{bmatrix} \tag{5-1}$$

式（5-1）中：S_{ij} 代表 $n\times n$ 矩阵，S 代表面积，n 代表土地类型数，i 和 j 分别代表研究期初和研究期末土地类型。

（二）单一土地利用类型动态度

单一土地利用类型动态度可求出土地利用类型的面积年变化率，其公式如下。

$$K=\frac{U_b-U_a}{U_b}\times\frac{1}{T}\times 100\% \tag{5-2}$$

式（5-2）中：K 表示某一类土地利用类型动态度；U_a 和 U_b 表示研究期初和研究期末某地类的面积；T 表示研究时长，当 T 的时段设定为年时，K 为研究时段内某一土地利用类型的年变化率。

（三）综合土地利用动态度

综合土地利用动态度则表示研究区土地利用的变化速度[②]，其公式如下。

$$LC=\left[\frac{\sum_{i=1}^{n}\Delta LU_{i-j}}{2\sum_{i=1}^{n}LU_i}\right]\times\frac{1}{T}\times 100\% \tag{5-3}$$

式（5-3）中：LC 为研究期内某区域的综合土地利用动态度；LU_i 为研究期初第 i 类土地利用类型面积；ΔLU_{i-j} 为第 i 类土地利用类型面积转为非 i 类土地利用类型面积的绝对值；T 为研究时长，当 T 设定为年时，LC 值即为研究期内该研究区土地利用年变化率。

---

① 常小燕，李新举，刁海亭．矿区土地利用时空变化及重心转移分析［J］．内蒙古农业大学学报（自然科学版），2021，42（2）：41–48.

② 贾琦．LUCC 影响下近 30 年荥阳市生态系统服务价值演变特征研究［J］．安全与环境工程，2020，27（6）：95–103.

四、结果与分析

（一）土地利用总体特征

结果见图 5-1、表 5-3，相关分析见讨论部分。

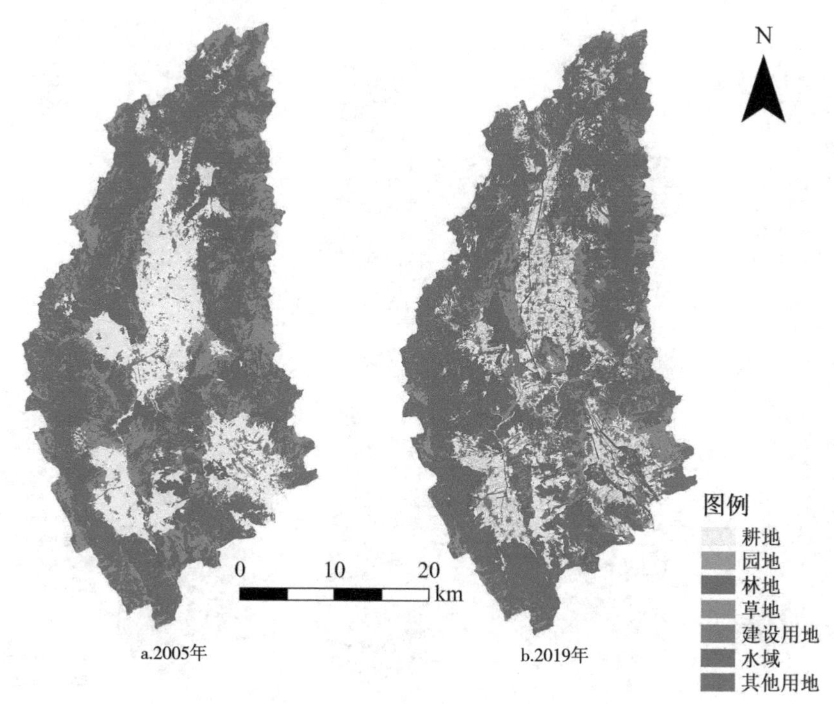

图 5-1　2005 年、2019 年洱海流域上游土地利用类型图

表5-3　洱海流域上游土地利用类型面积

地类	2005 年		2019 年	
	面积 /km^2	占比 /%	面积 /km^2	占比 /%
耕地	250.853	21.474	236.608	20.267
园地	0.136	0.012	29.646	2.539
林地	628.470	53.800	645.865	55.323
草地	243.523	0.847	146.125	12.517
建设用地	25.910	2.218	73.150	6.266
水域	17.541	1.502	33.358	2.857
其他用地	1.736	0.149	2.686	0.230

（二）土地利用变化转移过程

依据公式（5-1），利用ArcGIS10.5的Analysis Tools-Overlay-Interset，计算得到2005—2019年洱海流域上游土地利用转移矩阵（图5-2和表5-4）。分析表格可知，2005—2019年洱海流域上游共发生了37种土地利用转换类型。

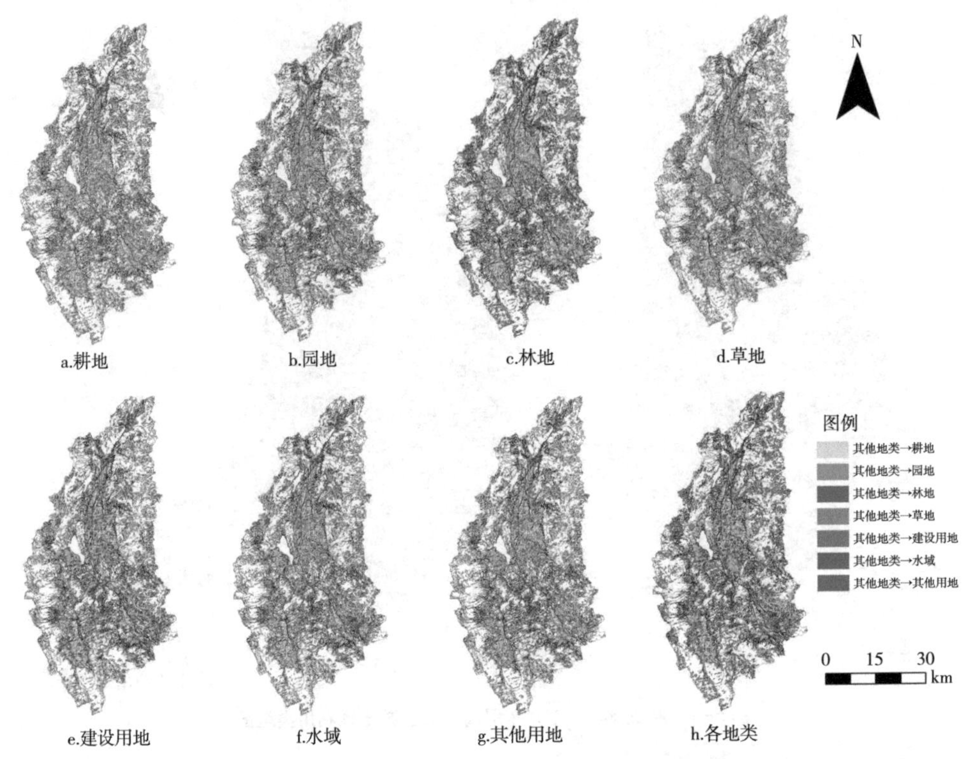

图5-2 2005—2019年洱海流域上游土地利用类型转移空间变化图

注：图中白色地块为土地利用类型未发生改变或初始地类为其他类型的地块。

表5-4 2005—2019年洱海流域上游土地利用转移矩阵（单位：km^2）

年份	土地类型	2019年							
		耕地	园地	林地	草地	建设用地	水域	其他用地	总计
2005年	耕地	148.082	8.029	27.953	11.041	41.385	13.224	1.136	250.850
	园地	0	0	0.132	0.004	0	0	0	0.136
	林地	40.664	11.772	483.905	75.750	12.981	2.506	0.838	628.415
	草地	36.730	9.272	129.422	58.051	8.177	1.271	0.553	243.476
	建设用地	10.033	0.470	2.336	0.668	9.927	2.325	0.148	25.908
	水域	0.949	0.128	1.727	0.230	0.505	14.000	0.003	17.541
	其他用地	0.332	0	0.720	0.398	0.220	0.058	0.009	1.736
	总计	236.789	29.672	646.195	146.142	73.195	33.384	2.686	1168.062

1. 耕地转移变化

2005—2019 年耕地总转出面积大于总转入面积。14 年间耕地一共向其余土地利用类型转移了 102.768km^2，其中耕地向建设用地一共转移了 41.385km^2，约占所有耕地转出总面积的 40.270%，可知其转出的主要土地利用类型是建设用地；耕地向林地一共转移了 27.953km^2，约占所有耕地转出总面积的 27.200%；耕地向水域一共转移了 13.224km^2，约占所有耕地转出总面积的 12.868%；耕地向草地、园地以及其他用地分别转移了 11.041km^2、8.029km^2 和 1.136km^2，分别约占耕地转出总面积的 10.744%、7.813% 和 1.105%。而林地和草地是耕地的主要转入土地利用类型，分别转入 40.667km^2 和 36.730km^2，其余土地利用类型转入较低。

2. 园地和林地转移变化

2005—2019 年园地仅向林地和草地转移，总体转出面积较少，转入面积较多。其中园地向林地转移了 0.132km^2，约占转出总面积的 97.059%，而耕地、林地和草地是园地的主要转入土地利用类型，三者共向园地转入 29.073km^2，约占转入总面积的 97.981%。

2005—2019 年林地总转入面积大于总转出面积。14 年间林地一共向其余土地利用类型转出了 144.510km^2，其中林地转为草地是其转出的主要土地利用类型，共转移了 75.750km^2，约占所有林地转出总面积的 52.419%；林地向耕地一共转移了 40.664km^2，约占所有林地转出面积的 28.139%；林地向园地、建设用地、水域和其他用地分别转移了 11.772km^2、12.981km^2、2.506km^2 和 0.838km^2，分别占林地转出总面积的 8.146%、8.983%、1.734% 和 0.580%。而耕地和草地也是林地的最主要转入土地利用类型，分别转入 27.953km^2 和 129.422km^2，其余各土地利用类型转入较低。

3. 草地转移变化

2005—2019 年耕地和林地是草地的主要转出和转入土地利用类型。14 年间草地共向其余土地利用类型转移了 185.425km^2，是所有土地利用类型中转出量最大的地类，其转出的最主要土地利用类型是林地，共转移了 129.422km^2，约占所有草地转出总面积的 69.797%，同时林地也是草地的主要转入土地利用类型；其次草地向耕地转移了 36.730km^2，约占所有草地转出总面积的 19.809%；而草地向园地、建设用地、水域和其他用地转出面积较低，分别为 9.272km^2、8.177km^2、1.271km^2 和 0.553km^2，分别约占总面积的 5.000%、4.410%、0.685% 和 0.298%。

4. 建设用地转移变化

2005—2019 年建设用地总转入面积也是大于总转出面积。14 年间建设用地共向其余土地利用类型转移了 15.981km^2，其转出的主要土地利用类型是耕地，转移了 10.033km^2，约占所有建设用地转出总面积的 62.781%，同时耕地也是建设用地最主要的转入土地利用类型，共转入了 41.385km^2；其次是林地，共转入了 12.981km^2。而建设用地向园地、林地、草地、水域和其他用地转出面积较低，分别为 0.470km^2、2.336km^2、0.668km^2、2.325km^2 和 0.148km^2，分别约占总面积的 2.941%、14.617%、4.180%、

14.549% 和 0.926%，同时草地、水域和其他用地向建设用地转入面积也较低，园地未向建设用地转移。

5. 水域转移变化

2005—2019 年水域总转入面积也是大于总转出面积。14 年间水域共向其余土地利用类型转移了 3.541km^2，其转出的主要土地利用类型是林地，共转移了 1.727km^2，约占所有水域转出总面积的 48.772%；其次是耕地，向其转移了 0.949km^2，约占水域转出总面积的 26.800%，同时耕地也是水域的主要转入土地利用类型，共转入了 13.224km^2；水域转为其余土地利用类型面积较少，加在一起仅有 0.865km^2，约占总面积的 24.428%，而其余土地利用类型转为水域的面积要远大于水域转为其余土地利用类型的面积，共转移了 6.16km^2。

6. 其他用地转移变化

2005—2019 年其他用地向其余土地利用类型转出和转入的总面积都较低。其他用地共向其余土地利用类型转移了 1.727km^2，其转出的主要土地利用类型是林地，转移了 0.720km^2，约占其他用地转出总面积的 41.691%；其他用地向耕地和草地分别转移了 0.332km^2 和 0.398km^2，分别约占其他用地转出总面积的 19.224% 和 23.064%；其他用地向建设用地和水域转出较低，二者共转出了 0.278km^2，约占其他用地转出总面积的 16.097%。

（三）土地利用动态度分析

根据 2005—2019 年各土地利用类型的数据，利用式（5–2）和式（5–3），求得单一土地利用动态度和综合土地利用动态度（表 5–5）。

表5–5　土地利用类型动态度

土地利用类型	动态度 /%	土地利用类型	动态度 /%
耕地	–0.406	水域	6.441
园地	1549.895	其他用地	–3.909
林地	0.198	单一土地利用动态度	—
草地	–2.857	综合土地利用动态度	1.388
建设用地	13.023		

由表 5–5 可知，2005—2019 年，耕地、草地和其他用地单一土地利用动态度为负值，园地、林地、建设用地和水域为正值，说明耕地、草地和其他用地为负增长状态，其面积在减少，而园地、林地、建设用地和水域为正增长状态，其面积在增加。在 7 类土地利用类型中，园地、建设用地和水域的单一土地利用动态度较高，说明这 3 种土地利用类型年面积变化速率快，面积变化较大，其中园地以 1549.895% 增长率成为单一土地利用动态度年面积变化速率最大的土地利用类型；其次为建设用地，以 13.023% 的年

面积变化率增加；水域和林地增长率分别为 6.441% 和 0.198%；而耕地、草地和其他用地增长率分别为 –0.406%、–2.857% 和 –3.909%。园地虽为单一土地利用动态度变化速度最大的土地类型，但却不是耕地、草地和其他用地减少部分转变的主要方向。

在研究期内，各土地利用类型的综合土地利用动态度为 1.388%，该时段内的综合土地利用年变化率较低，说明各种土地利用类型之间的转换较低，结合当地的经济社会情况，也说明此地区对土地开发需求较低，经济不发达。

五、讨论与结论

（一）讨论

利用 ArcGIS 软件对 2 期洱海流域上游土地利用数据进行空间分析，并结合表 5–3 和表 5–4 对各土地利用类型变化进行分析与讨论。

1. 耕地变化分析

2005—2019 年耕地总面积总体小幅下降，但考虑人口增加和城镇建设发展，其变化总体处于稳定状态，在空间上集中在 3 片区域，主要分布在流域上游中部及南部，3 片区域呈三角状。14 年间耕地向建设用地的转移主要集中在此碧湖下游洱源县县城和西湖周边所在乡镇，而由于洱海流域上游四周边界区域以山地为主，人口稀少，鲜有耕地转为建设用地的情况，其空间变化的分布沿湖泊河流向四周扩散，同时由于耕地的不当使用造成了大面积的面源污染，为保护下游洱海水质，大理白族自治州及洱源县政府在洱海流域实施“三禁四推”政策，使得大片耕地改种其他作物或转为湿地或园地。

2. 园地变化分析

园地是洱海流域上游地区所有土地利用类型中年面积变化速度最大的地类，转出面积很小，但转入面积很大。其变化一方面是由于大理白族自治州及洱源县政府为保护下游洱海水质在洱海流域实施各种保护水质的政策，另一方面是其良好的经济效益带来的。由一开始的小面积种植草药到逐渐的大面积种植果树、茶树、咖啡等时间更短、经济效益更高的作物，其在空间上的分布由最南端逐渐向中部地区转移，主要集中在洱源县西部地区附近。

3. 林地变化分析

2005—2019 年林地都占据洱海流域上游总面积的一半以上，说明洱海流域上游主要是以林地为主的地区，其空间分布在洱海流域上游边界区域，整体呈环状，并且总面积呈上升趋势。其原因主要是党的十八大以来，国家重视生态环境，强调绿水青山就是金山银山，山水林田湖要协调发展，不再以牺牲环境换发展，同时大规模的植树造林，修复生态环境。14 年间林地向耕地以及耕地向林地的转移主要集中在耕地和林地的交界处，这种转移呈碎片分布，其之间的转换受人口数量以及当地环境保护政策的影响而不断动态变化；林地向水域转移很是分散，以小面积为主要特点集中在东北区域；林地转为草地最多，其之间的转移主要在耕地边界东西两侧区域，呈条带状分布；林地转为园地、建设用地以及其他用地的现象较少，其中林地转为园地和其他用地主要集中在洱源县西部区域。

4. 草地变化分析

2005—2019年草地都是洱海流域上游的第三大类土地利用类型，也是面积减少最多的土地利用类型，其空间遍布在整个洱海流域上游，但主要分布在洱海流域上游边界区域，整体呈环状。14年间草地向林地的转移主要集中在洱海流域上游边界区域，呈碎片分布；草地向耕地转移主要在人口集中的县城地区，呈集中分布；草地转为园地、建设用地、水域以及其他用地的现象较少，除园地在洱源县城西南较为集中分布外，其他地类在洱海流域上游呈星点状分布。草地在山地区域作为一种独特的土地利用类型，受到人为干扰因素较多，林地的大量砍伐会使草地面积增加，草地长时间未被使用或者人为的植树造林会成为林地，而林地的增加不仅会改善当地的生态环境，也使草地面积减少。

5. 建设用地变化分析

建设用地是面积增加最多的土地利用类型，其增加的面积主要来自耕地，主要发生在洱源县县城和东南地区。其空间主要集中在洱海流域上游中部和东南地区，该区域是耕地较为集中的区域，也是人口聚集区，特别是茈碧湖下游的洱源县所在区域，其城市建设用地一直在加速，城镇地区在空间上迅速扩大，其原因是城镇化进程在经济快速发展的影响下快速推进，以满足城市发展的需要。

6. 水域和其他用地变化分析

洱海流域上游地区的水域主要以茈碧湖、海西湖和西湖为主，再加上该区域内的各种河流，其河流水系在空间上遍布洱海流域上游，主要三大湖泊在空间从北至南均匀分布，同时也是转入面积大于转出面积的一类土地利用类型，尤其是在西湖地区，大面积的耕地转为湿地或沼泽。其主要原因是退耕还林还草、生态文明建设等一系列注重生态环境的国家政策出台以及当地政府为保护洱海水质所做出的经济转型和各种政策的出台，如《洱源县域一水两污（2014—2025）体系规划》《洱源县2019年洱海保护治理及流域转型发展工作实施方案》《云南洱海流域建设与水污染防治规划》《全面推行“三禁四推”工作》等。其他用地由于其总面积极低，在空间上的分布为零星点状，虽有各种土地利用类型的转换，但总体变化不明显，故暂不分析。

7. 总体变化分析

2005—2019年洱海流域上游主要土地利用类型为耕地、林地和草地，三者达到全区域总面积的88%以上。在14年间洱海流域上游耕地、林地、水域和其他用地总面积变化不大，总体处于稳定状态，而园地、草地和建设用地面积变化大，变化幅度比例均在40%以上。园地面积虽然只增加了大约30km^2，但面积变化速率最快；草地面积是转变最多的土地利用类型，减少了约100km^2；建设用地虽不是洱海上游地区的主要土地利用类型，但增加的面积很大，将近50km^2。人口数量、经济发展和生态保护是各种土地利用类型变化的主要原因，人口的增加或减少和经济的快速发展会极大地改变耕地、建设用地等地类，而环保政策的实施则会极大地影响林地、草地和水域等地类。可见，洱海流域上游虽处在我国云南省山区，经济不发达，其各种土地利用类型变化不大，但随着我国经济蓬勃发展，各种产业因地制宜，快速推进，导致城镇规模扩速明显加快。

（二）结论

从空间分布来看，洱海流域上游土地利用类型以林地、耕地和草地为主，结合洱海流域上游地理位置，说明该区域生态环境较好。林地和草地在边界呈环状分布，耕地分布在洱海流域上游中部和南部平缓地带，城镇用地分布在耕地中，其扩展主要还是集中在靠湖泊区域，且变化十分明显。

从土地利用转化类型来看，2005—2019 年转换主要是在耕地、林地、建设用地和草地 4 种土地利用类型之间进行。总面积增加最多的是建设用地，为 47.240km^2，其中耕地向建设用地转入面积最多，为 41.385km^2，其他用地向建设用地转入面积最少，为 0.220km^2；总面积减少最多的是草地，为 97.398km^2，其中草地向林地转出面积最多，为 129.42km^2，向其他用地转出面积最少，为 0.553km^2。各种土地利用类型之间的转移，在一定程度上体现了该地区的经济发展水平、城镇化水平和生态保护水平。

从土地利用动态度来看，土地利用动态度呈现两极分化态势。园地以 1549.895% 增长率成为动态度变化速率最大同时也是正增长率最大的土地类型，林地以 0.198% 增长率成为动态度年面积变化速率最低的土地类型，而负增长率最大的动态度是其他用地，为 -3.909%。园地虽为动态度变化速度最大的土地利用类型，但却不是耕地、草地和其他用地减少部分的主要转移地类。

第二节　土壤侵蚀时空变化及其景观格局

一、引言

土壤侵蚀会引发土地退化、作物减产、水土资源质量和土壤肥力下降等土壤功能问题，严重时还会导致河湖堰塘泥沙淤积，引发泥石流、滑坡等自然灾害。我国是世界上土壤侵蚀最严重的国家之一，据水利部发布的 2019 年全国水土流失动态监测结果显示，我国的风蚀和水蚀土壤总面积达到 2.7108×10^6km^2。在我国南方丘陵山区土壤侵蚀问题尤为突出，由于地形复杂多样、生态环境脆弱，生态系统极易遭到破坏[①]。洱海流域位于我国澜沧江、金沙江和元江三大水系分水岭地带，地处青藏高原与云贵高原接合部，是

① 宋水红，李恒凯，张志伟．基于 RUSLE 模型的东江源区土壤侵蚀时空变化分析［J］．地球环境学报，2022，13（3）：344-353．

我国黄土高原—川滇生态屏障的重要组成部分[①]。洱海流域同时属于生态环境敏感脆弱地区，其生态环境状况一直受到政府高度重视，对该区域进行土壤侵蚀时空变化及侵蚀景观格局分析，对于当地人类生产生活和环境保护都至关重要。

土壤侵蚀的时空变化常采用经验模型进行研究，其中土壤流失方程（USLE）或改进的土壤流失方程（RUSLE）应用最为广泛。因 RUSLE 具有考虑影响因子全面、模型简单和所需数据易获取等优点而受到许多学者青睐，已在国内外多个地区开展相关研究并取得了良好效果，如黄河流域、祁连山南坡、喀斯特地区、黄土高原地区、印度喜马拉雅地区、非洲西北部。关于土壤侵蚀空间演变与分布规律的研究大都是基于土壤侵蚀强度分布图或叠加环境因子简要分析，忽视了区域整体上不同土壤侵蚀类型在空间上的异质性和关联性[②]。而热点分析作为一种可以识别出具有统计显著性聚类区域的空间分析方法，目前已在地理学、人口统计学和生物多样性研究中得到了广泛应用，但用于探究土壤侵蚀空间分布规律的研究较少。

景观格局与生态过程的相互关系是景观生态学理论研究的核心部分，但大多数景观格局定量评价方法仅停留在景观格局指数的单纯计算与分析方面[③]，与生态过程结合较少。利用景观指数表征格局配置与土壤流失之间的关系，可定量描述土壤侵蚀过程对景观格局变化的响应。其中，景观指数多选取斑块总数、斑块平均面积、香农多样性等，从类型水平和景观水平探讨景观格局变化对区域土壤侵蚀的影响。类型水平可从结构类型、土地利用类型、岩组类型、土壤侵蚀类型等角度分析[④]。若从土壤侵蚀类型角度切入，将不同的土壤侵蚀强度类型视为景观的一种元素，运用景观指数定量描述景观格局结构与土壤侵蚀强度之间的关系，可揭示西南高原山区土壤侵蚀景观格局的动态变化。

基于此，本研究对洱海流域 2000—2020 年的土壤侵蚀时间变化及空间集聚规律展开分析，并通过 Fragstats 软件开展流域土壤侵蚀景观格局变化研究，以期为洱海流域水土流失治理、改善土壤侵蚀和优化流域景观格局提供科学依据和建议。

二、数据来源与处理

土壤侵蚀数据来自中国科学院成都山地灾害与环境研究所，分辨率为 30m，含 2000 年、2005 年、2010 年、2015 年、2020 年 5 个时期，土壤侵蚀强度依据《土壤侵蚀分

① 刘浩，孙丽慧，吕文魁，等. 基于土地利用变化的洱海流域生态系统服务价值评估与变化分析［J］. 生态经济，2022，38（1）：147-152.

② 王志杰，柳书俊，苏嫄. 喀斯特高原山地贵阳市 2008—2018 年土壤侵蚀时空特征与侵蚀热点变化分析［J］. 水土保持学报，2020，34（5）：94-102，110.

③ Szilassi P，Bata T，Szabó S，et al. The link between landscape pattern and vegetation naturalness on a regional scale［J］. Ecological Indicators，2017，81（1）：252-259.

④ Li Z，Chen X，Li J，et al. Relationships between Soil Nematode Communities and Soil Quality as Affected by Land-Use Type［J］. Forests，2022，13：1658.

类分级标准》(SL 190—2007)划分为微度侵蚀、轻度侵蚀、中度侵蚀、强度侵蚀、极强烈侵蚀、剧烈侵蚀6类；遥感影像采用Landsat系列卫星数据，来自地理空间数据云，分辨率为30m；土地利用类型数据来自地球大数据科学工程数据共享服务平台，分辨率为30 m。

三、研究方法

(一)RUSLE

土壤侵蚀数据采用RUSLE计算得来，其计算公式如下。

$$A=R\cdot K\cdot LS\cdot C\cdot P \tag{5-4}$$

式(5-4)中：A为平均土壤侵蚀模数，单位为t/(hm^2·a)；R为年平均降雨侵蚀因子，单位为MJ·mm/(hm^2·h·a)；K为土壤可蚀性因子，单位为t·hm^2·h/(hm^2·MJ·mm)；LS为地形(坡长坡度)因子；C为植被覆盖管理措施因子；P为水土保持措施因子。其中，R因子采用了1981—2020年40年平均降雨侵蚀力；K因子采用中国1∶100万土壤图资料计算，并经插值加密得到；LS因子采用DEM数据(AW3D30)计算的L因子、S因子；C因子采用GIMMS NDVI数据和长时间序列土地覆被数据；P因子采用C因子的土地覆被数据；修正因子采用裸岩石砾地修正因子、喀斯特石漠化修正因子等①。

(二)热点分析

利用Getis-Ord Gi*指数分析识别一定空间范围内高值空间聚集(热点区)和低值空间聚集(冷点区)的分布状况，在ArcGIS软件中实现，计算公式如下。

$$G_i^*=\frac{\sum_{j=1}^{n}\omega_{ij}X_j}{\sum_{j=1}^{n}X_j}\quad i\neq j \tag{5-5}$$

$$Z(G_i^*)=\frac{G_i^*-E(G_i^*)}{\sqrt{\mathrm{Var}(G_i^*)}} \tag{5-6}$$

式(5-5)、式(5-6)中：G_i^*为空间关联指数；$Z(G_i^*)$为G_i^*标准化处理值；n为土壤侵蚀强度等级数；i为输入栅格数据的某个像元的位置；X_j为第j级土壤侵蚀强度等级的面积；$E(G_i^*)$和$\mathrm{Var}(G_i^*)$分别为G_i^*的数学期望和变异系数；ω_{ij}是空间权重。如果$Z(G_i^*)$为正且显著，表示i周围的值相对较高(高于均值)，属高值空间聚集(热点区)；反之，若$Z(G_i^*)$为负且显著，表示i周围的值相对较低(低于均值)，属低值

① 刘宏芳，明庆忠，韩璐．民族旅游小镇地方性生产的阶段性“蝶变”及特征研究——以云南省大理市双廊镇为例[J]．地域研究与开发，2022，41(5)：105-111.

空间集聚（冷点区）[①]。

（三）景观指数计算

Fragstats 软件功能强大，操作简单快捷，可以计算出 59 个景观指数，且接受分类格局图像输入，常用于景观格局分析。根据研究目标，应用 Fragstats 4.2 软件计算 8 个景观指数。首先输入土壤侵蚀强度分类栅格数据，设置计算尺度，然后勾选类型水平和景观水平的相关景观指数完成计算。研究区 6 类土壤侵蚀强度（微度、轻度、中度、强度、极强烈、剧烈）为不同的景观类型，则景观空间格局为土壤侵蚀的空间格局。参考相关文献，结合流域实际情况，在类型水平和景观水平 2 个方面选取景观指数，具体见表 5-6。

表5-6　研究所选景观指数及生态学意义

景观水平类型	景观指数	英文缩写	生态学意义
类型	平均斑块面积	MPS	反映每个斑块的平均面积
类型 / 景观	斑块总数	NP	斑块的个数，或者某一类景观斑块的个数
类型 / 景观	边缘密度	ED	反映单位面积内斑块边界长度
类型 / 景观	景观破碎度	LFI	反映景观被分割的破碎程度，即空间结构复杂性
景观	平均形状指数	MSI	反映斑块形状规则性及受人类干扰程度
景观	面积加权平均斑块分维度	AWMPD	反映人类活动对景观格局的干扰程度
景观	香农多样性	SHDI	反映景观异质性及景观中各拼块类型非均衡分布状况
景观	香农均匀度	SHEI	反映景观是否受到 1 种或少数几种优势拼块类型支配

四、结果与分析

（一）土壤侵蚀时空变化

1. 土壤侵蚀时间变化

2000 年、2005 年、2010 年、2015 年、2020 年洱海流域平均土壤侵蚀模数分别为 105.3t/（km^2·a）、97.2t/（km^2·a）、93.0t/（km^2·a）、92.9t/（km^2·a）、89.8t/（km^2·a）。20 年间总共减少了 15.5t/（km^2·a），下降了 14.7%，其中在 2000—2005 年平均土壤侵蚀模数下降幅度最大，下降了 8.1t/（km^2·a）。

从侵蚀强度来看（表 5-7），在 6 种土壤侵蚀强度中，微度侵蚀占总面积比例最多，为 70% 左右，其次是轻度侵蚀，占总面积的 20% 左右；而极强烈侵蚀、剧烈侵蚀占

---

① 李睿康，李阳兵，文雯，等 .1988—2015 年三峡库区典型流域土壤侵蚀强度时空变化——以大宁河流域和梅溪河流域为例［J］. 生态学报，2018，38（17）：6243-6257.

总面积比例最少，为 1% 左右。微度侵蚀所占面积逐年上升，自 2000—2020 年上升了 122.3km^2，轻度侵蚀、中度侵蚀、强度侵蚀、极强烈侵蚀、剧烈侵蚀都为下降趋势，分别下降了 82.9km^2、19.8km^2、8.3km^2、7.0km^2、4.2km^2。

研究区土壤侵蚀的模数和强度都有明显下降趋势，反映了洱海流域土壤侵蚀状况得到改善，生态治理略显成效。

表5-7　2000—2020年土壤侵蚀强度面积及百分比

侵蚀强度	2000 年		2005 年		2010 年		2015 年		2020 年	
	面积 / km^2	占比 / %	面积 / km^2	占比 / %	面积 / km^2	占比 / %	面积 / km^2	占比 / %	面积 / km^2	占比 / %
微度侵蚀	1819.6	69.9	1875.5	72.0	1911.8	73.4	1921.5	73.8	1941.9	74.6
轻度侵蚀	567.5	21.8	533.5	20.5	506.9	19.5	497.3	19.1	484.6	18.6
中度侵蚀	107.6	4.1	96.7	3.7	91.9	3.5	91.2	3.5	87.8	3.4
强度侵蚀	46.6	1.8	41.9	1.6	39.7	1.5	40.2	1.5	38.3	1.5
极强烈侵蚀	37.1	1.4	33.2	1.3	31.6	1.2	31.6	1.2	30.1	1.2
剧烈侵蚀	25.5	1.0	23.3	0.9	22.1	0.9	22.2	0.9	21.3	0.8

2. 土壤侵蚀空间变化

为了显著反映洱海流域的土壤侵蚀空间分布集聚情况，对土壤侵蚀强度数据进行 1000m 重采样，后利用 Getis-Ord Gi* 指数研究土壤侵蚀强度的侵蚀冷、热点变化特征，重点分析侵蚀热点区分布及演变规律。

热点区为高侵蚀强度的集聚区域，冷点区为低侵蚀强度的集聚区域。2000—2020 年侵蚀热点区所占面积减幅较大，减少了 47km^2；冷点区面积变化较小，但集聚程度明显加深，说明土壤侵蚀程度降低，生态改善显著；不显著区面积增加了 66km^2，是冷、热点区共同转化的结果。在 2000 年热点区主要分布在海东的双廊镇、挖色镇和凤仪镇，侵蚀热点面积为 103km^2，土壤侵蚀状况严重；2005—2010 年热点区由海东和海东南转移到坡度较小的洱源县凤羽镇，且侵蚀热点面积减少了 35km^2；2010—2015 年热点区又转移到双廊镇，说明此地区土壤侵蚀状况加重，主要因为 2008—2012 年随着大理市东环海公路全线柏油路面改扩建等工程完成，旅游业呈现井喷式发展，一定程度上打破了生态系统的稳定性；2020 年热点区侵蚀热点面积减少至 56km^2，在空间上由局部集中分布转化为零星分布于牛街乡、茈碧湖镇和凤仪镇等地。2000—2020 年大部分冷点区持续分布在三江中下游的右所镇和邓川镇，主要是因为此区域城镇化水平发展较慢，生态系统趋于稳定[①]。

① 刘宇，吕一河，傅伯杰. 景观格局—土壤侵蚀研究中景观指数的意义解释及局限性［J］. 生态学报，2011，31（1）：267-275.

（二）不同坡度土壤侵蚀情况

土壤侵蚀受多因素的影响，其中坡度是影响土壤侵蚀的重要因子。参照国家标准《水土保持综合治理规划通则》（GB/T 15772—1995），坡度一般分为<3°、3°~5°、5°~15°、15°~25°、25°~35°和>35° 6类，而研究区坡度起伏较大，平坦地区相对较少，因此将前3类合并为0°~15°，共分为0°~15°、15°~25°、25°~35°、>35° 4个范围。由表5-8可知，2000—2020年，随着坡度的增加平均土壤侵蚀模数呈先上升后下降的趋势，当坡度小于25°时，平均土壤侵蚀模数随坡度增大而增大，在15°~25°时达到最大值，当坡度大于25°时，平均土壤侵蚀模数随坡度增大而减小，在>35°时达到最小值。而分析不同坡度的平均土壤侵蚀模数的变化情况可知，各范围坡度的平均土壤侵蚀模数整体呈下降趋势，与研究区土壤侵蚀模数和强度的变化趋势保持一致。

由表5-9可知，耕地和建设用地在坡度小于25°时分布面积最广，都占总面积的99%以上，而在土地利用类型中耕地被认为是侵蚀产沙的主要来源，此坡度范围内人类活动频繁，受外界干扰较大，极易发生土壤侵蚀；当坡度范围在25°~35°和>35°时，随坡度的增加，坡面承接降雨面积和径流量减少，受此地形条件限制及《水土保持法》的规定，耕地面积急剧下降，林地面积占比上升至70%以上。植被覆盖度的增加对于下垫面土壤的保持起到了积极的作用，从而改善了土壤侵蚀状况。

表5-8　2000—2020年不同坡度的平均土壤侵蚀模数［单位：t/（km^2·a）］

年份/年	坡度			
	0°~15°	15°~25°	25°~35°	>35°
2000	102.5	137.8	117.7	91.6
2005	96.0	127.4	106.5	83.5
2010	92.0	122.6	102.0	80.1
2015	93.3	122.5	100.1	78.0
2020	91.6	118.2	95.2	73.5

表5-9　2000年不同坡度的各地类面积（单位：km^2）

地类	坡度			
	0°~15°	15°~25°	25°~35°	>35°
耕地	280.5	32.2	2.4	0.4
林地	197.5	636.7	251.6	93.7
草地	280.5	383.5	87.0	30.2
水域	247.3	4.8	0.6	0.7
建设用地	68.3	6.2	0.2	0.5
未利用地	0.1	0.2	0.1	0

（三）土壤侵蚀景观格局

1. 景观水平的景观指数变化

洱海流域景观水平上的景观各项指数如表 5-10 所示。

NP、ED、LFI 呈下降趋势，说明研究区景观破碎化程度降低，景观连通性变好，土壤不易被侵蚀；SHEI、SHDI 呈下降趋势，说明景观的斑块优势度增大，景观异质性降低，土壤侵蚀状况得到改善；MSI、AWMPFD 变化幅度较小，说明 2000—2020 年人类活动对侵蚀景观的影响变化不大，始终维持在一定水平。

表5-10　景观水平指数

年份 / 年	景观指数						
	NP	ED	MSI	AWMPFD	SHDI	SHEI	LFI
2000	112985	144.97	1.30	1.40	0.90	0.50	0.43
2005	105649	138.29	1.30	1.40	0.86	0.48	0.41
2010	101373	133.81	1.31	1.41	0.84	0.47	0.39
2015	100830	132.01	1.30	1.40	0.83	0.46	0.39
2020	96371	128.56	1.30	1.40	0.79	0.45	0.37

2. 侵蚀类型的景观指数变化

洱海流域类型水平上的不同土壤侵蚀强度景观的各项指数如表 5-11 所示。

NP、ED、LFI 都呈下降趋势，MPS 呈逐年上升趋势，说明微度侵蚀景观形状由复杂到简单，逐步趋于规则，而微度侵蚀景观（表 5-7）占研究区总面积的 70%左右，在数量上可以反映整个研究区的变化趋势，因此研究区整体的侵蚀状况逐步好转；轻度侵蚀 NP 变化不大，而 MPS 持续减小，说明侵蚀景观的面积比重减少；中度侵蚀、强度侵蚀、极强烈侵蚀和剧烈侵蚀 4 种景观 NP 减少较多，ED 逐年降低，而 MPS 变化不大，说明这 4 种景观的斑块离散程度下降并向微度侵蚀景观转化，而不是内部合并。

表5-11　类型水平指数

景观指数	年份 / 年	微度侵蚀	轻度侵蚀	中度侵蚀	强度侵蚀	极强烈侵蚀	剧烈侵蚀
NP	2000	10930	30800	29708	20320	14358	6869
	2005	9658	30833	27381	18390	13091	6296
	2010	8874	30822	26095	17349	12269	5964
	2015	8712	30982	25317	17343	12388	6088
	2020	8036	30665	24061	16407	11538	5664

续表

景观指数	年份 / 年	微度侵蚀	轻度侵蚀	中度侵蚀	强度侵蚀	极强烈侵蚀	剧烈侵蚀
ED	2000	96.95	115.61	37.22	18.20	13.81	8.15
	2005	95.57	111.20	33.63	16.32	12.39	7.46
	2010	93.33	108.18	31.87	15.59	11.74	7.03
	2015	92.43	105.70	31.35	15.51	11.78	7.16
	2020	90.95	103.42	30.03	14.80	11.18	6.77
MPS	2000	16.49	187	0.38	0.23	0.26	0.37
	2005	19.23	1.77	0.38	0.24	0.26	0.37
	2010	21.33	1.69	0.38	0.24	0.26	0.37
	2015	21.84	1.65	0.37	0.24	0.26	0.37
	2020	23.93	1.62	0.37	0.24	0.26	0.37
LFI	2000	0.25	0.53	2.63	4.24	3.80	2.69
	2005	0.23	0.57	2.70	4.27	3.87	2.70
	2010	0.12	0.59	2.71	4.25	3.81	2.70
	2015	0.05	0.61	2.65	4.19	3.85	2.73
	2020	0.04	0.62	2.62	4.16	3.76	2.71

五、讨论与结论

（一）讨论

侵蚀景观 NP 增加，MPS 减小，意味着该侵蚀景观破碎化程度升高，而斑块破碎化对于土壤保持功能较强的景观，将导致其土壤侵蚀状况加重，此时 LFI 正向影响土壤侵蚀强度。SHDI 和 SHEI 的持续降低，导致土壤侵蚀景观异质性降低，斑块优势度升高，景观被 1 种或少数几种斑块类型所支配，在本研究中微度侵蚀类型逐渐占主导地位，其他侵蚀强度占比下降，侵蚀状况逐渐改善，此时 SHDI、SHEI 正向影响土壤侵蚀强度。但对比吕富荣等①的研究却得出 SHDI、SHEI 反向影响土壤侵蚀强度的结论，这可能与其类型水平为土地利用类型有关，当 SHDI 和 SHEI 降低时，景观被 1 种或少数几种地类所支配，意味着地类多样性及景观丰富度降低，不能对泥沙起阻滞作用，导致土壤侵蚀状况加重。因此，景观格局对土壤侵蚀的影响具有一定的复杂性，不能一概而论，需要从不同角度进行具体分析。

区域土壤侵蚀演变不仅受各种景观类型空间分布的影响，还与土地利用类型等因素密切相关。参考相关研究，基于降雨、土地利用和植被覆盖度等数据对比分析，得出土地利

① 吕富荣，韩镇，邓龙云，等. 黄淮海平原降雨和景观格局变化对土壤侵蚀的影响［J］. 水土保持研究，2021，28（6）：1-8.

用类型的变化对土壤侵蚀作用最强烈的结论，是土壤侵蚀变化的主要因素。土地利用覆被格局及其变化的复杂性，对生态系统的结构、功能和演变产生了深刻的影响，可以改变气候、土壤、植被等局部地区的微环境，进而影响土壤侵蚀。2003 年以来，受退耕还林及洱海环境保护政策的影响，在洱海流域生态治理过程中，土地利用类型变化频繁，耕地及建设用地面积减少，湿地及林地面积增加，仅到 2016 年，林地面积增加了 $9900hm^2$，耕地面积增加了 $6990hm^2$。2018 年开展生态廊道建设项目①，拆除洱海湖区界线外侧 15m 范围内居民住宅，涉及 1806 户，清退线外 100m 范围内农田等。因此，2000—2020 年洱海流域土壤侵蚀状况得到大幅改善，洱海的保护政策促使土地利用类型转变也是其重要驱动因素。

（二）结论

（1）2000—2020 年洱海流域土壤侵蚀状况改善明显，其中平均土壤侵蚀模数共降低了 15.5 t/（km^2·a），下降了 14.7%；微度侵蚀类型所占面积上升了 122.2 km^2；侵蚀热点区由局部集中分布转化为零星分布于牛街乡、茈碧湖镇和凤仪镇等地，而大部分冷点区持续分布在右所镇和邓川镇。

（2）随着坡度的增加流域平均土壤侵蚀模数呈现先上升后下降的趋势，在坡度范围为 15° ~25° 时达到最大值，分别为 137.8 t/（km^2·a）、127.4 t/（km^2·a）、122.6 t/（km^2·a）、122.5 t/（km^2·a）、118.2 t/（km^2·a），在 >35° 时达到最小值，分别为 91.6 t/（km^2·a）、83.5 t/（km^2·a）、80.1 t/（km^2·a）、78.0 t/（km^2·a）、73.5 t/（km^2·a），且各范围坡度的平均土壤侵蚀模数整体呈下降趋势。

（3）对土壤侵蚀景观格局分析发现，20 年间研究区微度侵蚀景观面积不断上升，斑块优势度增大，中度侵蚀、强度侵蚀、极强烈侵蚀和剧烈侵蚀景观都向微度侵蚀景观转化，景观破碎化程度和异质性降低，研究区土壤侵蚀景观格局得到优化。

第三节　多生态指标生态环境时空演变

一、引言

土地利用与土地覆盖变化（LULC）作为生态环境变化重要组成部分，是生态环境改变的主要因素②。土地利用转型作为 LULC 研究的新途径，众多学者采用不同的数据和方法在不同区域进行研究。基于土地利用转型进行生态环境研究已成为热点。土地利用转型普遍造成河流湖泊不同程度的污染，常引发面源污染、土壤侵蚀、生物多样性退化、

① 孙妍艳，杨凌晨，施皓．云南省大理市环洱海流域湖滨缓冲带——生态修复与湿地建设工程设计实践［J］．风景园林，2022，29（5）：64-67.

② Cetin M. Climate comfort depending on different altitudes and land use in the urban areas in Kahramanmaras City［J］. Air Quality Atmosphere & Health，2020，13（8）：991-999.

植被覆盖度降低等生态环境问题。流域作为独特的地理单元，人类活动（如旅游）影响着流域内的土地利用转型，进而影响河流、湖泊的水质，而水域的水质状况是生态环境的最直观的体现。因此，分析流域尺度土地利用转型趋势与规律，评价生态环境质量的时空变化，在生态优先下进行合理的规划和设计[①]，是环境保护和区域可持续发展的关键。

在土地利用转型与生态环境相关研究中，乡村振兴、生态环境质量、生态系统服务价值、未来土地情景模拟等均与土地利用转型相关，涉及社会人文、经济发展、生态环境等领域。在经历了 LULC 和旅游业的快速变化，如何较为准确地评价区域生态环境质量以便制定可持续的政策，是迫切需要解决的问题。新技术、新方法、新软件的使用，使评价区域生态环境质量变化的指标和方法也有了新的突破。其中，指数在土地利用转型与生态环境的关系研究中最为广泛，如干旱指数（DI）、生态环境状况指数（EI）、遥感生态指数（RSEI）及其改进型、区域生态环境质量指数（EV）等。然而，由于影响因素的复杂性和多样性，仅采用一个生态指标来评估生态环境的状况是不全面的[②]。指出单一的标准或者准则在选择居住区时是不科学的，会造成巨大的损失；单一评价方法在某些情况下存在不科学、不准确、不全面的缺陷，而生态环境质量又受到多方因素影响。由于单一评价方法具有局限性，因此多种指标相组合，如 RSEI 和 EI[③]、景观格局指数和 EV、景观格局和生态系统服务价值等逐渐成为研究生态环境的主要趋势。

洱海是云南省第二大高原淡水湖泊，是大理白族自治州人民的“母亲湖”，人类生产活动异常频繁。洱海流域上游属丘陵—山间盆地地貌，耕地分布广，是流域面源污染的重要来源；中游属面山缓坡地貌，西侧是苍山山脉，生态环境优良，是洱海最主要的汇水区；下游是大理市市区的所在地，人口密集，经济发达。此外，洱海流域属高原断陷湖泊，流域上下游高差大，西洱河是唯一的出水口，独特的地形地貌，使洱海流域土壤侵蚀严重，水体富营养化，多次暴发蓝藻灾害，生态环境恶化。开展生态环境质量时空分析对于维持流域生态平衡，促进生态环境保护具有重要意义。

目前，单一生态指标 RSEI、生态敏感性、生态系统服务价值等多被用来评价洱海流域的生态环境质量，但缺少多生态指标的对比验证。众多学者多从洱海流域的水文水质及驱动因素来分析洱海流域的水环境质量及生态状况，而土壤侵蚀、RSEI 等评价指标的研究较少。因此，本书以洱海流域为例，选择 EV，并结合 RSEI 和土壤侵蚀来分析洱海流域在土地利用转型下的生态环境质量时空变化，包括：①结合多种生态指标评价研究区生态环境质量；②分析 2000—2020 年洱海流域生态环境质量的时空变化情况；③采用热点分析识别影响生态环境的重点地区。本研究采用多种生态指标评估研究区生态环

① Wang C L，Jiang Q O，Shao Y Q，et al. Ecological environment assessment based on land use simulation：A case study in the Heihe River Basin［J］. Science of the Total Environment，2019，697：33928.

② Cem K，Mehmet C，Burak A，et al. Site selection by using the multi-criteria technique—a case study of Bafra，Turkey［J］. Environmental Monitoring and Assessment，2020，192（9）：608.

③ Sun R，Wu Z X，Chen B Q，et al. Effects of land-use change on eco-environmental quality in Hainan Island，China［J］. Ecological Indicators，2020，109：105777.

境的时空变化，希望弥补单一生态指标的不足。

二、数据来源与处理

（一）数据来源

5 期（2000 年、2005 年、2010 年、2015 年和 2020 年）土地利用/覆盖数据来自中国科学院地球大数据科学工程数据共享服务系统，空间分辨率为 30m，解译数据总体精度达到 80% 以上，Kappa 系数达到 0.70 以上，依据土地分类体系（GB/T 21010—2017），结合研究区实际情况将土地利用类型分为耕地、林地、草地、水域、建设用地和未利用地 6 种一级类型；土壤侵蚀数据来自中国科学院成都山地灾害与环境研究所，空间分辨率为 30m；遥感生态环境指数（RSEI）通过 GEE 计算得到，空间分辨率为 30m。

（二）数据处理

以上数据经 ArcGIS 10.5 软件处理，统一投影为 CGCS2000_3_Degree_GK_Zone_33 坐标系。技术流程图见图 5–3。

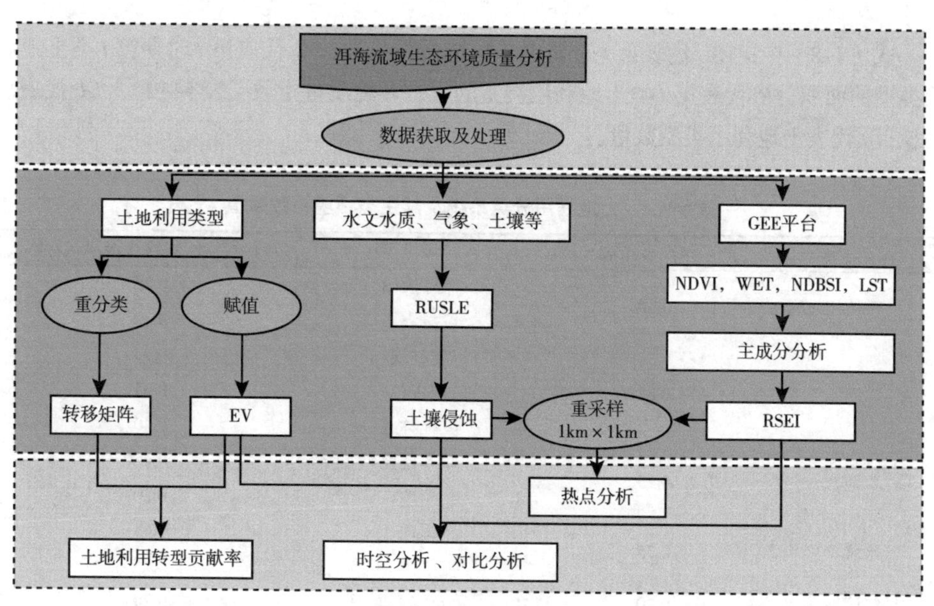

图 5–3　技术流程图

三、研究方法

（一）土地利用转移矩阵

土地利用转移矩阵采用 Markov 模型和土地利用变化模型来表示区域内不同土地利用类型的方向和数量，它广泛应用于土地利用变化研究，也反映了土地利用在空间发展过程中的水平[①]。

$$S_{ij}=\begin{bmatrix} s_{11} & s_{12} & \cdots & s_{1n} \\ s_{21} & s_{22} & \cdots & s_{2n} \\ \vdots & \vdots & \vdots & \vdots \\ s_{n1} & s_{n2} & \cdots & s_{nn} \end{bmatrix} \tag{5-7}$$

式（5-7）中：S_{ij} 代表 $n \times n$ 矩阵，S 代表面积，n 代表土地类型数，i 和 j 分别代表研究期开始和结束的土地类型。

（二）区域生态环境质量指数

不同的土地利用类型往往反映出较为明显的生态差异，综合考虑区域内所具有的生态质量及面积比例，用区域生态环境质量指数定量表示某一区域内生态环境质量的总体状况[②]，其表达式如下。

$$\mathrm{EV}_t=\sum_{i=1}^{n}\frac{A_{ti}}{TA_t}\times R_i \tag{5-8}$$

式（5-8）中：EV_t 代表第 t 时期生态环境质量指数；A_{ti} 代表第 t 时期第 i 类土地利用类型的面积；R_i 代表第 i 类土地利用类型的生态环境质量指数（表 5-12），TA_t 代表总面积；n 代表土地利用类型数量。

表5-12　土地利用分类系统及其生态环境指数赋值

一级类型	生态环境质量指数（R_i）	二级类型	生态环境质量指数（R_i）
耕地	0.30	旱作农田	0.25
		灌溉农田	0.30
林地	0.87	有林地	0.95
		灌木林	0.65
		其他林地	0.40
草地	0.25	草本覆盖	0.45
		草地	0.20
水域	0.75	湿地	0.65
		水体	0.75
城镇用地	0.20	不透水表面	0.20
未利用地	0.025	裸地	0.025
		冰雪	0.58

① Liu Y A，Wu K N，Cao H L. Land-use change and its driving factors in Henan province from 1995 to 2015［J］. Arabian Journal of Geosciences，2022，15（3）.

② Liu Y T，Zhang D，He K，et al. Research on Land Use Change and Ecological Environment Effect Based on Remote Sensing Sensor Technology［J］. Journal of Sensors，2021，2021（6）1：11.

（三）遥感生态指数

遥感生态指数（RSEI）是近年来的一项综合生态指标，由于它与生态环境质量密切相关，可被人类直接感知，因此专门利用遥感数据评估生态状态。选择与生态环境质量密切相关的4个组成部分（绿度、湿度、热度、干度）构建RSEI。

$$RSEI=f(Greenness, Wetness, Heat, Dryness) \tag{5-9}$$

式（5-9）中：Greenness表示绿度，可用NDVI代表；Wetness表示湿度，可用WET代表；Heat表示热度，可用LST代表；Dryness表示干度，可用NDBSI代表。

（1）绿度指标（NDVI）：归一化植被指数（NDVI）是应用最广泛的植被指数。它与植物生物量、叶面积指数以及植被覆盖度都密切相关，公式如下。

$$NDVI=(NIR-Red)/(NIR+Red) \tag{5-10}$$

式（5-10）中：NIR表示近红外，Red表示红光波段。

（2）湿度指标（WET）：湿度分量反映了水体和土壤、植被的湿度，与生态密切相关。因此，以湿度分量为代表。对于Landsat影像，其公式如下。

$$WET-TM=0.0315*b_1+0.2021*b_2+0.3102*b_3+0.1594*b_4+(-0.6806)*b_5+(-0.6109)*b_7 \tag{5-11}$$

$$WET-OLI=0.1511*b_2+0.1973*b_3+0.3283*b_4+0.3407*b_5+(-0.7117)*b_6+(-0.4559)*b_7 \tag{5-12}$$

式（5-11）和式（5-12）中：b_i（i=1，…，6，7）为TM/OLI的各波段的反射率。

（3）热度指标（LST）：热度指标由地表温度来代表，公式如下。

$$LST=T/[1+(\lambda T/\rho)\ln\varepsilon] \tag{5-13}$$

式（5-13）中：T为温度；λ为Landsat TM/OLI热红外波段的中心波长；ρ为常数；ε为比辐射率。

（4）干度指标（NDBSI）：干度指标由裸土指数SI和建筑指数IBI合成。

$$IBI=\frac{\frac{2b_{SWIR1}}{b_{SWIR1}+b_{NIR}}-\left[\frac{b_{NIR}}{b_{NIR}+b_{Red}}+\frac{b_{Green}}{b_{Green}+b_{SWIR1}}\right]}{\frac{2b_{SWIR1}}{b_{SWIR1}+b_{NIR}}-\left[\frac{b_{NIR}}{b_{NIR}+b_{Red}}+\frac{b_{Green}}{b_{Green}+b_{SWIR1}}\right]} \tag{5-14}$$

$$SI=\frac{[(b_{SWIR1}+b_{Red})-(b_{NIR}+b_{Blue})]}{[(b_{SWIR1}+b_{Red})+(b_{NIR}+b_{Blue})]} \tag{5-15}$$

$$NDBSI=(IBI+SI)/2 \tag{5-16}$$

式（5-14）和式（5-15）中：b_{Blue}、b_{Green}、b_{Red}、b_{NIR}、b_{SWIR1} 分别表示蓝、绿、红、近红外、中红外 1 波段。

（5）经过归一化后的 4 个指标就可以用来计算主成分 PC1。为使 PC1 大的数值代表好的生态条件，可进一步用 1 减去计算出的 PC1，获得初始的生态指数 RSEI0。

$$RSEI0 = 1 - \{PC1\,[\,f\,(NDVI,\ WET,\ LST,\ NDSI\,)\,]\} \quad (5-17)$$

（四）改进的土壤流失方程

改进的土壤流失方程（RUSLE 模型）已被广泛应用于模拟大面积地区的土壤侵蚀，采用 RUSLE 模型模拟水侵蚀造成的年土壤流失如下。

$$A = R \times K \times C \times LS \times P \quad (5-18)$$

式（5-18）中：A 为土壤流失速率；R 为年平均降雨侵蚀力；K 为土壤可蚀性因子；LS 为地形（坡长坡度）因子；C 为植被覆盖管理措施因子；P 为水土保持措施因子。

土壤侵蚀数据由中国科学院成都山地灾害与环境研究所制作，空间分辨率为 30m。其中，R 因子采用了 1981—2020 年 40 年平均降雨侵蚀力；K 因子采用中国 1∶100 万土壤图资料计算，并经插值加密得到；LS 因子采用 DEM 数据（AW3D30）计算的 L 因子、S 因子；C 因子采用 GIMMS NDVI 数据和长时间序列土地覆被数据[①]；P 因子采用 C 因子的土地覆被数据；修正因子采用裸岩石砾地修正因子、喀斯特石漠化修正因子等。数据采用改进的 USLE 模型计算，并依据《土壤侵蚀分类分级标准》（SL 190—2007）划分。中国科学院成都山地灾害与环境研究所是专门研究山地灾害、山地环境和山区可持续发展，拥有各地完整且准确的气象水文等数据，数据来源可靠且权威。因此，其计算的土壤侵蚀数据空间分辨率高且准确，故直接使用土壤侵蚀数据。

（五）土地利用转型生态贡献率

土地利用转型生态贡献率是指某一种土地利用主导功能地类变化所导致的区域生态质量的改变，其量化了各类功能用地之间的相互转换对区域生态环境质量的影响，有利于探讨造成区域生态环境变化的主导因素，其表达式如下。

$$LEI = (LE1 - LE0) \times LA / TA \quad (5-19)$$

式（5-19）中：LEI 表示某一土地利用变化类型生态贡献率；$LE0$、$LE1$ 表示某一土地利用变化类型在变化初期和变化末期所赋予的生态环境质量；LA 表示变化用地的面积；TA 表示总面积。

（六）热点分析

热点分析属于空间聚类分析的一种，可用来识别研究区的热点地区和冷点地区。常

---

① Yang J，Huang X．The 30 m annual land cover dataset and its dynamics in China from 1990 to 2019［J］．Earth System Science Data，2021，13（8）：3907-3925.

用 ArcGIS 中的 Getis-OrdGi* 工具来分析空间数据属性中的位置关系，利用 Gi* 作为局部自相关的指标，有助于确定每个特征被具有类似高值或低值的特征包围的程度。

四、结果与分析

（一）生态环境质量分析

1. 土地利用变化分析

2000—2020 年洱海流域的土地利用变化显著（图 5-4、表 5-13）。由表 5-13 可知，洱海流域的土地利用类型以林地为主，未利用地占比最少。20 年间洱海流域除草地面积减少外，其余各地类面积均呈上升趋势。其中建设用地面积增加最多，增加 34.98km^2，增长率高达 47.12%；其次为耕地，增加 24.93km^2，增长率为 7.90%；草地是面积唯一减少的，减少 75.06km^2，减少率为 9.55%。空间分布上，林地和草地主要在流域边界上，耕地主要分布在上游盆地和洱海西侧的平缓平地上，城镇用地主要分布在洱源县县城所在地和洱海下游大理市市区处，水域主要集中在洱海、茈碧湖和海西湖，未利用地极少暂不予分析。从子流域来看，耕地、林地和草地上游最多，水域中游最多，城镇用地下游最多。城镇用地会侵占大量周边耕地，但当地政府会通过土地整治工程，低效地类改造、修复再利用等来补充耕地的损失，因此会导致耕地面积增加。

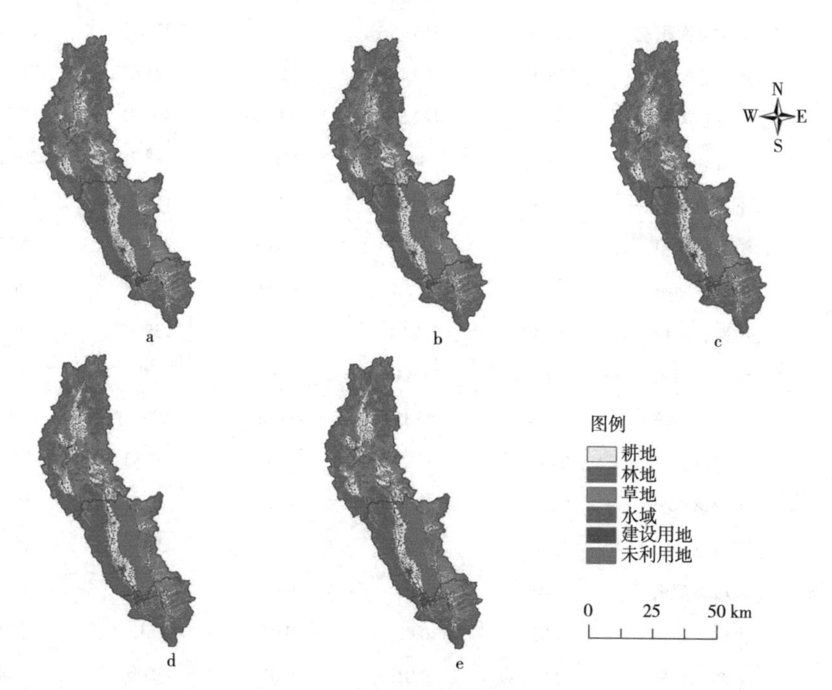

图 5-4 洱海流域土地利用分布

注：a 是 2000 年土地利用分布；b 是 2005 年土地利用分布；c 是 2010 年土地利用分布；d 是 2015 年土地利用分布；e 是 2020 年土地利用分布。

草地、耕地和林地在2000—2020年（表5-14）转出面积最多，分别为120.38km²、65.66km²、34.25km²；林地转入面积最大，达76.38km²，其次为耕地和草地，转入面积分别为59.18km²和45.32km²。20年间土地利用类型转移的主要特征是林地、草地和耕地三者之间相互转换，但表现为城镇用地明显扩张，而城镇用地面积增加最主要来源于耕地。大理作为旅游城市，旅游业是其支柱产业，而旅游业的发展不仅带来经济的快速增长，也是LULC快速变化和城市用地大幅增加的主要原因。

表5-13　2000—2020年洱海流域土地利用面积统计（单位：km²）

年份/年		2000	2005	2010	2015	2020
耕地	流域总面积	315.68	328.65	325.23	333.21	340.61
	上游总面积	160.17	172.87	171.22	180.09	183.91
	中游总面积	119.21	119.95	119.37	118.92	121.00
	下游总面积	36.25	35.77	34.59	34.10	35.59
林地	流域总面积	1181.58	1172.34	1196.01	1194.88	1192.30
	上游总面积	630.92	623.21	649.77	651.39	648.88
	中游总面积	336.35	335.18	332.93	331.65	332.05
	下游总面积	214.3	213.78	213.29	211.77	211.26
草地	流域总面积	786.06	769.14	736.53	721.68	711.00
	上游总面积	449.67	442.56	413.24	404.81	397.6
	中游总面积	217.53	214.4	211.1	208.78	204.24
	下游总面积	118.85	116.13	112.01	111.71	109.16
水域	流域总面积	253.59	255.87	256.68	254.90	257.26
	上游总面积	12.48	14.53	15.33	13.68	15.84
	中游总面积	239.49	239.71	239.80	239.70	239.85
	下游总面积	1.61	1.63	1.56	1.51	1.57
城镇用地	流域总面积	74.24	85.17	96.68	106.39	109.22
	上游总面积	28.94	31.22	32.51	33.83	34.24
	中游总面积	24.38	28.52	33.76	38.41	39.82
	下游总面积	20.93	25.43	30.40	34.16	35.15
未利用地	流域总面积	0.04	0.03	0.06	0.13	0.80
	上游总面积	0.03	0.02	0.05	0.13	0.79
	中游总面积	0.01	0.01	0.01	0.00	0.01
	下游总面积	0.00	0.00	0.00	0.01	0.01

注：由于表中数据为四舍五入得出，故部分流域总面积与上、中、下游总面积之和不完全一致。

表5-14 2000—2020年洱海流域土地利用转移矩阵（单位：km^2）

		2020年						
		耕地	林地	草地	水域	城镇用地	未利用地	总计
2000年	耕地	281.43	10.42	10.71	0.26	12.44	0.41	315.68
	林地	28.05	1115.92	34.28	1.31	1.89	0.12	1181.58
	草地	31.04	65.40	665.68	3.04	20.62	0.27	786.06
	水域	0.08	0.55	0.30	252.63	0.02	0	253.59
	城镇用地	0	0	0	0	74.24	0	74.24
	未利用地	0	0	0.02	0	0	0.01	0.04
	总计	340.61	1192.30	711.00	257.26	109.22	0.80	2611.19

注：由于表中数据为四舍五入得出，故部分总计与相关项目之和不完全一致。

2. 区域生态环境质量分析

依据 ArcGIS 自然断点法，将研究区生态环境质量划分为5个等级（图5-5），分别为Ⅰ级（红）、Ⅱ级（橘黄）、Ⅲ级（黄）、Ⅳ级（浅绿）、Ⅴ级（深绿），其中Ⅴ级最高，

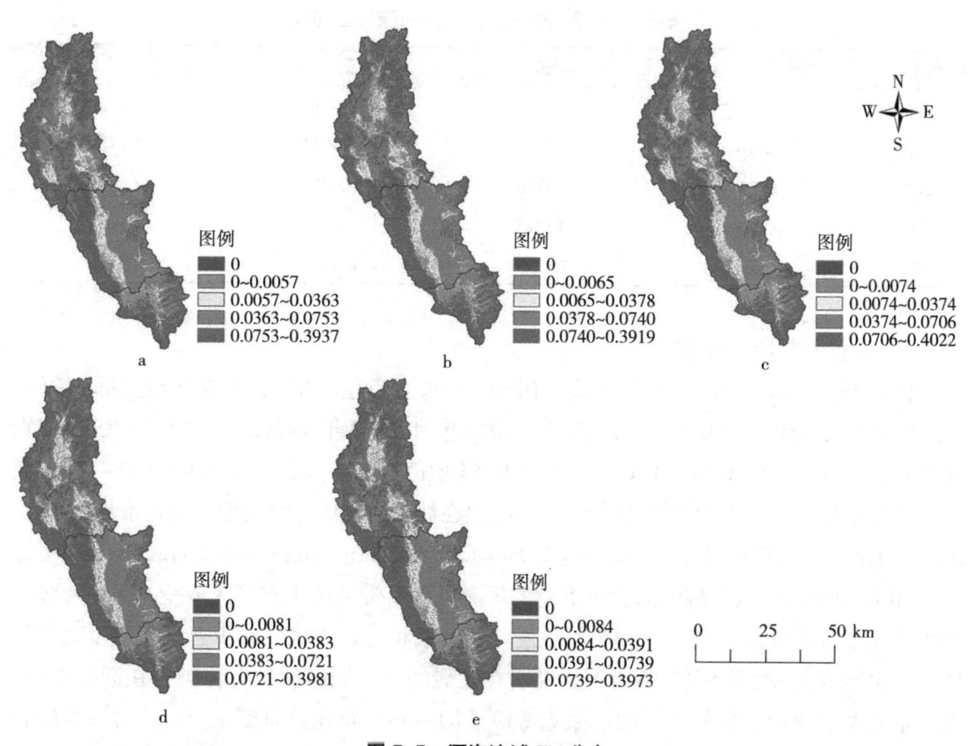

图5-5 洱海流域EV分布

注：a是2000年EV分布；b是2005年EV分布；c是2010年EV分布；d是2015年EV分布；e是2020年EV分布；由于本书为单色印刷，读者可根据图例灰度识别。

值也最高。洱海流域生态环境质量空间格局和土地利用类型的空间分布高度一致，呈现出中部低、边界高的分布格局，以Ⅳ级和Ⅴ级高质量生态环境为主。同时，上游Ⅱ级和Ⅲ级主要分布在中部，中游Ⅱ级和Ⅲ级主要分布在洱海西部，下游Ⅱ级更为突出，主要分布在洱海湖滨区。区域差异明显，但总体格局保持稳定。

受洱海流域地形地貌格局影响，中部地区海拔低，地势平坦，是耕地、水域和城镇用地的所在地，人口分布密集，人为扰动强烈，耕地和居民点集中分布，生态环境质量较差，主要分布低等级的Ⅰ级、Ⅱ级和Ⅲ级。而流域边界多为山区，是林地和草地集中所在地，且人口分布少，人为干扰程度低。因此，生态环境质量总体较好，主要分布高等级的Ⅳ级和Ⅴ级。

2000—2020年洱海流域总生态环境质量在波动中呈现总体上升趋势（表5-15），由2000年的0.5837上升至2020年的0.5867，20年间增加了0.003，平均以0.015%年速率上升，表明洱海流域的生态环境质量在不断改善。但洱海流域上游的总EV在波动中呈上升趋势，而中游和下游均不断呈下降趋势，表明洱海流域上游的生态环境在不断改善，而中游和下游流域生态环境在不断恶化。

表5-15　2000—2020年洱海流域EV值

年份/年	洱海流域总EV	上游总EV	中游总EV	下游总EV
2000	0.5837	0.5650	0.6055	0.5925
2005	0.5814	0.5614	0.6047	0.5910
2010	0.5880	0.5766	0.6029	0.5894
2015	0.5861	0.5745	0.6018	0.5864
2020	0.5867	0.5757	0.6021	0.5857

3. 遥感生态指数分析

经验证，NDVI、WET为正值而NDBSI、LST为负值，RSEI的结果与实际相符合（表5-16）。2000年、2005年、2010年、2015年和2020年洱海流域的平均RSEI分别为0.56、0.70、0.73、0.74、0.70，20年间RSEI均值增加了0.14（图5-6、表5-17）。同时，洱海流域上游、中游和下游的平均RSEI也在波动中总体不断增加，分别增加了0.17、0.12和0.09。这表明洱海流域的总体生态环境质量在2000—2020年持续向好，不断改善。

20年间洱海流域上游中部和中下游的环洱海湖滨带区域生态等级最差，而剩余区域是生态环境等级较高的区域。生态等级最差的区域和最好的区域其生态环境质量变化最明显，且空间分布面积均不断增大。说明在发展经济的同时，生态保护也在同步进行，洱海水质明显改善是最好的证明。生态等级差的主要分布在洱海流域上游、洱海东岸和洱海下游的大理市市区，这些地区一方面是草地所在处，另一方面靠近洱海、茈碧湖等湖泊区域，海拔较低，是城镇所在地，人类活动频繁。而生态水平良好和优秀的主要呈

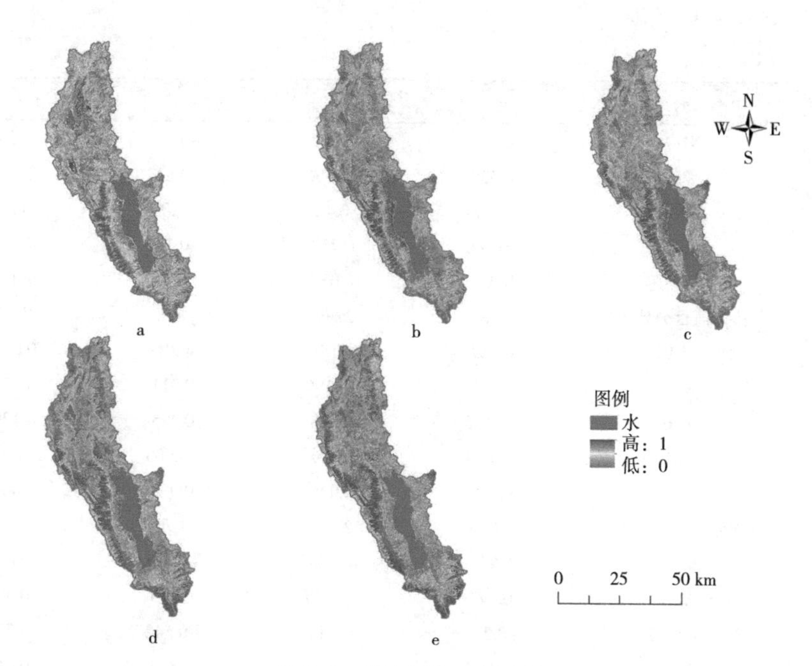

图 5-6　洱海流域 RSEI 分布

注：a 是 2000 年 RSEI 分布；b 是 2005 年 RSEI 分布；c 是 2010 年 RSEI 分布；d 是 2015 年 RSEI 分布；e 是 2020 年 RSEI 分布。

环状分布在洱海流域周围较高的山地上，最主要集中在洱海西部的苍山，海拔高，森林覆盖率较高，作为苍山国家地质公园的核心区受到严格保护，仅以游览观光为主。

表5-16　2000—2020年洱海流域RSEI主成分分析

年份 / 年	指标	PC1	PC2	PC3	PC4
2000	NDVI	0.982	0.075	0.173	–0.018
	WET	0.001	–0.509	0.303	0.806
	NDBSI	–0.128	–0.304	0.804	–0.494
	LST	–0.139	0.802	0.481	0.326
	特征值	0.043	0.021	0.003	0.002
	特征值百分比 /%	61.99	30.03	4.89	3.08
2005	NDVI	0.970	0.193	–0.057	–0.101
	WET	0.082	–0.403	–0.839	0.073
	NDBSI	–0.097	–0.253	–0.280	–0.531
	LST	–0.208	0.858	–0.464	0.383
	特征值	0.054	0.021	0.003	0.001
	特征值百分比 /%	68.82	26.22	3.22	1.74

续表

年份 / 年	指标	PC1	PC2	PC3	PC4
2010	NDVI	0.964	0.069	–0.027	–0.257
	WET	0.035	–0.556	–0.827	0.070
	NDBSI	–0.194	–0.422	0.203	–0.862
	LST	–0.180	0.712	–0.523	–0.431
	特征值	0.059	0.025	0.004	0.002
	特征值百分比 /%	65.86	27.67	4.16	2.30
2015	NDVI	0.987	0.158	–0.019	0.012
	WET	0.020	–0.199	0.011	0.980
	NDBSI	–0.135	0.878	0.425	0.176
	LST	–0.084	0.406	–0.905	0.095
	特征值	0.115	0.046	0.008	0.000
	特征值百分比 /%	67.66	27.38	4.70	0.27
2020	NDVI	0.956	0.273	–0.098	–0.035
	WET	0.047	–0.247	0.115	–0.961
	NDBSI	–0.278	0.745	–0.542	–0.270
	LST	–0.075	0.556	0.826	–0.047
	特征值	0.083	0.026	0.005	0.000
	特征值百分比 /%	72.63	22.78	4.39	0.19

表5–17　2000—2020年洱海流域RSEI均值

年份 / 年	RSEI 均值	上游 RSEI 均值	中游 RSEI 均值	下游 RSEI 均值
2000	0.56	0.53	0.58	0.60
2005	0.70	0.69	0.71	0.71
2010	0.73	0.72	0.73	0.73
2015	0.74	0.74	0.73	0.73
2020	0.70	0.70	0.70	0.71

4. 土壤侵蚀分析

根据 RUSLE 模型计算，2000—2020 年洱海流域土壤侵蚀呈明显下降趋势。洱海流域 2000 年、2005 年、2010 年、2015 年和 2020 年的平均土壤侵蚀量分别为 105.34t/（km^2 · a）、97.18t/（km^2 · a）、92.90t/（km^2 · a）、92.94t/（km^2 · a）、89.86t/（km^2 · a）（图 5–7、表 5–18），20 年间平均土壤侵蚀减少了 15.48t/（km^2 · a），以年均 14.70% 速率下降。从子流域来看，洱海流域上游平均侵蚀模数由 2000 年的 121.37t/（km^2 · a）持续下降到 2020 年的 105.88t/（km^2 · a）；中游平均侵蚀模数在波动中由 2000 年的 75.75t/（km^2 · a）下降到 2020 年的 61.78t/（km^2 · a）；下游平均侵蚀模数也在波动中由 2000 年的 124.47t/（km^2 · a）下降到 2020 年的 105.29t/（km^2 · a）。洱海子流域平均侵蚀模数均

呈现下降态势，表明洱海子流域生态环境均不断向好发展。

整体而言，绝大部分的研究区域显示出微度、轻度土壤侵蚀强度，而微度、轻度到中等程度的土壤侵蚀分布更高，几乎占据整个洱海流域。强烈侵蚀及以上区域占洱海流域总面积极低，几乎全部分布在洱海流域的草地上，其中大部分集中在洱海流域上游的草地。虽然强烈侵蚀程度及以上的面积相对较低，但土壤侵蚀的量却很高。侵蚀强度严重的区域大部分集中在耕地附近的丘陵处，且多为植被覆盖度较低的草地。这些区域受到人类活动影响较大，很容易被开垦成耕地，在降水的冲刷下极易造成水土流失，携带着氮磷等物质进入河流和湖泊，造成面源污染。洱海流域上游和下游的平均土壤侵蚀模数大致相等，均为土壤侵蚀严重之地，但洱海流域上游的面积（1279.91km^2）是下游面积（390.75km^2）的 3 倍之多，因此洱海流域上游的土壤侵蚀更加严重。

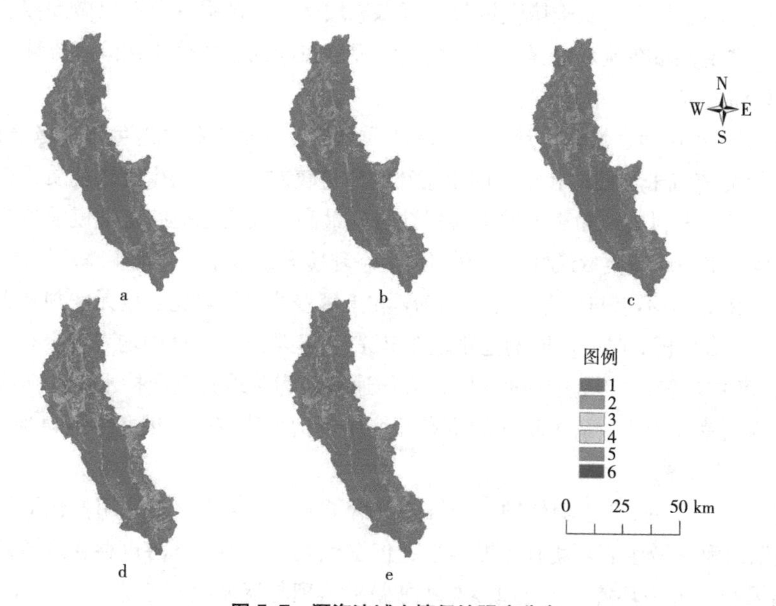

图 5-7　洱海流域土壤侵蚀强度分布

注：1 为微度侵蚀；2 为轻度侵蚀；3 为中度侵蚀；4 为强烈侵蚀；5 为极强烈侵蚀；6 为剧烈侵蚀；a 是 2000 年土壤侵蚀强度分布；b 是 2005 年土壤侵蚀强度分布；c 是 2010 年土壤侵蚀强度分布；d 是 2015 年土壤侵蚀强度分布；e 是 2020 年土壤侵蚀强度分布。

表5-18　2000—2020年洱海流域土壤侵蚀模数均值

年份 / 年	平均侵蚀模数 / [t/（km^2·a）]	上游平均侵蚀模数 / [t/（km^2·a）]	中游平均侵蚀模数 / [t/（km^2·a）]	下游平均侵蚀模数 / [t/（km^2·a）]
2000	105.34	121.37	75.75	124.47
2005	97.18	113.48	66.99	116.81
2010	92.90	110.52	63.38	106.61
2015	92.94	106.93	65.20	114.21
2020	89.86	105.88	61.78	105.29

5. 3种指标测度的对比分析

综合以上各表，经对比分析得出如下内容。

20年间EV值和RSEI值均呈增加趋势，二者均表明洱海流域总体生态环境在向好发展。而2000—2020年洱海流域平均土壤侵蚀模数呈现明显下降趋势，同样表明洱海流域生态环境质量在不断向好发展。

EV是在土地利用类型的基础上计算而来，因此和土地利用类型的时空变化具有较高的一致性，如区域生态环境质量Ⅰ级对应未利用地，Ⅱ级对应城镇用地，Ⅲ级对应耕地，Ⅳ级对应草地和水域，Ⅴ级对应林地。从EV看，中部生态质量差，边界生态质量好，上游的生态环境质量相比中游和下游较差；从RSEI看，洱海流域生态环境质量良好的地区主要分布在流域边界的林地区域，生态质量差的主要集中在中部的草地和城镇用地区域，且面积在不断扩大；从土壤侵蚀看，洱海流域土壤侵蚀强度分布以微度侵蚀、轻度侵蚀为主，主要分布在流域边界，而土壤侵蚀强度较高的主要分布在洱海流域上游中部以及洱海环湖滨带。

EV表明未利用地、城镇用地的生态环境质量较差，草地和林地生态环境质量较好。RSEI指出洱海流域未利用地和草地的生态环境质量较差，林地的生态环境质量较好。土壤侵蚀强度指出未利用地和草地的土壤侵蚀强度最高，其余地类的土壤侵蚀最低。三者均表明林地的生态环境质量最好，未利用地生态环境质量最差，耕地生态环境质量中等，水域由于在RSEI中不参与计算，无法与EV和土壤侵蚀进行对比，故无法判断生态环境质量好坏，不做分析。唯一不同的是草地在RSEI和土壤侵蚀强度中均表现生态环境质量差，而在EV中却较好，最主要的原因是人们通常认为草地具有保持水土的功能，但洱海流域的草地植被稀疏，赋予草地的生态环境质量指数值较高，因此导致草地在EV中的生态环境质量偏高。

研究从EV、RSEI和土壤侵蚀3个维度分析了洱海流域在土地利用变化下的生态环境，均表明洱海流域生态环境在不断改善，但在流域上、中、下游也存在区域差异。上述研究结果与《中国环境状况公报》《洱海保护治理与流域生态建设“十三五”规划》《云南省环境状况公报》等文件总体保持一致，如《中国环境状况公报》《云南省环境状况公报》指出，洱海氮磷含量显著降低，水质由Ⅲ类接近Ⅱ类。

EV受到土地利用类型解译精度、权重指标赋值等人为因素影响，有时不能准确反映区域生态环境质量；土壤侵蚀计算复杂，基础数据多且不易获取，结果有时失真；而RSEI依据遥感影像计算，数据易获取，计算简单，不受人主观因素影响，真实反映地表生态质量。因此，3种生态指标中，RSEI的区域适应性更强。

（二）土地利用转型生态贡献率

2010—2020年，草地转为林地是导致洱海流域生态环境质量改善的主要类型和主导因素（表5-19），占总贡献率比重的38.73%，其次是耕地转为林地，占总贡献率比重的32.54%。致使生态环境改善的主要土地利用类型总生态贡献率为0.00700，占98.37%；

致使生态环境质量恶化的主要类型为林地转为耕地、草地转为耕地、草地转为城镇用地等，分别占总贡献率比重的 32.18%、28.85%、23.65%。致使生态环境恶化的主要土地利用类型总生态贡献率为 0.01887，占 97.43%。

土地利用转型对区域生态环境是把双刃剑，既有利也有弊。虽然对生态环境改善和生态环境恶化的贡献率相差不大，总体处于相对稳定状态，但区域生态环境质量指数的稳定并不意味着生态环境没有发生改变。总体来说，洱海流域同时存在着生态改善和生态恶化的 2 种趋势，且生态环境改善的趋势略大于环境恶化的趋势。而随着洱海流域生态环境不断修复和改善，未来洱海流域生态环境质量指数会继续存在小幅度上升态势。

表5-19 2000—2020年洱海流域主要土地利用地类转型及其贡献率

致使生态环境改善			致使生态环境恶化		
主要土地利用变化类型	生态贡献率	百分比 /%	主要土地利用变化类型	生态贡献率	百分比 /%
耕地—林地	0.00231	32.54	耕地—城镇用地	0.00052	2.71
耕地—草地	0.00193	27.10	林地—耕地	0.00623	32.18
草地—林地	0.00276	38.73	林地—草地	0.00144	7.46
总计	0.00700	98.37	林地—城镇用地	0.00050	2.58
			草地—耕地	0.00559	28.85
			草地—城镇用地	0.00458	23.65
			总计	0.01887	97.43

（三）热点分析

将 RSEI 和土壤侵蚀模数重采样成 1km × 1km 分辨率，最终分别选取 2350 和 2401 采样点进行热点分析（图 5-8）。由图 5-8 可知，洱海流域土壤侵蚀热点分析的结果显示出绝大部分是无显著相关性的区域，其余的几乎全部以热点地区为主，而冷点地区几乎没有。20 年间热点地区的空间集聚面积先增加后减少，分布主要以洱海流域上游的南部和洱海流域中、下游的湖滨区为主。具有统计学意义的土壤侵蚀置信度为 99% 的热点地区占研究区全部热点区域最多。热点地区的分布与相对较高的侵蚀区重叠，包括强烈侵蚀和剧烈侵蚀的土壤侵蚀等级。

相较于土壤侵蚀的热点分析（图 5-9），洱海流域的 RSEI 热点分析出现了具有统计学意义的冷点区域。20 年间 RSEI 的热点地区的空间集聚面积表现出先减少后增加，而冷点地区的空间集聚面积在上游表现出先减少后增加，在中游和下游呈逐步增加趋势。热点地区主要分布在流域边界，同时上游、中游和下游均有所分布。其中，中游的苍山山脉分布最为集中，其次洱海流域下游的最南端也是热点最为集中的区域。这些区域多为山地，分布的主要是林地。而冷点地区在整个洱海流域均有分布，其中以洱海流域中游和下游的交界处最为集中，其次是洱海流域上游，冷点地区较为集中的区域多为草地和城镇用地。

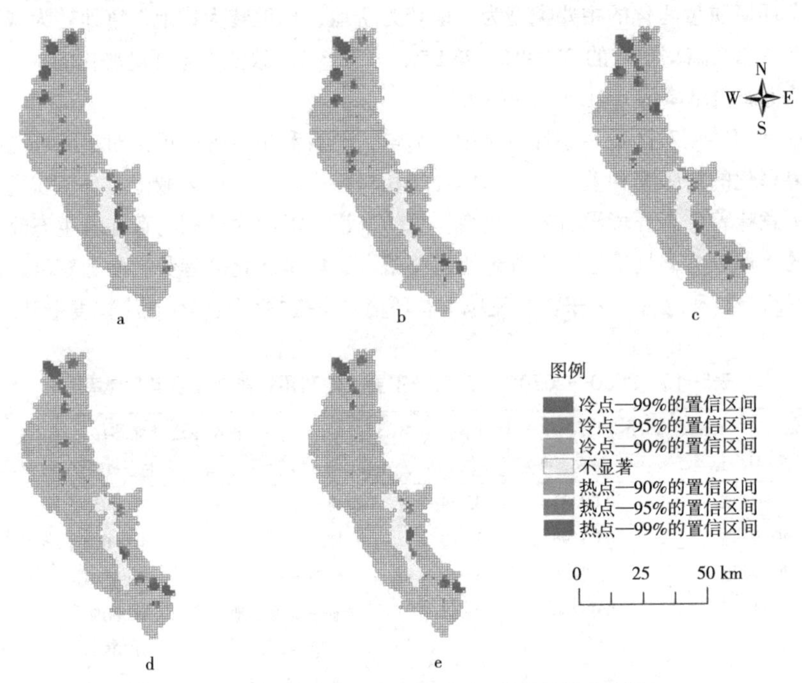

图 5-8　2000—2020 年洱海流域土壤侵蚀热点分析

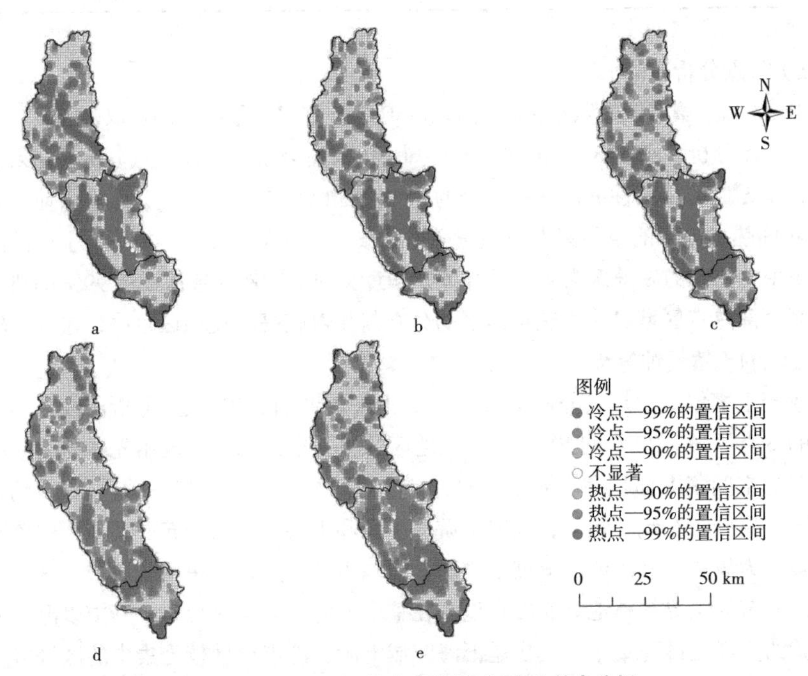

图 5-9　2000—2020 年洱海流域 RESI 热点分析

五、讨论与结论

（一）讨论

单一生态指标有时不足以全面反映研究区的生态环境状况，而多种生态指标相结合可有效弥补单一生态指标的不足，进而更加准确地表现研究区的生态环境状况。

土地利用与生态环境质量具有天然的耦合。EV、RSEI 和土壤侵蚀都是基于土地利用数据计算而来，三者结果也都表明洱海流域的生态环境在不断改善。但 EV 并非是生态环境质量优良的直接指示，不同的土地利用类型往往反映出较为明显的生态差异。同时，受到遥感解译精度及各土地利用类型生态质量指数值的影响较大。土壤侵蚀以土壤侵蚀量来直观反映研究区的生态质量状况，但存在误差。RSEI 是纯粹利用遥感影像的特性来计算研究区的生态环境质量，受人为影响较小，更能准确地反映研究区的环境状况。压力—状态—响应（PSR）框架下选取生态评价的多种指标、层次分析法（AHP）确定多种生态指标的权重、多生态指标体系的构建等均使用多种生态指标来评价生态环境质量，被用来评价城镇、湿地、高原、山地、湖泊流域的生态环境质量。结果均好于单一的评价方法，与本书研究结论相一致，说明多生态指标可以作为区域生态环境质量的有效补充。

土地利用转型贡献率中同时存在着致使生态环境改善和恶化的土地利用转移类型，二者有时相互抵消，有时也不能准确反映研究的生态状况。但研究区向好的土地利用类型转移面积远大于向坏的转移面积，主要原因是洱海的保护政策取得了良好的效果。利用 RSEI 指出洱海流域的生态环境在向好发展，与本书研究一致。在我国，土地利用的转型体现在湖泊河流的水质改善、森林覆盖度的提高、碳排放的大幅减少、荒漠变绿洲等一系列与生态有关的方方面面，而这都归功于积极推进的生态保护政策。

RSEI 和土壤侵蚀模数为栅格离散数据，而 EV 本身就具有集聚特征，因此不适用热点分析。洱海流域上游是洱海流域耕地的主要所在地，同时草地面积较多，并且植被稀疏，不易保持水土，是造成面源污染的主要原因。面源污染是洱海流域最为主要的生态环境问题，而生态修复、湿地建设等使湖泊水质条件有所改善，但水环境污染状况仍不容乐观。因此，如何进一步降低氮磷等污染物的排放，是治理洱海富营养化及洱海流域生态保护的关键所在。

目前，洱海流域已全域禁止施用化肥农药，众多耕地被退耕或者改种其他经济作物，同时生产生活废弃物也得到有效解决，从源头有效解决了氮磷等污染物流失较多的问题。从多个生态指标结果来看，洱海流域的草地覆盖度较低，是影响洱海流域生态环境质量的另一主要原因，而加大草地的植被恢复，逐步退出坡耕地，是降低水土流失、减少入湖污染物、改善洱海水质及洱海流域生态环境的重要举措。洱海中游虽生态环境不错，但要继续加大生态植被覆盖，严格控制耕地扩增，维护好环湖截污工程所取得的效果。下游要严格控制城镇范围，控制点源污染的排放。

评价土地利用转型对生态环境的影响更多的是关注单一生态因素的影响，但生态环境质量明显受到多个指标的影响，同时生态环境质量与区域生态环境的初始状态有关。而如何使生态环境质量指标更符合客观现实，不同研究区下如何选取评价指标，如何更好地评价不同尺度、不同精度的土地利用分类对评价结果的影响有待进一步研究。

（二）结论

本书为分析土地利用转型造成的生态环境变化，将 EV、RSEI、土壤侵蚀、生态贡献率等定量指标相结合，揭示土地利用 / 土地覆盖与流域生态环境质量的相关性，实现对洱海流域生态环境效应的定量评价。

（1）2000—2020 年，洱海流域主要土地利用类型变化为耕地、林地、水域、城镇用地和未利用地增加，而草地减少。林地、草地和耕地是影响研究区生态环境状况的主要土地利用类型，也是土地利用转型明显的地类，主要分布在洱海流域上游。

（2）20 年间 EV 值增加了 0.003，RSEI 均值增加了 0.14，土壤侵蚀模数均值减少了 15.48t/（km^2 · a），三者均表明洱海流域生态环境在不断改善。相比单一评价标准存在局限性，多种生态指标相结合可更加准确反映研究区生态环境状况。

（3）EV、RSEI 和土壤侵蚀均表明洱海流域生态环境在不断改善，但区域差异性明显。林地的生态环境质量最好，未利用地和城镇用地生态环境质量最差。同时，RSEI 计算简单方便，受人为因素影响小，区域适应性更强。

（4）洱海流域同时存在着生态改善和生态恶化的 2 种趋势，但生态环境改善的趋势略大于环境恶化的趋势。耕地的转型是洱海流域生态环境质量改善的主要原因。旅游业加速了土地利用转型，使得城镇用地快速扩张。同时，洱海流域上游对研究区的生态环境质量影响最大，是重点管控的区域。

第六章　生态风险识别

第一节　耕地氮磷排放强度空间分布

一、引言

水资源关系着人类的生存与发展，基于社会发展的需求，洱海流域的水资源污染亟须得到理想治理。洱海流域在点源污染得到有效遏制后，上游农业面源污染成为洱海水污染最大污染源。据测算，每年进入洱海的总氮约 9891t，总磷约 108.1t，其中面源污染分别约占 97.1%和 92.5%，点源污染分别约占 2.9%和 7.5%[①]。近年来，洱海生态保护形势严峻，1996 年、2003 年和 2013 年，由于水体富营养化，洱海曾大面积暴发蓝藻，2003 年全年有 3 个月水质下降为Ⅳ类标准，面对洱海生态保护的严峻形势，大理白族自治州政府为了保护洱海的水质做了大量的工作，投入巨额资金用于洱海流域水资源污染治理，如投入巨额资金用于生态修复、湿地建设、环湖管道截污等；以补贴农户的方式铲除长势良好的大蒜，由于大蒜属高水肥类作物，大理白族自治州政府甚至发出“全面禁止种植大蒜”的倡议等。目前，由于农业面源污染的不确定性，洱海治理虽然取得一些成绩，但水质保护面临的局面仍然不容乐观。

耕地氮磷排放是造成农业面源污染的主要途径之一，具有高度非线性以及复杂性等特征。准确估算耕地氮磷排放量，科学分析耕地氮磷排放强度是耕地污染防控的重要基础。目前，常用的氮磷排放量估算方法有实测法、污染负荷估算法、源强估算法、排污系数法[②]等，其中源强估算法参数要求低，计算方法简单，可实用性强，适合在大量监测数据缺乏的情况下对氮磷排放进行估算。

本研究通过对洱海流域上游 6 个乡镇的耕地面源污染现状进行调查，在充分收集资料的基础上，利用 GIS 空间分析技术，运用源强估算法对洱海流域上游北部洱源县 6 个乡镇种植业进行 TN、TP 排放量、排放强度估算及空间分布特征分析，以期为洱海流域水资源保护、实现区域可持续发展、科学调整流域土地利用规划、合理制定土地利用管理措施，从而有效防控流域面源污染提供参考借鉴。

---

① 董利民，李璇．洱海水污染动态模型的构建及分析研究［J］．生态经济，2011,（2）：384-388.

② 崔超，刘申，翟丽梅，等．兴山县香溪河流域农业源氮磷排放估算及时空特征分析［J］．农业环境科学学报，2015，34（5）：937-946.

二、数据来源与处理

（一）数据来源

本研究以洱海流域上游洱源县6个乡镇为研究对象，水质数据以2014年为时间基准年，选取总氮（TN）、总磷（TP）2个代表性水质指标。通过文献查阅、现场调查及相关部门获取并收集洱海流域上游洱源县6个乡镇2014年农业相关原始资料。数据来源及具体情况见表6-1、表6-2。

表6-1 数据资料

	数据类型	数据来源	备注
属性数据	6个乡镇作物种植面积	《洱源县统计年鉴2014》	6个乡镇主要作物种植面积
	洱海流域水质指标统计数据	现场监测和大理白族自治州环境监测站	2014年TN、TP排放量
空间数据	遥感影像图	Landsat8 OLI遥感影像	—

表6-2 6个乡镇主要作物种植面积（单位：hm^2）

乡镇	作物								
	水稻	小麦	玉米	大麦	豆类	薯类	油菜	烤烟	蔬菜
茈碧湖镇	28005	675	9240	5385	23970	2190	855	2235	7920
邓川镇	9165	0	1995	0	4695	195	0	195	5205
右所镇	25545	435	12690	2070	14550	9900	0	2175	22043
三营镇	25470	555	8280	23655	30390	2550	990	24690	10110
凤羽镇	24805	0	10132	7950	5629	1635	13950	3630	1200
牛街乡	15765	120	6525	2055	15870	1515	1395	2910	1575

（二）数据处理

数据处理选用ArcGIS10.2软件作图，采用Office2007软件进行数据分析及图表制作。

三、研究方法

（一）空间分析

洱源县6个乡镇农田氮磷污染空间分析在ArcGIS10.2数据分析与管理平台基础上进行[①]，主要包括流域边界确定、遥感影像裁剪、行政区划矢量化，以及对影像数据进行监督分类、色彩分级处理和野外核查，实现洱源县6个乡镇TN、TP不同排放强度空间格

① 汤国安，杨昕. Arc GIS地理信息系统空间分析实验教程（第二版）[M]. 北京：科学出版社，2012.

局可视化表达。同时，根据 2017 年国家标准《土地利用现状分类》（GB/T 21010—2017）以洱海流域影像数据为基准，进行影像校正、定义、流域边界裁剪等，提取洱海流域洱源县 6 个乡镇耕地、林地、园地、林地、草地等用地，获取流域水系分布图。

（二）源强估算

本研究采用源强估算法，以乡镇为分区单位，核算洱海流域上游洱源县 6 个乡镇的耕地 TN、TP 污染负荷排放强度。

洱海流域上游 6 个乡镇排放强度是指流域各分区单位土地面积产生的耕地氮磷污染排放量，计算公式如下。

$$P=Q/S \tag{6-1}$$

式（6–1）中：P 为各区耕地污染源排放强度，单位为 t/（km^2·a）；Q 为各区耕地污染排放量，单位为 t/a；S 为以乡镇为单位的耕地面积，单位为 km^2。

利用 Excel 软件对洱源县 6 个乡镇主要作物种植面积进行统计制图，以统计并综合对比分析洱源县 6 个乡镇的主要作物种植面积，掌握各乡镇种植面积最大和最小的主要作物。

四、结果与分析

（一）研究区 6 个乡镇主要作物种植面积统计分析

根据《洱源县统计年鉴 2014》对洱源县牛街乡、三营镇、茈碧湖镇、右所镇、邓川镇和凤羽镇 6 个乡镇农作物种植种类及面积统计。

（1）6 个乡镇 9 种主要作物种植面积大小如图 6–1 所示。

2014 年洱海流域上游牛街乡、三营镇、茈碧湖镇、右所镇、邓川镇和凤羽镇耕地作物种植以水稻、小麦、玉米、大麦、豆类、薯类、油菜、烤烟、蔬菜为主要农作物。6 个乡镇水稻种植总量共达 128755hm^2，而小麦种植总量仅达 1785hm^2。在洱海流域上游的牛街乡、三营镇、茈碧湖镇、右所镇、邓川镇和凤羽镇 6 个乡镇中，各个乡镇种植面积最大均以粮食作物水稻为主，辅以玉米、豆类、蔬菜，小麦最少甚至不种，烤烟、薯类、油菜、小麦少有种植。其次，可以直观得出水稻大量种植于茈碧湖镇、右所镇，种植面积分别为 28005hm^2、25545hm^2；豆类、大麦、蔬菜集中于三营镇；薯类、玉米主要种植于右所镇；油菜和烤烟集中于凤羽镇；而小麦种植面积很少，多种植分布于茈碧湖镇，种植面积为 675hm^2。研究区 6 个乡镇中，邓川镇种植面积偏少，牛街乡种植面积居中。

（2）6 个乡镇主要作物种植面积的分布状况如下。

通过 ArcGIS10.2 分别对 6 个乡镇的耕地种植面积概况进行色彩分级处理，可直观看出，2014 年洱海流域上游牛街乡、三营镇、茈碧湖镇、右所镇、邓川镇和凤羽镇种植面积分别为 47730hm^2、126690hm^2、80475hm^2、89408hm^2、21450hm^2、68931hm^2。整体上，9 种主要农作物中邓川镇种植面积偏少，仅约占 6 个乡镇总种植面积的 4.93%，位于正北方向；茈碧湖镇、右所镇种植面积居中，分别约占 6 个乡镇总种植面积的 18.51%、

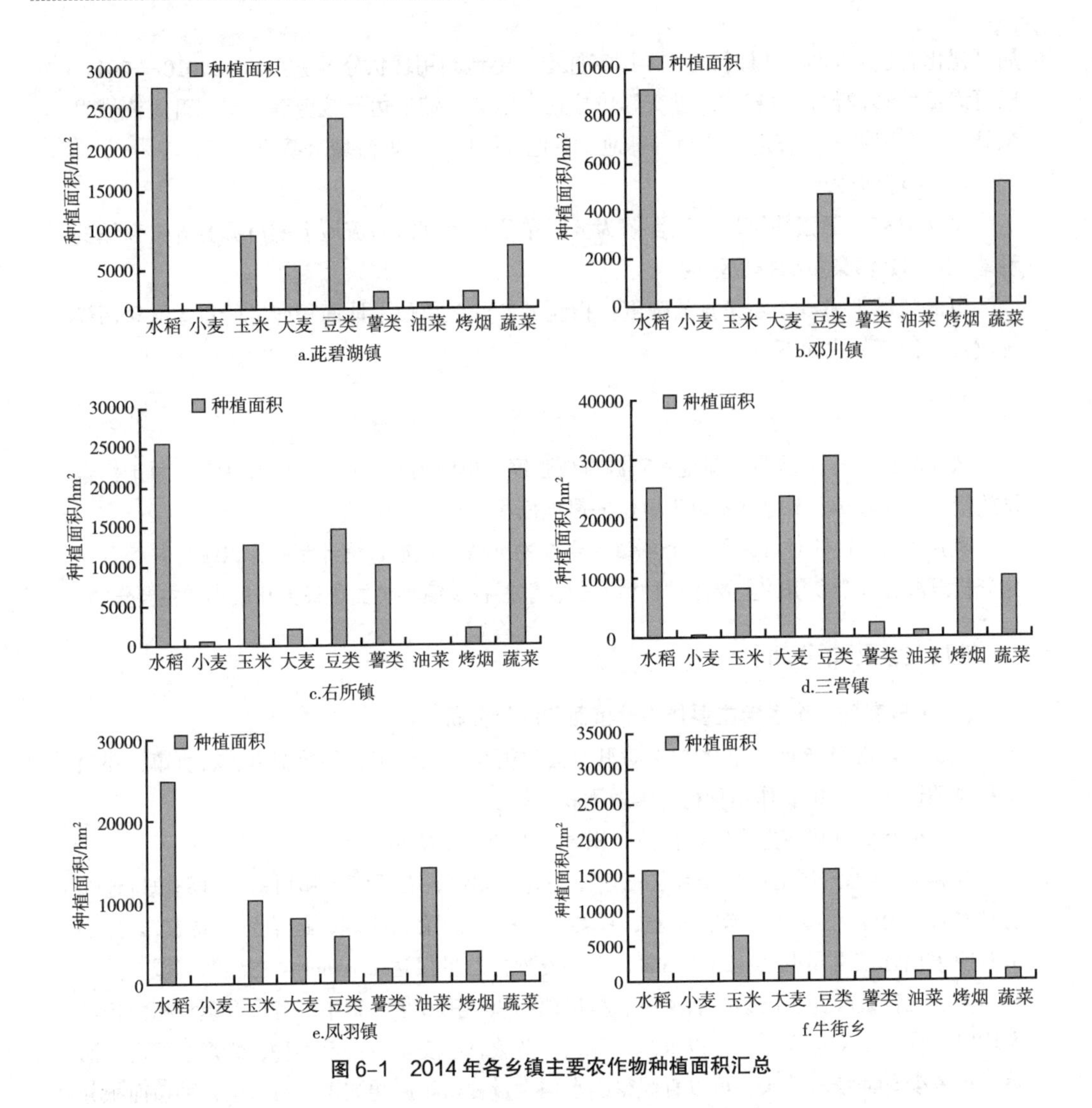

图 6-1　2014 年各乡镇主要农作物种植面积汇总

20.57%，三营镇种植面积偏大，约占 6 个乡镇总种植面积的 29.15%；由此，研究区种植面积以形似字母“G”分布，符合洱源县 6 个乡镇土地利用现状图土地利用类型分布趋势。

（二）研究区农田 TN、TP 产排强度分析

在实地考察过程中，采取多种方法，包括发放调查问卷、翻阅大量数据及文献资料和定期定点抽样检测，对洱海流域上游 6 个乡镇耕地产业的排污情况有了一定了解。

以研究区 9 种主要种植作物为统计对象，结合文献查阅及调查资料分别对研究区主要作物的 TN、TP 排放量进行统计，结果如图 6-2 所示。由图 6-2 可知，洱源县 9 种种植作物中，TN 排放量：小麦 > 玉米 > 蔬菜 > 大麦 > 薯类 > 油料 > 烤烟。TP 排放量：豆类 > 蔬菜 > 玉米 > 大麦 > 薯类 > 油料 > 烤烟 > 水稻 > 小麦。

根据大理白族自治州行政区划图，洱海流经洱源县6个乡镇，结合上文所统计的各乡镇分区的主要作物耕地种植面积，以及对洱源县6个乡镇TN、TP排放量数据进行处理，分别计算洱海流域上游洱源县6个乡镇TN、TP排放强度。由此，对洱源县6个乡镇TN、TP排放量及排放强度情况分析如下。

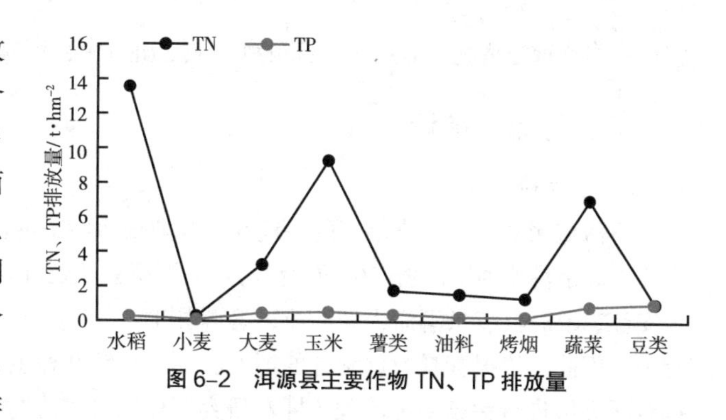

图6-2 洱源县主要作物TN、TP排放量

洱海流域上游洱源县6个乡镇中，TN排放量由大到小依次为：三营镇 > 茈碧湖镇 > 右所镇 > 邓川镇 > 凤羽镇 > 牛街乡。最大和最小TN排放量的乡镇分别为三营镇（73.2t/a）、牛街乡（35.45t/a）。TP排放量由大到小依次为：右所镇 > 三营镇 > 茈碧湖镇 > 凤羽镇 > 邓川镇 > 牛街乡。最大和最小TP排放量的乡镇分别为右所镇（8.32t/a）、牛街乡（5.86832t/a）。

结合研究区2014年各乡镇的种植面积和氮磷排放量，计算得出洱海流域上游洱源县6个乡镇TN、TP排放强度空间分布。邓川镇TN和TP排放强度分别为0.2181t/（km^2·a）、0.029t/（km^2·a）；三营镇TN和TP排放强度分别为0.0577t/（km^2·a）、0.0065t/（km^2·a）。6个乡镇TN排放强度由大到小依次为：邓川镇 > 茈碧湖镇 > 牛街乡 > 右所镇 > 凤羽镇 > 三营镇。6个乡镇TP排放强度由大到小依次为：邓川镇 > 牛街乡 > 凤羽镇 > 茈碧湖镇 > 右所镇 > 三营镇。

（三）作物种植面积大小与农田氮磷污染排放的关系

（1）2014年洱海流域上游洱源县6个乡镇农业面源污染TN平均排放强度为0.0947t/（km^2·a）；TP平均排放强度为0.0117 t/（km^2·a）。

（2）研究区6个乡镇中，三营镇种植面积最大，排放量最大。

（3）当三营镇和右所镇TP排放量相似时，由于右所镇的种植面积相对少，所以右所镇的排放强度大。

（4）邓川镇主要作物分布面积最少。

总结，当排放量和面积2个变量中有1个相似时，如排放量接近，面积越小排放强度越大，反之，同理。

（四）经济结构变化对洱海流域上游6个乡镇氮磷产排强度的影响

耕地氮磷污染是研究区农业面源污染的重要因素之一。研究区6个乡镇的氮磷污染排放强度受制于氮磷污染排放量与农作物种植面积2个因素，基于当地的地理位置、气候等因素以及氮磷排放量与主要作物种植面积的关系，综合研究区6个乡镇主要作物种植概况，按3种控制模式及每个乡镇主要作物所产生的氮磷污染量大小，合理规划并调整经济作物种植概况，有益于改善洱海流域上游6个乡镇氮磷产排强度。

五、讨论与结论

（一）讨论

洱海流域的面源污染治理的关键在于农业面源污染的治理，农业面源污染治理的最主要来源是耕地种植作物产生的面源污染。洱源县地处洱海流域上游北部，包括弥苴河、永安江、罗时江三条洱海入湖河流，洱源县TN、TP空间分布特征与各乡镇的经济结构有关。因此，依据资料数据统计的洱源县6个乡镇9种主要种植作物及其TN、TP排放量对研究区进行污染防控治理（即对研究区作物种植进行合理化调整）。结合降低污染源排放量及排放强度原则对研究区面源TN、TP污染采用3种控制模式（重度排污、中度排污、轻度排污）：① TN治理，重度排污（邓川镇、茈碧湖镇）> 中度排污（牛街乡、右所镇）> 轻度排污（凤羽镇、三营镇）；② TP治理，重度排污（邓川镇、牛街乡）> 中度排污（凤羽镇、茈碧湖镇）> 轻度排污（右所镇、三营镇）。综合研究区6个乡镇主要作物种植概况，按3种控制模式及每个乡镇主要作物所产生的氮磷污染量合理规划调整经济作物种植概况。

其次，农业面源污染治理复杂且受多方限制因素影响，而洱源县种植作物关系广大农村居民的经济收益。因此，依据研究情况对研究区种植业进行规划调整需要进行综合考虑，多方协调，推动公众共同参与，以保证研究区污染治理措施的有效实验及推行，为后续治理提供参考。

（二）结论

（1）从粮食作物上看，由于水稻的种植面积最多，其TN、TP排放总量也最大，其余依次为玉米、大麦、薯类等；从经济作物上看，豆类和蔬菜的TN、TP排放量最多，油料和烤烟相对较少。

（2）洱海流域上游6个乡镇中，邓川镇成为TN、TP污染最重区域，三营镇为污染最轻区域。

（3）以研究区6个乡镇的主要分布位置为依据，TN、TP排放强度空间分布主要呈现出洱海流域上游6个乡镇“南北高而中间低”的趋势。邓川镇、茈碧湖镇、牛街乡相对其他3个乡镇更需要对其进行TN治理，而邓川镇、牛街乡、凤羽镇TP排放强度高，因此邓川镇TN、TP治理需求最大。

（4）综合研究结果，建议综合研究区各乡镇主要经济作物种植结构，采用减施化肥、调整主要作物种植结构、控制水域与污染源距离等治理模式分别对洱海流域上游洱源县6个乡镇进行分区污染治理。

本研究通过对洱海流域上游6个乡镇的耕地氮磷排放量及排放强度估算，识别出了TN、TP污染重区域，并提出了依据各乡镇种植面积和产生氮磷污染量的主要作物结合当地实际情况进行合理规划的建议，有利于为后期洱海区域面源污染的规划和治理。

第二节 “源—汇”风险时空格局

一、引言

作为社会经济发展的产物，面源污染具有分布广、污染源多、治理难、成本高等特点，成为全球生态及环境污染的主要贡献者①。洱海是我国九大高原湖泊之一，其流域上游为高原山间盆地，使该地区集中了整个流域约57%的耕地，也是洱海最为主要的水源补给区。洱海流域在点源污染得到有效遏制后，上游种植业面源污染成为最大污染源，而控制面源污染是改善洱海水质的决定因素。

国内外众多学者从传统的面源污染到气体污染、塑料、重金属等新的面源污染来源②；从面源污染的模拟、评估、评价到面源污染的监测、控制等方面进行了相关研究，并提出了未来与面源污染相关的研究方向。我国是个农业大国，受到面源污染的影响更为严重。通过监测湖泊河流的水质，分析其理化性质研究面源污染、使用经验模型分析面源污染负荷、借助SWAT、AnnAGNPS等机理模型模拟分析面源污染③。

尽管研究面源污染的方法很多，但有的对研究区域的基础资料要求高，需要长期的历史水质数据；有的缺乏预测的精确性或适用性不强。同时水文水质气象等数据具有较高的保密性，对于非相关研究领域人员获取较难。近年来利用“源—汇”景观理论，基于最小累积阻力模型（MCRM）构建阻力面来识别和防控面源污染成为热点方向。分别采用景观空间负荷比指数、网格景观空间负荷比指数等指数法划分面源风险等级，而进一步借助MCRM以构建阻力面方式分别划分了三峡库区、王家沟的面源污染“源—汇”风险等级。“源—汇”格局是“源—汇”景观理论的借用，最初是用来研究大气污染中CO_2的来源与吸收，后来被引入到景观生态学中，发展为“源—汇”景观理论。

面源污染的识别和防控远比水质受到污染后再治理更加省时省力，而面源污染的源头治理可有效控制污染物。当无法获取相关的水质气象等数据时，借助遥感技术具有全天时、全天候、易获取等特点，结合源汇理论，通过构建影响氮磷等污染物的阻力评价体系，以阻力成本的方式来识别面源污染的“源—汇”风险，是研究洱海流域上游面源污染的有益尝试。本书旨在探讨的问题：①借助遥感、GIS和景观学、生态学的多交叉学科应用，快速识别并划分出面源污染的风险等级，以降低评估所需的时间和成本；②本书选择4期数

---

① Abdulkareem J H，Sulaiman W N A，Pradhan B，et al. Long-Term Hydrologic Impact Assessment of Non-point Source Pollution Measured Through Land Use/Land Cover（LULC）Changes in a Tropical Complex Catchment［J］. Earth Systems and Environment，2018，2（1）：67-84.

② Okada E，Perez D，Geronimo E D，et al. Agricultural non-point source pollution of glyphosate and AMPA at a catchment scale［C］// Egu General Assembly Conference，2017.

③ Zhang B L，Cui B H，Zhang S M，et al. Source apportionment of nitrogen and phosphorus from non-point source pollution in Nansi Lake Basin，China［J］. Environmental Science and Pollution Research，2018，25（19）：19101-19113.

据（2005 年、2010 年、2015 年、2020 年），通过风险格局的划分和风险转移矩阵，对比分析长时间下的风险格局变化的可行性。此外，本书使用皮尔森（Pearson）相关性分析来探究风险等级与土地利用、土壤侵蚀性之间的关系。我们希望通过“源—汇”风险格局的划分，快速识别面源污染发生的高风险区域并重点治理，为保护洱海流域生态环境提供理论与决策支持。

二、数据来源与处理

（一）数据来源

本书基础数据包括 2005 年、2010 年、2015 年和 2020 年的土地利用数据、NDVI、人口密度和土壤侵蚀数据，以及 DEM、土壤数据、地形湿润指数。其中，NDVI 和 4 期土地利用数据来自中国科学院资源环境科学数据中心，分辨率均为 30m；土壤侵蚀数据来自中国科学院成都山地灾害与环境研究所，分辨率为 30m；DEM 数据来自地理空间数据云，分辨率为 30m；土壤数据来自中国科学院南京土壤研究所，分辨率为 30m；人口密度来自 WorldPop，分辨率为 1km。

（二）数据处理

以上数据经处理全部采用 CGCS2000 坐标系，分辨率统一为 30m 的栅格数据，数据处理以及后续的空间分析使用 ArcGIS10.5 软件，技术路线见图 6-3。

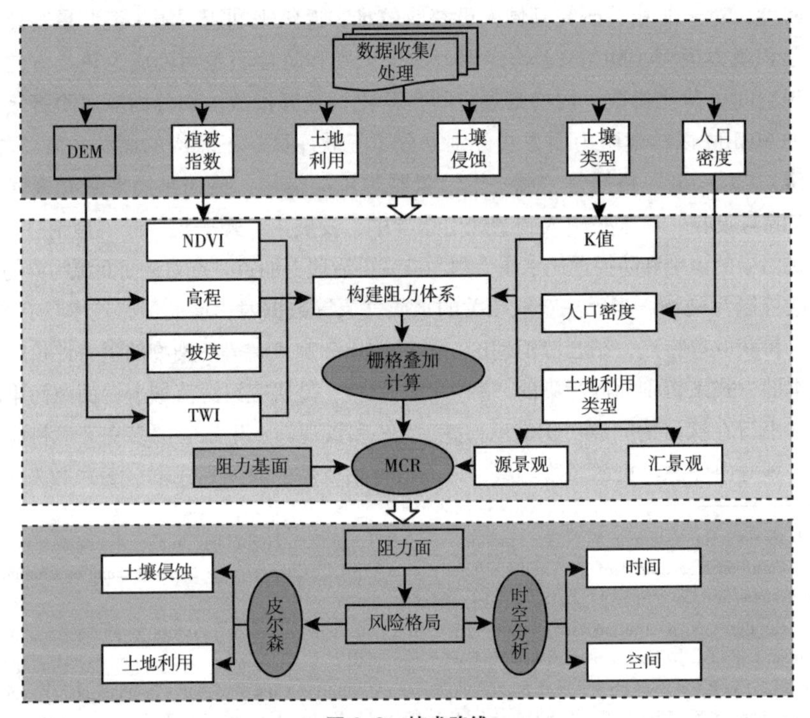

图 6-3 技术路线

三、研究方法

（一）最小累积阻力模型

最小累积阻力模型（MCRM）是耗费距离模型的衍生应用，是把不同景观类型相互转化和景观格局的改变看作景观要素通过克服阻力来实现。最初用来反映物种从“源”到目的地运动过程中所需耗费的最小代价，后被广泛应用于生态安全、适宜性评价等。该模型考虑源、空间距离和阻力基面3个方面因素，公式如下。

$$\mathrm{MCR} = f_{\mathrm{Min}} \sum_{j=n}^{i=m} D_{ij} \times R_i \tag{6-2}$$

式（6–2）中：MCR为最小累积阻力值；D_{ij}为某物种从源斑块j至空间中某一点所穿越的景观基面i的空间距离；R_i为修正后的阻力系数；f为正相关关系函数，表征“源”景观至空间中某一点路径的相对易达性。

最小累积阻力模型（MCRM）的基本原理是表示污染物从源头克服阻力到达河流湖泊所做的功，通过将流域景观赋予“源”“汇”属性，并依据阻力值的高低评价流域内景观对面源污染贡献的影响，以此识别流域内面源污染的风险强弱。

（二）“源”地识别

面源污染中的“源”景观是指能够促进面源污染发生、发展的景观类型，污染风险高，而“汇”景观则与之相反。产生面源污染物的土地类型促进面源污染的发展，被认为是“源”景观。由于采用30m分辨率遥感影像，不足以精准划分水田和旱地，同时研究区多以水田为主，故不在细分水田和旱地，只按耕地地类划分。依据中国土地分类体系将洱海流域上游的土地划分为耕地、林地、草地、水域、建设用地和其他用地。耕地则是以农药化肥等施用造成氮磷等面源污染物的排放为主，为“源”景观（图6–4）。

（三）阻力基面评价指标体系构建

影响面源污染的因子涉及地形地貌、人口、植被覆盖、土壤等，本书参考相关文献并依据研究区的实际情况选取土地利用类型、相对高程、坡度、地形湿润指数、人口密度、土壤可蚀性和植被指数7个因子，构建阻力基面评价指标体系（表6–3）。不同因子在面源污染的转移过程中所起的阻力作用不同，权重也不同，参考相关文献和Delphi法为各因子权重赋值。而同一因子的不同等级也有不同的阻碍作用，依据文献或自然断点法利用重分类工具划分5个等级，分别赋予对应因子阻力系数值为1、3、5、7、9），值越大表示阻力越大（图6–5）。

相对高程越高受到人类活动影响越小，面源污染发生的风险越小；坡度越高污染物转移越快，风险等级越高；NDVI表示面源污染的下垫面情况，植被指数越高，阻碍能力越高，风险等级越高，公式如下。

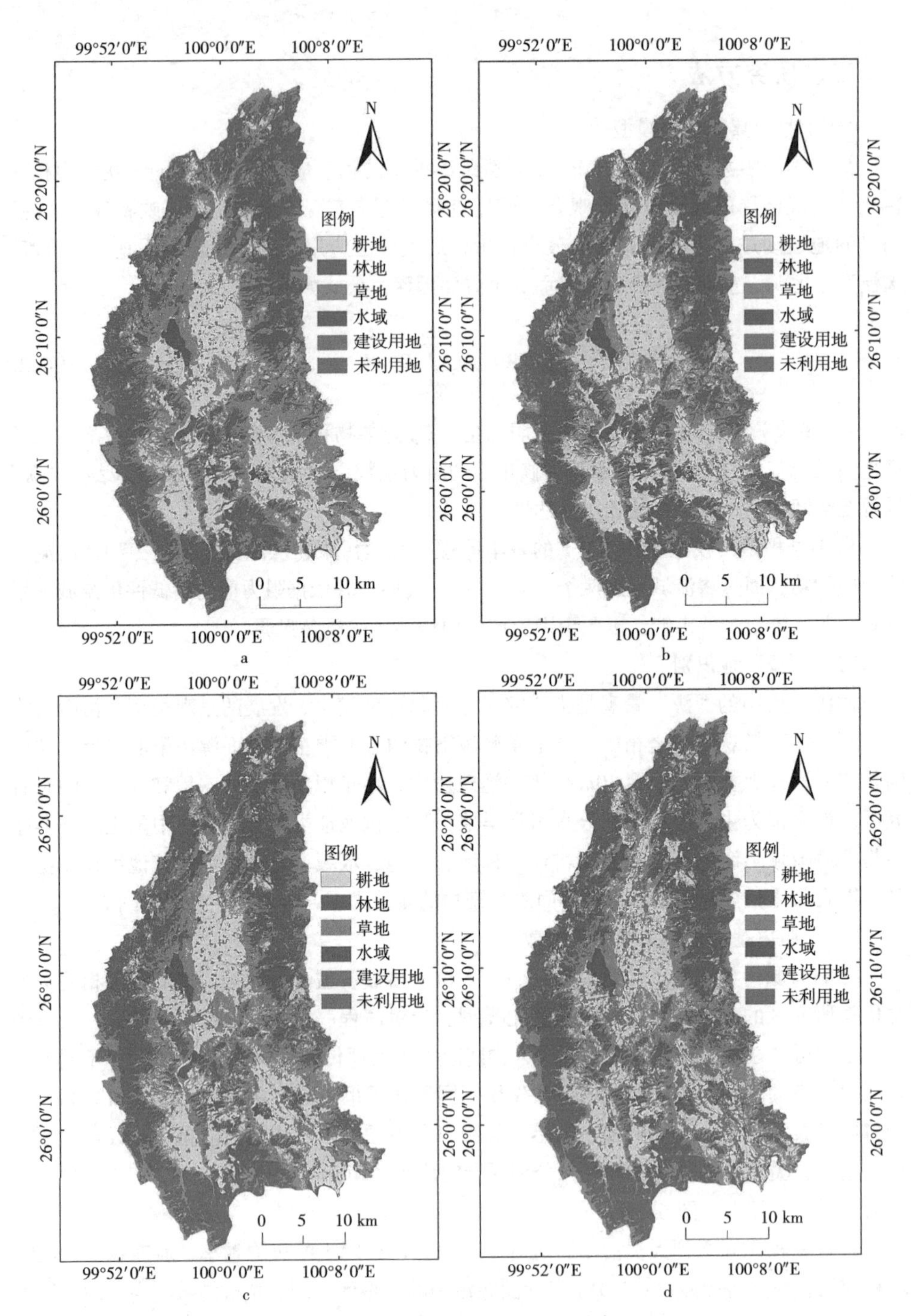

图 6–4　洱海流域上游土地利用分布

注：a 为 2005 年土地利用分布；b 为 2010 年土地利用分布；c 为 2015 年土地利用分布；d 为 2020 年土地利用分布。

表6-3　面源污染阻力基面评价指标体系

阻力系数	影响因子						
	土地利用（以2020年为例）	相对高程/m	坡度/（°）	土壤可蚀性/[t·hm^2·h/（hm^2·MJ·mm）]	TWI	NDVI（以2020年为例）	人口密度（以2020年为例）/（人/km^2）
1	城镇用地和水域	0~390	>25	>0.0076	>13.14	<0.15	>1324.15
3	耕地	390~706	15~25	0.0069~0.0076	9.68~13.14	0.15~0.46	838.29~1324.15
5	其他用地	706~1033	6~15	0.0056~0.0069	7.17~9.68	0.46~0.66	441.67~838.29
7	草地	1033~1383	3~6	0.0049~0.0056	5.38~7.17	0.66~0.79	154.12~441.67
9	林地	>1383	<3	<0.0049	<5.38	>0.79	5.39~154.12
分类方法	文献和地类属性（Arabameri et al.，2019）	自然断点法	自然断点法	自然断点法（Liu et al.，2019）	自然断点法（Wang et al.，2019b））	自然断点法（Wang et al.，2018）	自然断点法（Wang et al.，2018）
权重	0.21	0.12	0.16	0.06	0.15	0.20	0.10

注：RE——相对高程；SE——土壤可蚀性；PD——人口密度；TWI——地形湿润指数；NDVI——归一化植被指数。

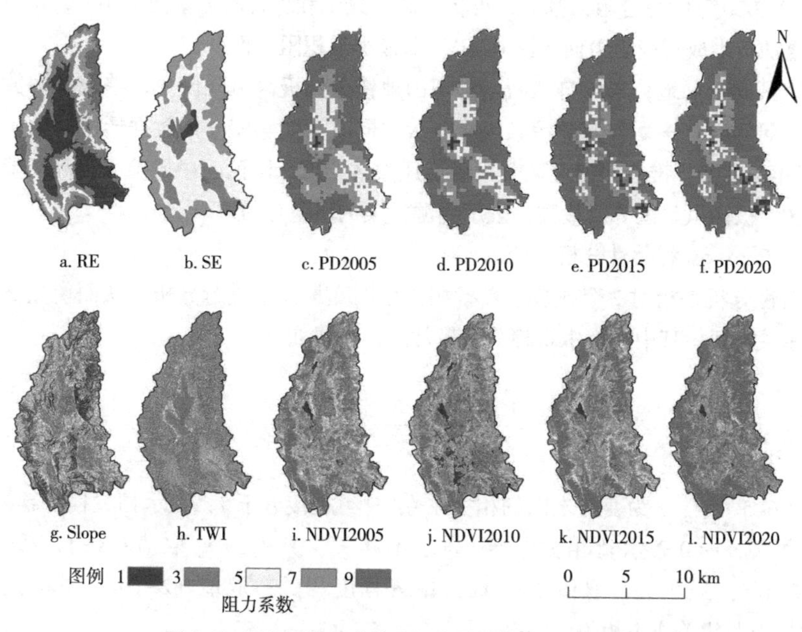

图 6-5　面源污染阻力基面评价指标的等级空间分布

$$\text{NDVI}=(\text{NIR}-\text{Red})/(\text{NIR}+\text{Red}) \tag{6-3}$$

式（6-3）中：NIR 表示近红外波段；Red 表示红外波段。

地形湿润指数（TWI）：表示土壤的饱和能力，值越大土壤越容易达到饱和而产生径流，说明土壤越容易受到侵蚀，公式如下。

$$\text{TWI}=\ln\left(\frac{A_s}{\tan\beta}\right) \tag{6-4}$$

式（6-4）中：A_s 为单位等高线长的汇水面积；β 为局部坡度角。（在 ArcGIS 中利用 DEM 数据计算得出）

土壤可蚀性（K 值）反映不同土壤受到侵蚀的速度，值越大，侵蚀能力越强。人口密度反映人类聚集程度，值越高面源污染物产出越高，风险越高。

土地利用反映地表景观变化的快慢和人类改造地表的能力，耕地和建设用地越多，风险等级越高。

（四）阻力面构建和风险等级划分

阻力面反映了各种“流”（物质和能量等）从“源”克服各种阻力到达目的地的难易程度，也客观表现了事物空间运动的趋势和潜在可能性。基于阻力基面评价体系，将各阻力因子按照权重在 ArcGIS10.5 中的栅格计算器进行叠加计算，形成 2005 年、2010 年、2015 年和 2020 年的综合阻力基面，再将“源”景观和综合阻力基面运用 cost-distance 工具进行叠加，生成对应阻力面（图 6-6），即最小累积阻力面。

研究区属于盆地，采用自然断点法把山地错分到极高风险区中，综合各种数据分析后采用几何间断方法划分面源污染风险等级，同时为能够将 4 期数据形成对比，统一采用 2005 年的划分标准，将研究区分为极低风险区、低风险区、中风险区、高风险区和极高风险区。极高风险区等级最高，表示面源污染的风险也最高。

（五）Pearson 相关性分析

相关性分析是指对 2 个或多个具备相关性的变量元素进行分析，从而衡量 2 个变量因素的相关密切。其中，皮尔森相关性最常用，公式如下。

$$r=\frac{\sum(X-\bar{X})(Y-\bar{Y})}{\sqrt{\sum(X-\bar{X})^2\sum(Y-\bar{Y})^2}} \tag{6-5}$$

式（6-5）中：r 为变量之间的相关系数，$|r|$ 越接近于 1，表示相关程度越高；$r>0$ 表示正相关；$r<0$ 表示负相关；$r=0$ 表示不相关。其中，$|r|$ 取值 0.8~1，极强相关；取值 0.6~0.8，强相关；取值 0.4~0.6，中等程度相关；取值 0.2~0.4，弱相关；取值 0.0~0.2，极弱相关或不相关。

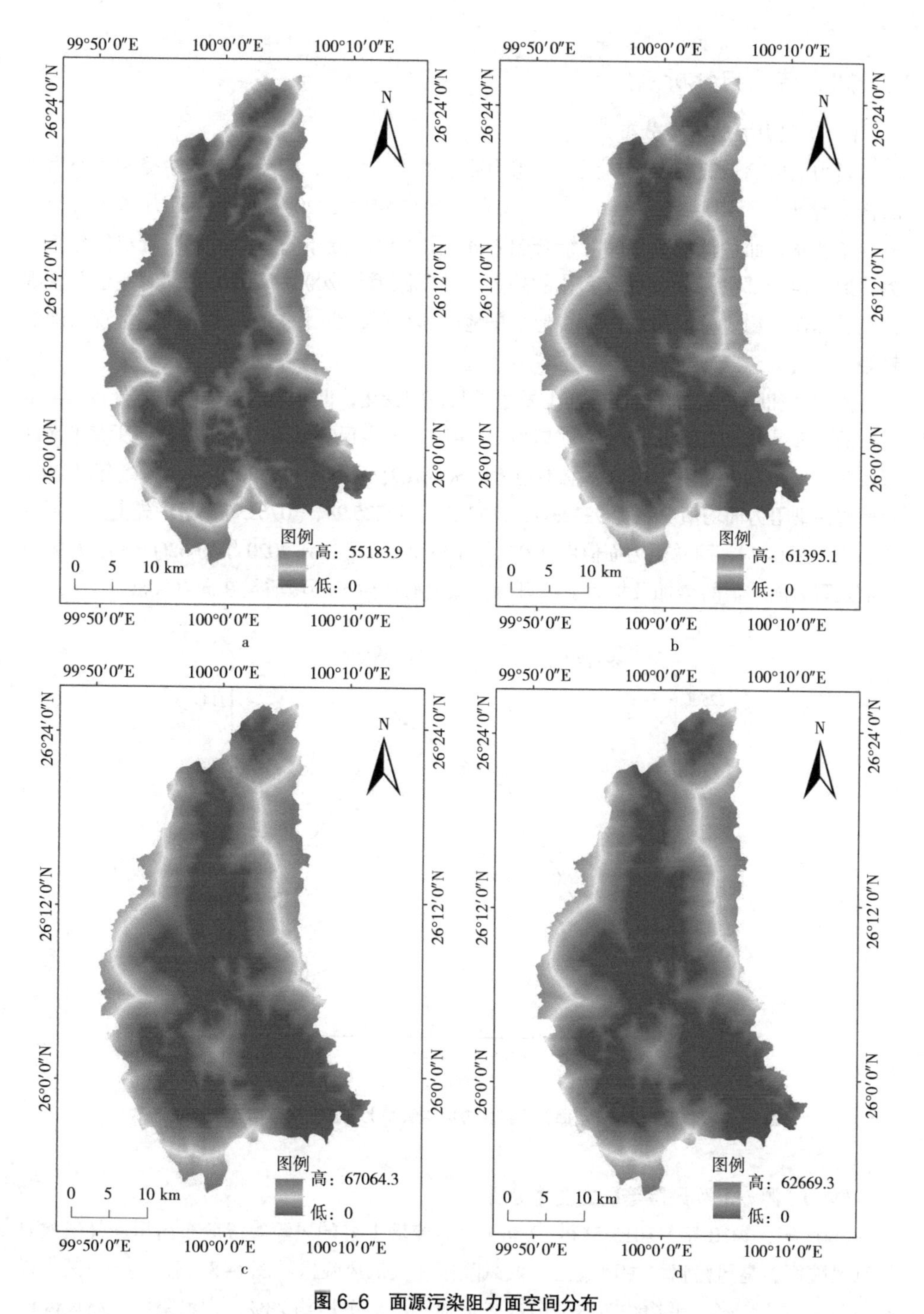

图 6-6　面源污染阻力面空间分布

注：a 为 2005 年阻力面空间分布；b 为 2010 年阻力面空间分布；c 为 2015 年阻力面空间分布；d 为 2020 年阻力面空间分布。

四、结果与分析

（一）阻力面的时空分布

阻力值的高低表明景观单元受到阻力因子的影响程度，阻力值越大，受到面源污染的概率越小，否则反之。2005 年、2010 年、2015 年和 2020 年的综合阻力基面的最高值均是 8.48，而最低值为 1.60。结合图 6-4，阻力值的分布和“源—汇”景观的分布较为一致，但局部空间分布也有变化的趋势。主要原因是 2005—2020 年，“源—汇”景观分布总体保持稳定，但景观内部耕地、草地面积呈现减少，林地、水域面积呈现增加的趋势。

阻力面和阻力基面在空间分布上发生了明显的变化，但 4 期的阻力面整体分布是基本一致的，都是低阻力值占据绝对主体地位。空间特征表现为低阻力值占据盆地所有平地区域及其缓冲范围，高阻力值分布盆地边缘的极高山地。2005 年、2010 年、2015 年和 2020 年面源污染阻力面均值分别为 9932.03、11670.72、12325.98、10765.97，呈现先上升后下降的趋势（图 6-7），而总阻力面值由 2005 年的 55183.90 增加到 2020 年的 62669.30，总阻力面值及阻力面均值的增加及扩大表明洱海流域上游的生态环境质量在向好发展。

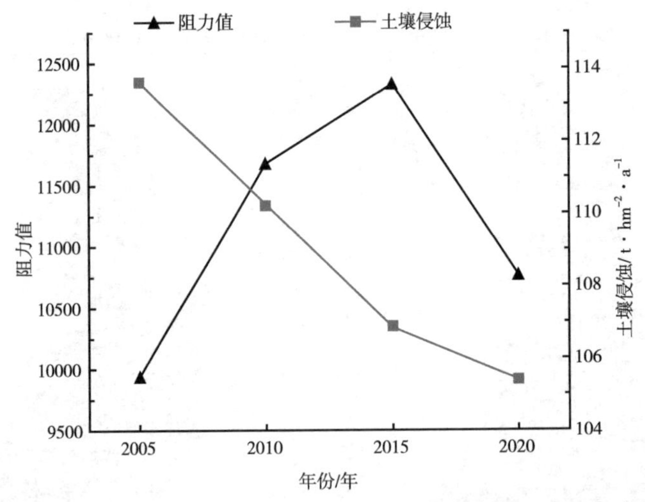

图 6-7　2005—2020 年面源污染阻力面均值和土壤侵蚀模数均值趋势变化图

（二）“源—汇”风险等级的变化分析

2005 年、2010 年、2015 年和 2020 年洱海流域上游的风险等级分布由里向外依次是极高风险区、高风险区、中风险区、低风险区和极低风险区（图 6-8、表 6-4）。其中极高风险区占比最多，平均约 30%，其次是低风险区，平均约 23%。中风险区、高风险区和极高风险区占总面积的 55% 以上，洱海流域上游整体风险等级较高。同时受地形影响，

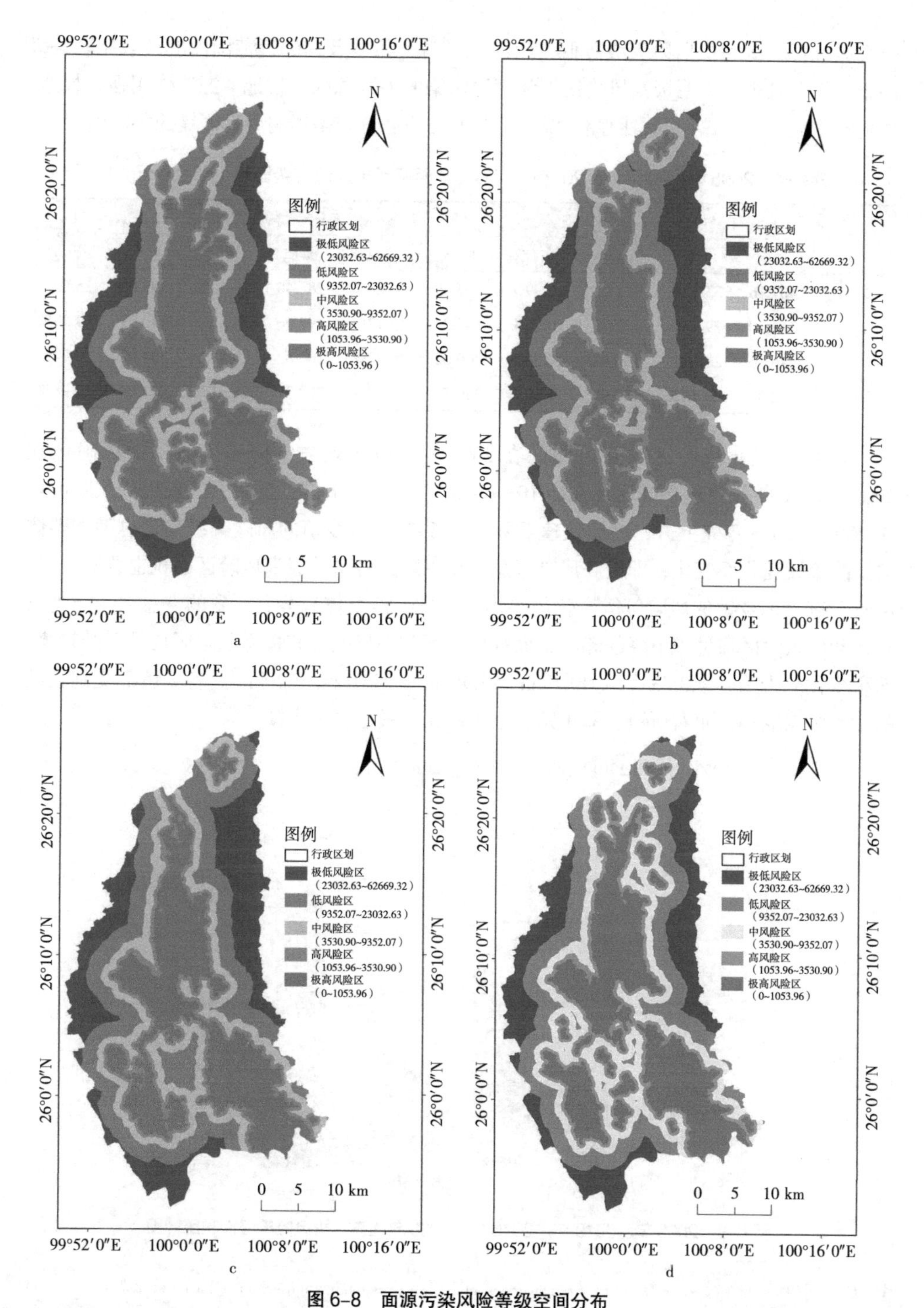

图 6-8　面源污染风险等级空间分布

注：a 为 2005 年风险等级空间分布；b 为 2010 年风险等级空间分布；c 为 2015 年风险等级空间分布；d 为 2020 年风险等级空间分布。

研究区北部面源污染风险等级要低于南部[1]，“源”景观及其邻近范围内的区域风险等级高于“汇”景观，表明极高风险区即为面源污染的关键源区。耕地“源”作用强，林地、草地和水域“汇”作用弱，因此“源”景观的面积和分布是影响风险等级的关键因素。

表6-4　2005年、2010年、2015年、2020年面源污染风险等级面积（单位：km^2）

年份 / 年	极高风险区		高风险区		中风险区		低风险区		极低风险区	
	面积	占比	面积	占比	面积	占比	面积	占比	面积	占比
2005	407.16	33.12%	135.05	10.99%	207.49	16.88%	287.46	23.39%	192.05	15.62%
2010	366.10	29.78%	132.21	10.76%	193.27	15.72%	297.06	24.17%	240.79	19.59%
2015	346.51	28.19%	126.62	10.30%	200.02	16.27%	300.82	24.47%	254.92	20.74%
2020	362.32	29.48%	139.99	11.39%	236.50	19.24%	269.31	21.91%	221.05	17.98%

16年间极高风险区和高风险区在2005—2020年均先下降后上升；中风险区在2005—2010年先快速下降后，在2010—2020年又快速上升；低风险区和极低风险区均在2005—2015年先上升，之后快速下降（图6-9）。各乡镇的风险等级变化也随着整体的风险等级变化而变化，即极高风险区总面积下降，各乡镇极高风险区面积也普遍下降。尽管会有个别乡镇的风险等级变化趋势出现反常，但总体趋势是一致的。总之，极高风险区和低风险区均呈现下降的趋势，而高风险区、中风险区和极低风险区均呈上升趋势，面积变化分别为 $-44.84km^2$、$-18.15km^2$、$4.94km^2$、$29.01km^2$、$29km^2$。各乡镇都受到较高的面源污染威胁，而右所镇、邓川镇和上关镇又是最主要的乡镇。

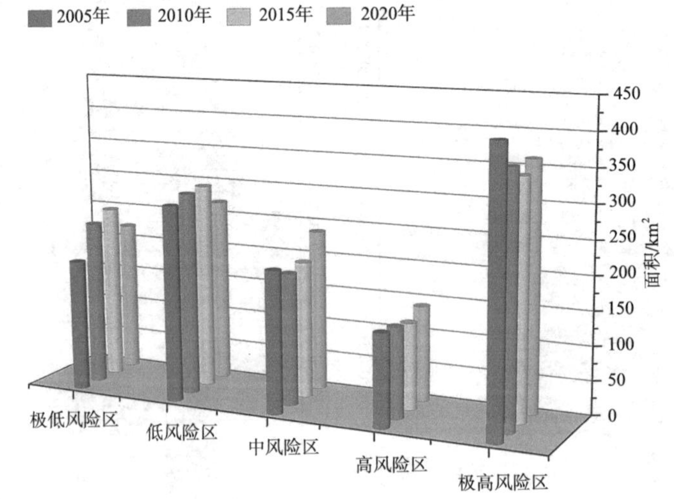

图6-9　2005年、2010年、2015年、2020年面源污染风险等级面积统计图

① Guo X，Tankpa V，Wang L，et al. Framework of multi-level regionalization schemes based on non-point source pollution to advance the environmental management of small watersheds［J］. Environmental Science and Pollution Research，2021，28（24）：31122-31137.

（三）“源—汇”风险转移矩阵

2005—2020 年，洱海流域上游共发生了 15 种风险等级转移变化（图 6-10、表 6-5），涉及全部 7 个乡镇，主要特征表现为南部转移多北部转移少，低海拔向高海拔过渡的区域（即“源—汇”景观交界处）风险等级变化最为剧烈。其中，极低风险区和低风险区的转入转出主要在盆地边缘，而其他风险等级的转入转出主要在盆地中间。

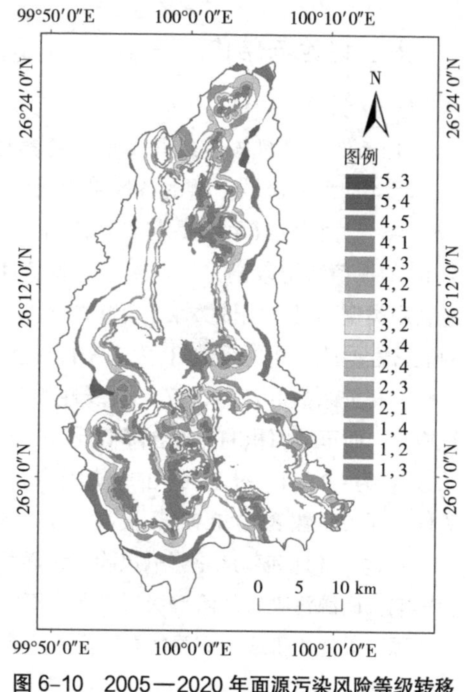

图 6-10　2005—2020 年面源污染风险等级转移分布图

注：1 为极高风险区；2 为高风险区；3 为中风险区；4 为低风险区；5 为极低风险区。

低风险区、中风险区、高风险区具有相似的转移特征，与其相邻的等级转移最多，最高分别为 37.71km²、44.34km²、49.72km²，相距越远彼此转移越少。极高风险区和极低风险区均只相邻一个风险等级，故只沿一侧单向递减转移，使得极低风险区几乎只和低风险区相互转移，最高转出为 8.36km²，而极高风险区也因距离递减作用，向高风险区和中风险区转移最多，分别为 50.68km²、34.04km²，向其余风险等级几乎不转移。在空间分布上，古碧湖镇、凤羽镇和右所镇的交界处以及牛街乡的北部是主要转移的区域，这些区域是“源—汇”景观交界处及“汇”景观所在地，也是面源污染重点关注的区域。风险等级转移的程度取决于土地利用类型的转移变化，体现了“源”和“汇”景观之间的相互变化趋势，而人类活动和洱海流域生态保护政策的实施是影响风险等级转移方向和程度的最主要原因。

表6-5　2005—2020年面源污染风险转移矩阵（单位：km²）

		2020 年					
		极低风险区	低风险区	中风险区	高风险区	极高风险区	总计
2005 年	极低风险区	183.19	8.36	0.31	0	0	191.85
	低风险区	37.71	210.02	29.26	6.50	3.92	287.42
	中风险区	0	44.34	123.15	27.07	12.93	207.48
	高风险区	0	5.01	49.72	55.72	24.58	135.04
	极高风险区	0	1.56	34.04	50.68	320.85	407.13
	总计	220.90	269.29	236.48	139.98	362.28	1228.92

五、讨论与结论

（一）讨论

1. 面源污染风险等级与土地利用类型的响应

将4期洱海流域上游的各风险等级的面积与各地类的面积进行Pearson相关性分析（表6–6）。由表6–6可知，极低风险区和中风险区与各地类不具有相关性，尽管相关系数R^2的取值普遍较高，但均未通过显著性检验（$P<0.05$或$P<0.01$），说明二者与各土地利用类型不具有线性关系；低风险区与林地和草地具有相关性，其中林地通过$P<0.05$的显著性检验，相关系数R^2为0.961，正线性相关性极强，而草地通过$P<0.01$的显著性检验，相关系数R^2为–0.997，负线性相关性极强，即林地面积的增加导致低风险区的面积增加，而草地面积的增加会降低低风险区的面积；高风险区只和林地具有相关性，相关系数R^2为–0.951，林地面积的增加会降低高风险区面积；极高风险区也只和耕地具有相关性，相关系数R^2为0.985，极高风险区的面积会随耕地面积的增加而增加。

耕地、林地和草地是影响风险等级面积与分布的最主要的“源—汇”类型，受地形地貌影响，面源污染各风险等级对“源—汇”景观类型具有不同的响应。总之，高风险等级与“源”景观（耕地）相关性高，低风险等级与“汇”景观（林地、草地）相关性高。

表6–6　面源污染风险等级与土地利用类型的相关性

	耕地	城镇建设	林地	草地	水域	裸地
极低风险区	–0.876	0.539	0.745	–0.591	0.703	–0.621
低风险区	–0.059	–0.423	0.961*	–0.997**	–0.207	0.128
中风险区	–0.110	0.572	–0.883	0.950	0.315	–0.384
高风险区	0.249	0.204	–0.951*	0.948	0.062	0.192
极高风险区	0.985*	–0.805	–0.454	0.262	–0.874	0.832

注：*. 在0.05级别（双尾），相关性显著。**. 在0.01级别（双尾），相关性显著。

2. 面源污染风险等级与土地侵蚀的响应

由图6–11分析可知，洱海流域上游土壤侵蚀强度共划分为6个等级，其中主要以微度侵蚀、轻度侵蚀分布为主，遍布各个乡镇，而强烈侵蚀、极强烈侵蚀、剧烈侵蚀的区域主要分布在牛街乡以及茈碧湖镇、凤羽镇和右所镇的交界处。这些区域多为草地和裸地分布较为集中或受人类活动影响较大之地。同时依据获得的洱海流域上游土壤侵蚀模数（图6–4），可得2005年、2010年、2015年和2020年的平均土壤侵蚀模数分别为113.65t/（$hm^2\cdot a$）、110.25t/（$hm^2\cdot a$）、106.82t/（$hm^2\cdot a$）和105.36t/（$hm^2\cdot a$），平均土壤侵蚀模数在16年间减少了8.29t/（$hm^2\cdot a$），说明2005—2020年洱海流域上游的土壤侵蚀呈明显下降趋势，生态环境向好发展。

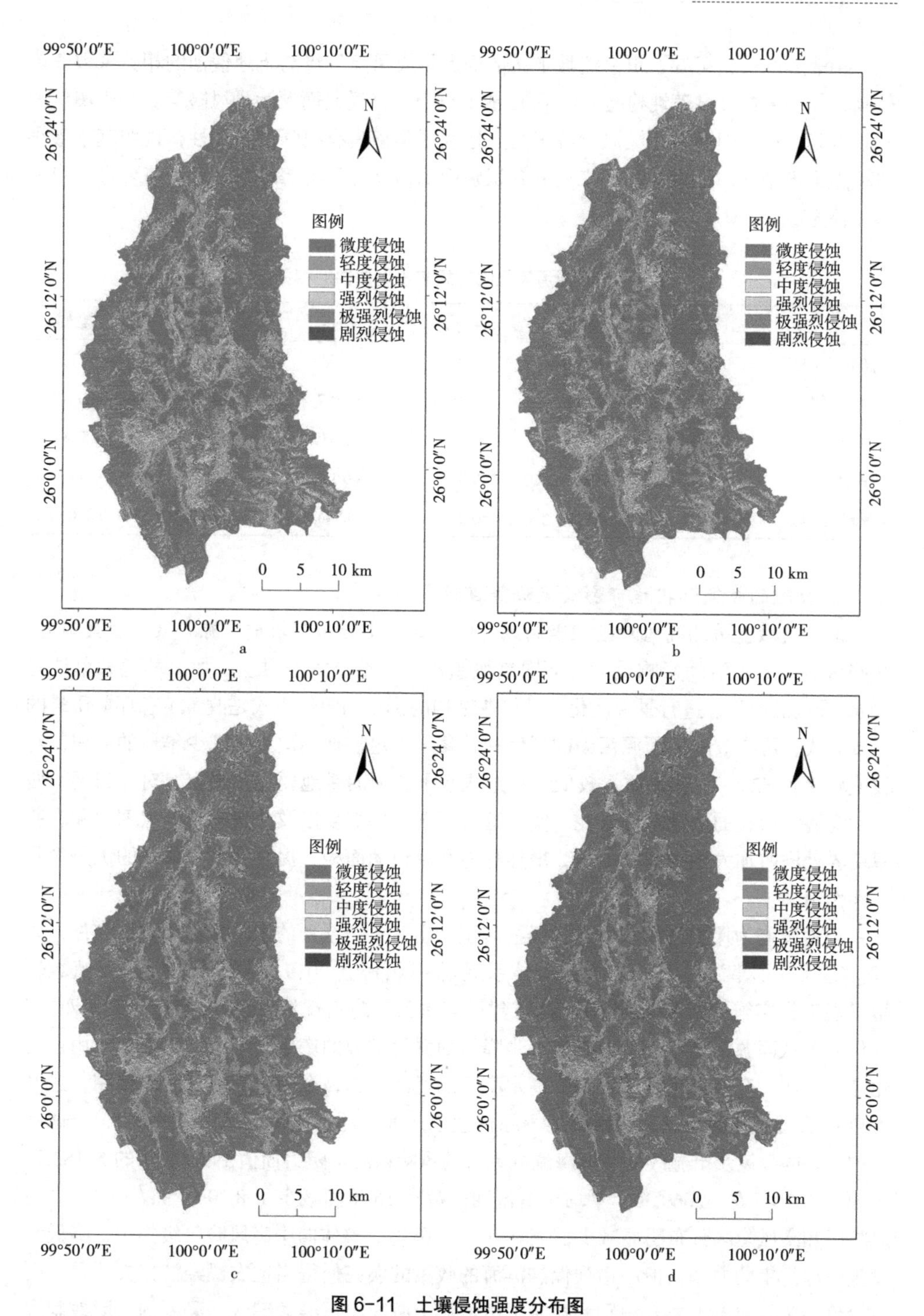

图 6-11　土壤侵蚀强度分布图

注：1 为微度侵蚀；2 为轻度侵蚀；3 为中度侵蚀；4 为强烈侵蚀；5 为极强烈侵蚀；6 为剧烈侵蚀；a 为 2005 年土壤侵蚀强度分布；b 为 2010 年土壤侵蚀强度分布；c 为 2015 年土壤侵蚀强度分布；d 为 2020 年土壤侵蚀强度分布。

由表6–7分析可知，洱海流域上游的面源污染风险等级与土地侵蚀的相关系数普遍较高，但均未通过显著性检验（P<0.05或P<0.01），说明面源污染风险等级与土壤侵蚀不具有相关性。但面源污染风险等级与土地利用类型具有很强的相关性，说明基于最小累积阻力模型的源汇方法可用来划分并识别面源污染的风险等级，但后续需要进一步完善和补充。

表6–7 面源污染风险等级与土壤侵蚀的相关性

	微度侵蚀	轻度侵蚀	中度侵蚀	强烈侵蚀	极强烈侵蚀	剧烈侵蚀
极低风险区	0.639	–0.643	–0.663	–0.589	–0.539	–0.552
低风险区	–0.292	0.289	0.254	0.357	0.410	0.295
中风险区	0.476	–0.471	–0.448	–0.530	–0.581	–0.524
高风险区	0.044	–0.044	0.002	–0.116	–0.165	0.011
极高风险区	–0.878	0.880	0.893	0.844	0.811	0.810

3. 合理的政策和措施可影响风险等级时空演变

洱海流域上游的高风险区和极高风险区主要集中分布在耕地“源”景观及其附近，这些区域受人类活动影响最大。而限制城镇规模，重点管控耕地，加大林地和草地等“汇”景观的面积，进行景观优化、种植业结构的优化和轮作模式是改善生态环境质量的有效方式，可有效降低面源污染的产生和转移。划定耕地的边界，减少旱地的面积，对坡度较大（>25°）、耕地质量较低、易造成水土流失的耕地要逐步退出，对茈碧湖、西湖和海西湖所在的区域重点管控，实施退耕还湿。牛街乡以及茈碧湖镇、凤羽镇和右所镇交界处同时加大植树造林力度，增加林地和草地的面积，提高“汇”景观的优势度及主导作用。

当地政府为保护洱海水质进行经济转型，出台了一系列的水环境治理政策文件，如《洱源县域一水两污（2014—2025）体系规划》《洱源县2019年洱海保护治理及流域转型发展工作实施方案》《云南洱海流域建设与水污染防治规划》《全面推行“三禁四推”工作》等从面源污染产生的源头进一步降低面源污染源的产生。全流域内禁止使用任何化肥、农药，全面禁止种植大蒜等高水高肥的经济作物，全面推广有机肥的使用，建设万亩木瓜园、万亩蚕豆、万亩湿地等绿色生态产业（注：1亩≈666.67平方米）。这些保护洱海的政策及措施改变了洱海流域上游的风险格局。阻力面值由2005年的55183.90增加到2020年的62669.30，平均土壤侵蚀模数在16年间减少了8.29t/（hm^2·a），极高风险区和高风险区分布明显减少，“源—汇”风险等级整体向中高风险等级集中，降低了发生面源污染的概率，但一系列保护洱海的政策的实施使得当地农民经济损失严重。而以绿色高效低成本方式，识别和控制洱海流域上游面源污染关键区是必要的。因地制宜进行种植生态区划，调整农业产业结构，降低“源”景观的主导作用，实现洱海保护和农民利益的双赢，对促进洱海可持续发展具有非凡的时代意义。

4. 优点与不足

本书采用4期数据研究面源污染风险等级变化，相较于1期数据而言，更能体现时间和空间变化特征，表明面源污染“源—汇”风险识别方法的有效性。Pearson相关性分析指出耕地、林地和草地是影响风险等级最主要的地类，但风险等级与土壤侵蚀并无相关性，其主要原因是风险等级和产生污染物的土地利用类型直接相关①，如耕地面积分布越大风险等级越高，而土壤侵蚀虽作为面源污染物的载体，却受植被、降雨、坡度等因素的影响，使得同一类的土地利用类型由于空间分布的差异存在各种不同的侵蚀强度，出现土壤侵蚀高的区域面源污染风险等级不一定高的情况。后续可利用实测的水文水质数据进一步验证。此外，“源”景观只选取耕地，未考虑点源污染，分类只考虑到一级地类，未进一步细分旱地和水田，而旱地的氮磷流失要高于水田②，也未分析氮磷污染物从“源”到“汇”过程中的机理，上述局限性需要进行更深入研究。

（二）结论

面源污染是多种因素综合作用的结果，本书从土地利用分异视角，研究洱海流域上游面源污染“源—汇”风险格局的时空演变，识别面源污染关键源区。

（1）2005年、2010年、2015年和2020年的平均阻力面值分别为9932.03、11670.72、12325.98、10765.97，呈现先上升后下降的趋势，平均阻力面值在16年间提高了833.94；阻力基面和阻力面的分布具有空间异质性，随着海拔的升高，呈现中间低边界高，“源”景观的作用被“汇”景观逐渐取代。

（2）面源污染风险等级面积：极高风险区 > 低风险区 > 极低风险区 > 中风险区 > 高风险区，极高风险区、高风险区和中风险区面积占总面积的一半以上，整体面源污染风险等级偏高。面源污染风险等级与土地利用类型空间分布较为一致，表现为中间高边界低，南部高北部低，右所镇、邓川镇和上关镇高于其他乡镇。

（3）洱海保护政策加快了风险等级转移，极高风险区是洱海流域面源污染的关键区域，而“源”景观和“汇”景观交界处风险等级转移最为剧烈，是重点关注的区域。2005—2020年，极高风险区、高风险区、中风险区、低风险区和极低风险区转出面积分别为50.68km^2、49.72km^2、44.34km^2、37.71km^2、8.36km^2。林地、草地和水域等“汇”景观是优势景观类型，影响强度高于“源”景观；“源”景观耕地的面积虽不断减少，但其“源”作用仍强于“汇”。

（4）面源污染的风险等级与耕地、林地和草地具有较强相关性，但与土壤侵蚀不具

① Liu Y W，Li J K，Xia J，et al. Risk assessment of non-point source pollution based on landscape pattern in the Hanjiang River basin，China［J］.Environmental Science and Pollution Research International，2021，28（45）：64322-64336.

② Huang N，Lin T，Guan J，et al. Identification and Regulation of Critical Source Areas of Non-Point Source Pollution in Medium and Small Watersheds Based on Source-Sink Theory［J］. Land，2021，10（7）：668.

有相关性。土壤侵蚀的主要区域为茈碧湖镇、凤羽镇和右所镇3镇交界处以及牛街乡，平均土壤侵蚀模数在16年间减少了8.29t/（hm^2·a）。

第三节 生态系统服务价值

一、引言

土地利用是反映人类生活和生态系统之间耦合关系最根本的表现。土地利用的变化会改变生态系统服务体系，进而改变生态系统服务价值。生态系统服务价值（ESV）被数次提出，谢高地等[①]在此基础上改进了ESV系数，估算了我国生态系统服务价值，建立了一套可广泛应用于评估我国生态系统服务的ESV系数；此后，我国众多学者使用此方法和当量表，研究了土地利用变化对ESV的影响。生态系统服务价值估算方法主要有功能价值法和当量因子法。功能价值法计算复杂，有大量计算参数，且受主观因素影响较大；当量因子法由于具有操作简单、综合评价、适应性强的优点而被普遍采用。目前，对洱海流域的研究多围绕农业面源污染的总氮（TN）、总磷（TP）及水环境生化特性。例如，洱海入湖河流水质、洱海水环境及氮磷的时空变化、入湖污染物迁移扩散规律以及不同施肥模式对稻田、大蒜氮磷径流流失和产量的影响；也有学者从生态系统研究了洱海流域森林、稻田的ESV；还有学者从土地利用变化分析了洱海流域的ESV。但研究内容单一、时间范围短、范围宽而广，并且多采用传统的价值当量因子法。

洱海是高原断陷湖泊，流域上游作为典型的高原山间盆地，地形地貌独特，地理环境与气候优越，水资源丰富，土地利用率高，耕地约占流域的57%，是洱海最主要的补给水源地[②]。洱海流域在点源污染得到有效遏制后，上游种植业面源污染成为最大污染源。研究表明，面源污染与土地利用密切相关，调整土地利用结构是遏制面源污染的有效手段。研究土地利用变化及其生态服务价值的动态发展趋势，可为土地资源管理、土地结构调整提供理论依据与决策支持。

本书通过分析20年间5期土地利用的动态转移特征，在标准价值当量因子基础上，综合刘凤莲和杨人懿[③]在2021年的研究方法，改进了以平均值作为修正系数的价值当量因子计算方法，核算出研究区生态系统服务经济价值当量因子。以期为厘清不同土地利用类型的生态系统服务价值趋势及规律，进而为洱海流域的生态环境保护、面源污染治理提供参考。

---

① 谢高地，张彩霞，张雷明，等. 基于单位面积价值当量因子的生态系统服务价值化方法改进［J］. 自然资源学报，2015，30（8）：1243-1254.

② Zheng L，An Z Y，Chen X L，et al. Changes in Water Environment in Erhai Lake and Its Influencing Factors［J］. Water，2021，13（10）：1362-1378.

③ 刘凤莲，杨人懿. 武汉市土地利用变化及对生态系统服务价值的影响［J］. 水土保持研究，2021，28（3）：177-183，193.

二、数据来源与处理

（一）数据来源

遥感影像来源于地理空间数据云中的 Landsat 系列卫星，时间分别为 2000 年、2005 年、2010 年、2015 年和 2019 年，空间分辨率均为 30m，统计数据来源于国家统计局和《洱源县统计年鉴》。

（二）数据处理

对获取的遥感数据进行辐射校正、几何校正和剪裁等处理，利用 ENVI5.2 软件进行解译，总体精度分别为 90.58%、93.37%、87.67%、89.40% 和 87.95%，Kappa 系数分别为 0.88、0.92、0.85、0.87 和 0.85，经实地及谷歌地球等多方验证，解译精度符合要求。

三、研究方法

（一）土地利用转移矩阵

土地利用转移矩阵也称马尔科夫矩阵，可全面反映区域内各用地类型的转移方向与转移数量，被普遍应用于土地利用变化研究，能很好地展示土地利用格局的时空演变过程[①]，计算公式如下。

$$S_{ij}=\begin{bmatrix} s_{11} & s_{12} & \cdots & s_{1n} \\ s_{21} & s_{22} & \cdots & s_{2n} \\ \vdots & \vdots & \vdots & \vdots \\ s_{n1} & s_{n2} & \cdots & s_{nn} \end{bmatrix} \tag{6-6}$$

式（6–6）中：S_{ij} 代表 $n \times n$ 矩阵，S 代表面积，n 代表土地类型数，i 和 j 分别代表研究期初和研究期末土地类型。

（二）单一土地利用类型动态度

可求出土地利用类型的面积年变化率[②]，计算公式如下。

$$K=\left(\frac{U_b-U_a}{U_a}\right)\times\frac{1}{T}\times 100\% \tag{6-7}$$

式（6–7）中：K 表示某一类土地利用类型动态度；U_a 和 U_b 表示研究期初和研究期末某地类的面积；T 表示研究时长，当 T 的时段设定为年时，K 为研究时段内某一土地利用类型的年变化率。

---

① 左玲丽，彭文甫，陶帅，等．岷江上游土地利用与生态系统服务价值的动态变化研究［J］．生态学报，2021，41（16）：6384–6397．

② 耿冰瑾，曹银贵，苏锐清，等．京津冀潮白河区域土地利用变化对生态系统服务的影响［J］．农业资源与环境学报，2020，37（4）：583–593．

（三）综合土地利用动态度

表示研究区土地利用的变化速度，计算公式如下。

$$LC = \left[\frac{\sum_{i=1}^{n} \Delta LU_{i-j}}{2\sum_{i=1}^{n} LU_i} \right] \times \frac{1}{T} \times 100\% \tag{6-8}$$

式（6–8）中：LC 为研究期内某区域的综合土地利用动态度，LU_i 为研究初期第 i 类土地利用类型面积，ΔLU_{i-j} 为第 i 类土地利用类型面积转为非 i 类土地利用类型面积的绝对值；T 为研究时长，当 T 设定为年时，LC 值即为研究期内该研究区土地利用年变化率。

（四）生态系统服务价值估算

谢高地等确定中国 1 个陆地生态系统价值当量的经济价值为 3406.50 元 /hm^2。本书以研究区 2000 年、2005 年、2010 年、2015 年、2019 年 5 年单位面积粮食产量与当年全国单位面积粮食产量比值的平均值（1.16：1）作为修正系数，计算出研究区价值当量因子为 3951.54 元 /hm^2。

参照谢高地等提出的基础当量表，为研究区各地类单位面积生态服务价值当量赋值（表 6–8）。建设用地的价值当量为 0，并通过以下公式计算洱海流域上游生态系统服务价值。

$$\begin{aligned} \mathrm{ESV} &= \sum_{i=1}^{n} \mathrm{VC}_i \times A_i \\ \mathrm{ESV}_f &= \sum_{i=1}^{n} \mathrm{VC}_{fi} \times A_i \end{aligned} \tag{6-9}$$

式（6–9）中：ESV 是研究区生态系统服务价值，VC_i 是第 i 种地类的单位面积生态系统服务价值，A_i 为第 i 种地类的面积，i 为土地利用类型，ESV_f 是第 f 项生态系统服务价值，VC_{fi} 是第 i 种地类的单位面积的第 f 项生态系统服务价值，f 为生态系统服务价值的项数。

表6–8　洱海流域上游单位面积生态服务价值当量

一级类型	二级类型	耕地	林地	草地	水域	其他用地
供给服务	食物生产	1.36	0.22	0.38	0.80	0.01
	原料生产	0.09	0.52	0.56	0.23	0.03
	水资源供给	2.63	0.27	0.31	8.29	0.02
调节服务	气体调节	1.11	1.70	1.97	0.77	0.11
	气候调节	0.57	5.07	5.21	2.29	0.10
	净化环境	0.17	1.49	1.72	5.55	0.31
	水文调节	2.72	3.34	3.82	102.24	0.21
支持服务	土壤保持	0.01	2.06	2.40	0.93	0.13
	维持养分循环	0.19	0.16	0.18	0.07	0.01
	生物多样性	0.21	1.88	2.18	2.55	0.12

续表

一级类型	二级类型	耕地	林地	草地	水域	其他用地
文化服务	美学景观	0.09	0.82	0.96	1.89	0.05
总计		9.15	17.53	19.69	125.61	1.10

（五）生态贡献率

生态贡献率是研究区不同类型土地生态系统价值变化的百分比，可以识别影响生态系统价值的主要贡献因子和敏感因子[①]，其数学表达式如下。

$$S_i = \frac{|\Delta ESV_i|}{\sum_{i=1}^{n}|\Delta ESV_i|} \tag{6-10}$$

式（6-10）中：S_i 为第 i 类土地利用类型在研究期内的生态服务贡献率；ΔESV_i 是第 i 类土地利用类型在研究期内的生态服务价值变化量。

四、结果与分析

（一）土地利用变化

1. 土地利用总体空间变化

2000—2019 年洱海流域上游土地利用以耕地、林地和草地为主，三者总面积超过 1000km^2，占研究区总面积的 90% 以上（表 6-9，图 6-12）。其中，林地占比最高，占总面积的 50% 以上，呈环状分布于盆地边缘的山上；其次为耕地，占总面积的 20% 以上，集中在 3 块区域上，呈三角形状分布于盆地的盆底处；草地为第三大土地利用类型，占总面积的 10% 以上，随着建设用地和耕地的扩张，草地分布趋于破碎，整体呈环状分布于四周山地；建设用地、水域和其他用地占比较低，但总面积持续增加，建设用地毗邻水域，分散镶嵌于耕地中，水域分布集中在茈碧湖、西湖和海西湖，其他用地零星散落于研究区各处。

表6-9　洱海流域上游土地利用类型面积

土地类型	2000 年		2005 年		2010 年		2015 年		2019 年	
	面积 /km^2	占比 /%	面积 /km^2	占比 /%	面积 /km^2	占比 /%	面积 /km^2	占比 /%	面积 /km^2	占比 /%
耕地	298.848	25.67	250.850	21.48	260.022	22.27	302.424	25.89	236.789	20.27
林地	553.348	47.52	628.551	53.81	621.321	53.21	647.691	55.46	675.867	57.86
草地	248.876	21.37	243.476	20.84	213.018	18.24	126.785	10.86	146.142	12.51
水域	15.627	1.34	17.541	1.50	20.551	1.76	19.758	1.69	33.384	2.86

① 朱利英，魏源送，王春荣，等. 1980—2015年北运河流域土地利用时空变异及其对生态服务价值的影响［J］. 环境科学学报，2021，41（1）：301-310.

续表

土地类型	2000 年		2005 年		2010 年		2015 年		2019 年	
	面积 /km^2	占比 /%	面积 /km^2	占比 /%	面积 /km^2	占比 /%	面积 /km^2	占比 /%	面积 /km^2	占比 /%
建设用地	46.890	4.03	25.908	2.22	51.620	4.42	70.825	6.06	73.195	6.27
其他用地	0.743	0.06	1.736	0.15	0.811	0.07	0.421	0.04	2.686	0.23

分时间阶段来看，4 个时间段内各地类面积均有不同程度的变化，变化幅度最大的地类各不相同。2000—2005 年，林地、耕地和建设用地面积改变最多，三者中又以林地增加最多，为 75.20km^2；2005—2010 年，以草地、建设用地和耕地为主，三者中草地面积变化最大，面积减少了 30.46km^2；2010—2015 年，草地、耕地和林地变化最多，其中草地是面积变化最大，减少了 86.23km^2；2015—2019 年，耕地、林地和草地变化最多，其中耕地面积变化最大，减少了 65.64km^2；此外，其他地类虽占比极低，但面积增加了 3.6 倍。

20 年间耕地和草地总面积减少，林地等其他地类总面积呈增加态势。其中草地总面积减少最多，为 102.734km^2，占比下降约 8.86%；林地增加面积最多，为 122.519km^2，占比增加约 10.34%，林地增加的区域主要在耕地和草地减少的附近。

2. 土地利用结构

利用 ArcGIS10.5 的 Analysis Tools-Overlay- Interset，计算得到 2000—2019 年的土地利用转移矩阵（图 6-13，表 6-10）。

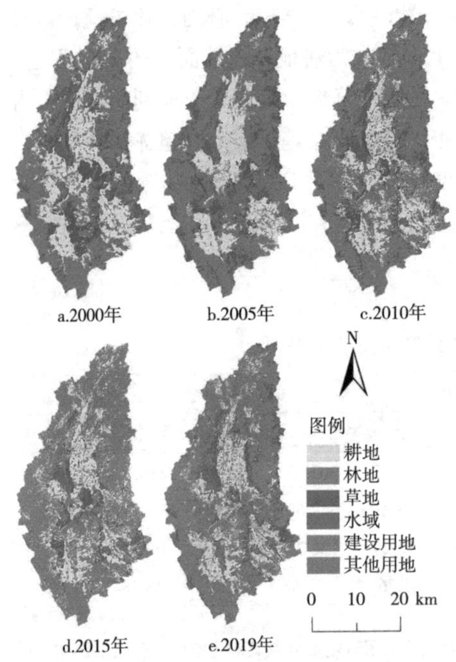

图 6-12 洱海流域上游土地利用类型

2000—2019 年洱海流域上游各地类间均发生转移，但主要是在耕地、林地、草地和建设用地之间的转移。其中，耕地主要转出地类为林地，为 62.510km^2，主要转入地类为草地，为 32.758km^2；林地和草地均是彼此主要转入转出地类，其次是耕地；建设用地主要转入转出地类为耕地，从耕地处增加了 16.485km^2，其次是林地。除了这 4 种主要土地利用类型转换之外，水域也是重要的转移对象，20 年间水域面积增加了 17.721km^2，其中耕地向水域转移了 14.366km^2，约占水域转入总面积的 76.65%，主要发生在洱海流域上游东南区域的西湖范围内，大面积的耕地变成了湿地或湖泊。快速的城镇化使众多林地和草地转变成耕地和建设用地，产生了大量的面源污染物，使洱海水质不断恶化。因此，当地政府在全流域实施“三禁四推”、退耕还湿等政策，以此保护洱海及洱海流域生态环境。

3. 土地利用动态度

单一土地利用动态度和综合土地利用动态度见表 6-11。耕地和草地的单一土地利用动态度为负值，林地、建设用地、水域和其他用地为正值。在 6 类土地利用类型中，其他用地以 13.76% 的增长率成为单一土地利用动态度最大的类型，而水域和建设用地的单一土地利用动态度次之，分别为 5.98% 和 2.95%，说明这 3 种土地利用类型年面积变化速率快和面积变化较大。2000—2005 年、2005—2010 年、2010—2015 年和 2015—2019 年这 4 个阶段，各地类都有骤增骤减的情况出现。其中，2005—2010 年建设用地和其他用地骤减，耕地骤增；2010—2015 年其他用地、水域和草地骤减，耕地骤增。动态度大幅度变化主要受国家政策和经济发展的影响较大，如 2010—2015 年，洱源县城镇化进程加快，经济作物面积快速增加；2015—2019 年，为了洱海的山清水秀，大理市政府实施各种保护政策，导致耕地面积大幅度减少。

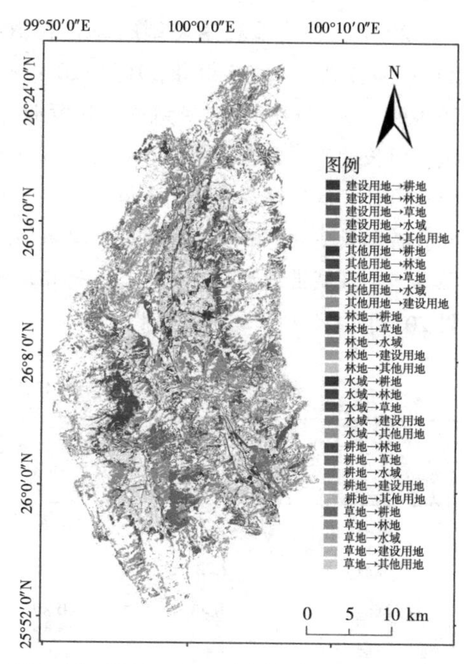

图 6-13 2000—2019 年洱海流域上游土地利用类型转移空间变化

注：图中白色地块为土地利用类型未发生改变。

表6-10 洱海流域上游土地利用转移矩阵（单位：km^2）

		2019 年						
		耕地	林地	草地	水域	建设用地	其他用地	总计
2000 年	耕地	177.872	62.510	13.398	14.366	29.875	0.824	298.844
	林地	12.108	490.897	40.754	1.505	7.373	0.657	553.294
	草地	32.758	114.929	90.500	0.742	9.089	0.834	248.853
	水域	0.314	0.513	0.116	14.606	0.077	0.001	15.627
	建设用地	13.390	4.171	0.535	2.126	26.325	0.342	46.890
	其他用地	0.081	0.219	0.121	0.003	0.292	0.025	0.742
	总计	236.523	673.239	145.424	33.348	73.031	2.683	1164.250

20年间各土地利用类型的综合利用动态度为0.82%，而2000—2005年、2005—2010年、2010—2015年和2015—2019年的综合土地利用年变化率都远高于2000—2019年，说明短时期内受到各种政策加持，各阶段的土地使用较高，经济发展较为活跃。但长期来看，洱源县人少地多，又处于洱海上游，受到洱海流域保护政策的影响，导致可开发的自燃资源较少；同时，由于距离大理市很近，虽有部分旅游资源，但绝大部分游客只在大理市环洱海附近，洱源县的历年GDP可以反映出大理市的发展并未对洱源县产生区域带动效应。相反，大理市的虹吸效应降低了洱源县对土地的开发需求，使得20年间综合利用动态度很低。

表6-11　2000—2019年洱海流域上游土地利用类型动态度

单一与综合土地利用类型	各时段动态度/%				
	2000—2005年	2005—2010年	2010—2015年	2015—2019年	2000—2019年
耕地	–3.21	0.26	1.17	–1.55	–1.09
林地	2.72	–0.08	0.30	0.31	1.17
草地	–0.43	–0.89	–2.89	1.09	–2.17
水域	2.45	1.23	–0.28	4.93	5.98
建设用地	11.05	7.09	2.66	0.24	2.95
其他用地	26.73	–3.81	–3.44	38.43	13.76
综合	3.77	3.72	2.20	3.50	0.82

（二）生态服务价值变化

1. 各地类生态系统服务价值

各地类生态系统服务价值计算结果见表6–12。近20年来，洱海流域上游生态系统服务价值整体呈增加态势，从2000年的76.260亿元增加到2019年的83.332亿元，增加了7.072亿元。林地是该区域生态系统服务价值构成的主体，占了该区域ESV的50%以上，其次为草地。从总体上看，林地、水域和其他用地的ESV也有增加，分别增加了8.49亿元、8.81亿元、0.008亿元；耕地和草地的ESV有所减少，分别减少了2.24亿元、7.99亿元，这与各土地利用类型面积的变化一致。

从近20年洱海流域上游各地类ESV变化量及其占比可以看出，草地面积减少引起的草地生态系统服务价值减少是ESV减少的主要原因；水域面积增加是ESV增加的主要原因，其次是林地。耕地、林地和草地虽是洱海流域上游土地利用构成的主要部分，但影响洱海流域上游生态系统服务价值变化的主要原因却是草地和水域面积变化。从ESV变化率看，其他用地、水域和草地的年变化率最高，分别为261.51%、113.63%和–41.28%，而面积扩大的倍数最多、生态价值当量因子最高和面积变化最多是三者ESV变化率高的原因。

表6-12 2000—2019年洱海流域上游各地类生态系统服务价值

年份 / 年	指标	耕地	林地	草地	水域	其他用地	合计
2000	价值量 / 亿元	10.805	38.331	19.364	7.757	0.0032	76.260
	占比 /%	14.17	50.26	25.39	10.17	0.004	100.00
2005	价值量 / 亿元	9.070	43.540	18.944	8.707	0.008	80.269
	占比 /%	11.30	54.24	23.60	10.85	0.009	100.00
2010	价值量 / 亿元	9.402	43.039	16.574	10.201	0.0035	79.219
	占比 /%	11.87	54.33	20.92	12.88	0.004	100.00
2015	价值量 / 亿元	10.935	44.866	9.865	9.807	0.0018	75.475
	占比 /%	14.49	59.45	13.07	12.99	0.002	100.00
2019	价值量 / 亿元	8.561	46.818	11.371	16.570	0.0117	83.332
	占比 /%	10.27	56.18	13.65	19.88	0.01	100.00
	ESV 变化量 / 亿元	−2.24	8.49	−7.99	8.81	0.008	7.07
	ESV 变化率 /%	−20.77	22.14	−41.28	113.63	261.51	9.27

2. 不同服务功能的生态系统价值变化

洱海流域上游区域不同服务功能的生态系统价值计算结果见表 6-13。2000—2019 年，该研究区内的一级服务功能为调节服务 > 支持服务 > 供给服务 > 文化服务。除了供给服务总体上呈现降低趋势，其余一级服务功能均呈上升趋势，其中调节服务占到洱海流域上游生态系统服务价值的 50% 以上，并且增速较快。

在二级服务功能中，水文调节和气候调节的生态系统服务价值较高，其中水文调节最高，近 20 年增加了 6.575 亿元，ESV 变化率达到 30.22% 左右，占到水文调节生态系统服务价值的 30% 以上，其变化会引起调节服务的生态系统服务价值变化，进而引起该流域生态系统服务总价值的增加或减少。从 ESV 变化量来看，水文调节、净化调节和气候调节变化量最大，但从变化率来看，水文调节、食物生产和净化环境最高，二者并不是呈线性关系对应。洱海流域上游拥有大量的林地和草地，几乎都分布在山上，受到人类活动影响较小，生态环境良好，充分发挥调节生态的作用，使得调节服务格外突出，而水域面积及湿地的增加又进一步提高该地区生态系统服务价值。

表6-13 2000—2019年洱海流域上游土地生态系统单项服务价值

一级服务功能	二级服务功能	生态系统服务价值 / 亿元					ESV 变化量 / 亿元	ESV 变化率 /%
		2000 年	2005 年	2010 年	2015 年	2019 年		
供给服务	食物生产	2.510	2.316	2.322	2.441	2.185	−0.325	−14.04
	原料生产	1.808	1.936	1.859	1.737	1.827	0.019	0.97
	水资源供给	4.513	4.151	4.299	4.637	4.455	−0.058	−1.40
	小计	8.832	8.402	8.481	8.815	8.467	−0.365	−4.34

续表

一级服务功能	二级服务功能	生态系统服务价值 / 亿元					ESV 变化量 / 亿元	ESV 变化率 /%
		2000 年	2005 年	2010 年	2015 年	2019 年		
调节服务	气体调节	7.013	7.272	7.035	6.725	6.819	–0.194	–2.67
	气候调节	17.025	18.330	17.605	16.446	17.386	0.361	1.97
	净化环境	5.494	5.911	5.732	5.312	5.867	0.373	6.31
	水文调节	20.586	21.755	22.514	21.695	27.161	6.575	30.22
	小计	50.118	53.268	52.887	50.179	57.233	7.115	13.36
支持服务	土壤保持	6.934	7.501	7.164	6.559	7.021	0.087	1.16
	维持养分循环	0.756	0.764	0.745	0.732	0.718	–0.037	–4.87
	生物多样性	6.660	7.153	6.874	6.354	6.814	0.154	2.15
	小计	14.350	15.417	14.783	13.646	14.553	0.203	1.32
文化服务	美学景观	2.960	3.181	3.067	2.835	3.078	0.118	3.72

3. 各地类生态贡献率

2000—2019 年洱海流域上游各地类生态贡献率见表 6–14。研究期内，水域对生态系统服务价值变化的贡献率最多，为 31.99%；林地次之，为 30.83%；草地为 29.01%，耕地为 8.13%，其他用地最低，仅为 0.03%。

2000—2005 年，林地生态贡献率最高，为 62.62%，此阶段正是林地大面积增加的时段，之后面积小幅波动，生态贡献率也随之变化；2010—2015 年，草地生态贡献率最高，达到了 64.12%，这个时间段是草地在整个研究周期内面积减少最多、最快的时期；2015—2019 年，水域的生态贡献率最高，为 53.66%，此时段水域由耕地大面积转为湿地的方式快速增加。

进一步分析可知，耕地、林地、草地和水域在各个阶段内的生态贡献率都存在骤升骤降现象，但主要生态贡献率是草地、水域和林地，三者生态贡献率之和在 90% 以上，说明三者的生态系统服务价值变化量对研究区总生态系统服务价值量变化影响较大，是主要的贡献因子和敏感因子。

表6–14　2000—2019年洱海流域上游各地类生态贡献率（单位：%）

时段	耕地	林地	草地	水域	其他用地
2000—2005 年	20.86	62.62	5.05	11.42	0.05
2005—2010 年	7.06	10.66	50.42	31.79	0.09
2010—2015 年	14.65	17.46	64.12	3.76	0.02
2015—2019 年	18.83	15.49	11.95	53.66	0.08
2000—2019 年	8.13	30.83	29.01	31.99	0.03

五、讨论与结论

（一）讨论

土地利用变化是生态系统服务功能转变的重要驱动因素，会改变生态系统服务的价值，在洱海流域进行优化施肥轮作处理的稻田 ESV 明显高于常规施肥单作处理；有学者对洱海流域的湿地、森林进行 ESV 分析，认为湿地和森林的 ESV 十分可观，对生态极具意义[①]。洱海流域主要生态系统服务类型为调节服务，并且洱源县的ESV呈增加趋势。但旅游业损害了洱海流域整体的生态系统，尤其是湖滨带，需要提高调节服务的功能，降低氮磷污染物的含量。本次研究证实了林地和水域占研究区总 ESV 的 60% 以上，且逐年递增，同时调节服务也是洱海流域上游的最主要的生态系统服务类型。通过对比塔里木盆地、四川盆地和岷江上游等相似区域，均发现林地、草地、水域对ESV的贡献率较大，且 ESV 均是中间低、四周高，与本书研究结果高度相似。

传统当量因子法计算出的结果存在误差[②]。本书采用修正的当量因子法计算影响洱海流域 ESV 的重点区域，研究区域较为具体，并且能够体现出 ESV 的时空变化特征。ESV 变化主要受到各土地利用类型的面积和单位面积生态服务价值当量影响，而各地类面积又起到决定作用。洱海流域上游集中了流域大部分耕地，并且独特气候环境又适合经济作物生长，大量农业种植使得洱海水质急剧下降。2014 年之后，大理市政府实施禁种大蒜等高肥高水作物，大量耕地又变成园地、水域、林地等，耕地的生态系统服务价值开始降低；而耕地和水域是一对矛盾，受到洱海保护政策的影响，该区域内的水域及湿地面积的不断增加，提升了水文调节和水资源供给服务，尽管面积较少，但生态系统服务价值贡献率却很高。林地和草地占洱海流域上游区域的 70% 左右，是对洱海流域上游生态系统服务总价值起决定性作用的地类。二者分别在 2000—2005 年和 2010—2015 年大幅度变化，使得 ESV 变化幅度也相应较大，主要原因是其面积的大幅度改变。

（二）结论

土地利用变化会直接影响生态系统服务的变化，生态系统服务现状同时可以反映土地利用状况，两者相互影响，进而影响区域生态系统服务总价值的改变。因此，提高林地、草地和水域面积会拥有更高的生态系统服务价值，对洱海的保护具有重要的意义。

---

① Zhang L，Lv J P．The impact of land-use change on the soil bacterial community in the Loess Plateau，China [J]．Journal of Arid Environments，2021，188：104469．

② 刘浩，孙丽慧，吕文魁，等．基于土地利用变化的洱海流域生态系统服务价值评估与变化分析 [J]．生态经济，2022，38（1）：147-152．

第七章　面源污染响应

第一节　农业种植结构、施肥水平与面源污染响应模型

一、引言

施用化肥与种植结构的不合理引起的农业面源污染，导致区域内流域水质的下降，造成严重的水体污染；而作物的种植轮作与农业生产施肥所产生的动态影响，使细菌、农药、重金属等污染物向土壤进行扩散，又造成土壤污染。因此，合理施肥与优化农作物的种植结构是控制农业面源污染的核心[①]，且已成为学者们日益关注的焦点。农业农村部发布的《全国高标准农田建设规划（2021—2030年）》中明确指出，高标准农田建设必须优化种植结构，合理轮作。在2023年的中央一号文件中明确指出，加快推进农业绿色发展，实现水肥一体化，要正确处理好农业用水与施肥之间的关系。可见，调整种植结构与合理施用化肥已经上升到国家战略。而农业面源污染具有很强的随机性、复杂性与不确定性，使得农业面源污染成为世界水污染控制领域的一大难点[②]。因此，如何精确量化农业面源污染排放量，探究种植结构、施肥处理与面源污染之间的关系是实现流域水环境生态治理的关键。

洱海流域上游是洱海水污染最大的污染源，化肥使用不当是造成面源污染的主要原因。据测算，每年进入洱海的总氮约9891t，总磷约108.1t，其中面源污染分别占97.1%和92.5%，点源污染仅占2.9%和7.5%[③]。洱海流域农业面源氮、磷污染是洱海富营养化的主要影响因素，其中种植业面源污染对水环境污染贡献最大，化肥施用又是种植业面源污染的主要来源。可见，洱海流域水环境污染治理的关键在面源污染，面源污染治理的重点是种植业产生的水环境危害，而种植业面源污染治理的核心是优化种植结构、科

---

① Zhang K，Bai M J，Li Y N，et al. A Non-Uniform Broadcast Fertilization Method and Its Performance Analysis under Basin Irrigation［J］. Water，2020，12（1）：292.

② 谢晓琳，钱锋，赵健，等. 流域农业面源污染防治科学问题与技术研发需求［J］. 环境科学学报，2023，43（12）：152–157.

③ Tong L，Chen Q，Wong A A，et al. UV-Vis Spectrophotometry of Quinone Flow Battery Electrolyte for in-situ Monitoring and Improved Electrochemical Modeling of Potential and Quinhydrone Formation［J］. Physical Chemistry Chemical Physics 2017，19（47）：31684–31691.

学合理地施用化肥。

目前，农业面源污染研究已取得了一系列进展，学者们多从土地利用视角探讨面源污染的影响因素，如运用 ILUPO 模型模拟了土地利用条件下面源污染产生过程及差异；探讨了在不同土地利用条件下，面源污染产生与迁移的规律及差异，表明土地利用结构对面源污染具有较大影响；探讨了降雨强度和土壤水分条件对氮、磷养分流失的影响。

而不同轮作下的施肥水平与面源污染关系的研究相对较少，且研究时大多结合降雨径流进行，部分还探讨了施肥方式对土壤养分分布的影响，研究了不同施肥方式对水稻氮肥利用率及养分累积分配的影响。种植结构研究则多从种植决策、结构调整等角度进行，种植结构对农业面源污染的影响的研究鲜有涉及①。综上所述，低纬高原气候下的种植结构、施肥水平与面源污染响应关系的研究更是未见报道。

因此，在提取种植结构、减施化肥实验基础上，本书创新性地提出了低纬高原气候下种植结构、施肥水平与面源污染之间的响应模型，确定了三者之间的响应关系，具有重要意义。

二、数据来源与处理

本实验结合洱海流域土壤图、土地利用图、地形图等数据，选取了恰当的农作物减施化肥实验区。洱海流域水源主要来自上游地区，上游地区在洱海流域水污染治理有举足轻重的地位，因此本实验以洱源县茈碧湖镇实验田为实验区，从 2022 年 2 月至 2023 年 3 月进行农业化肥减施实验，见图 7–1。

实验基地占地面积约 1.5 亩，实验小区净面积 0.018 亩，总面积 0.324 亩。设计 2 种种植模式，水稻—蚕豆轮作与玉米—蔬菜轮作，大春（5~8 月）种植水稻与玉米，小春（10~12 月）种植蚕豆与蔬菜。施肥设置 3 个处理，3 次重复，共 18 个小区，为了减少小区相互之间的影响，不同施肥处理田埂宽度为 50cm，相同施肥处理田埂宽度为 25cm，并利用农业防渗薄膜将田埂进行隔离。

每个实验小区外接 1 个 $0.6m^3$ 的径流收集桶，按次序分别编为 1~18 号，同时为了将实验小区与进水口的水质进行对比，进水口水样编为 19 号。水稻、

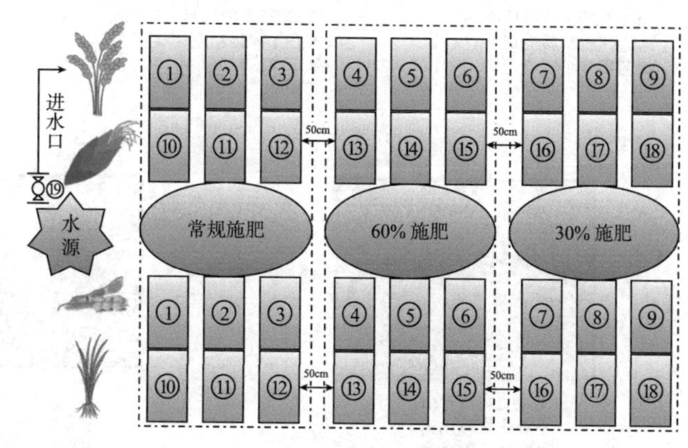

图 7–1　施肥处理示意图

① Cui G，Bai X，Wang P，et al. Agricultural Structures Management Based on Nonpoint Source Pollution Control in Typical Fuel Ethanol Raw Material Planting Area［J］. Sustainability，2022，14（13）：7995.

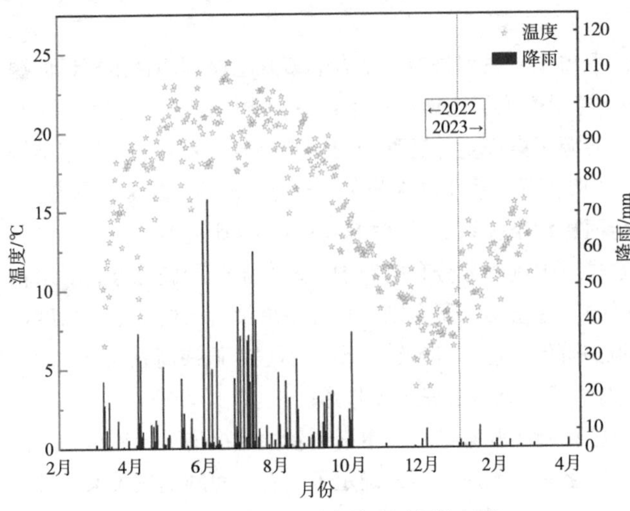

图 7-2　实验区温度与降水时间分布图

蚕豆在 1~9 号实验小区种植，1~3 号进行常规施肥，4~6 号进行 60% 减量施肥，7~9 号进行 30% 减量施肥。玉米、蚕豆在 10~18 号进行常规施肥，13~15 号 60% 减量施肥，16~18 号 30% 减量施肥。同时，在实验基地安装气象站，监测降雨、温度、辐射等指标。实验区温度与降水时间分布见图 7–2。

农作物的生长期内一共施 2 次肥，基肥时期主要施用复合肥，追肥期主要施用尿素。一共采集 4 次水样，即大春、小春时期降雨、施肥后各采集 2 次。采集时间分别为 2022 年 6 月 1 日、2022 年 7 月 28 日、2022 年 11 月 1 日和 2023 年 1 月 6 日，实验区概况图如图 7–3 所示。

图 7–3　实验区概况图

三、研究方法

（一）农业面源污染测量指标与方法

本实验需测量每个小区水质指标有总磷（TP）、总氮（TN）、化学需氧量（COD）、氨氮（AN）、硝酸盐氮（NO_3-N），具体测量方法见表7–1。

表7–1　不同指标的测量方法

分析项目	分析方法及其标准号	检出限 / 检出范围	分析仪器	参考文献
化学需氧量	重铬酸盐法 HJ 828—2017	4 mg/L	酸式滴定管	Dedkov et al.，2000
总磷	钼酸铵分光光度法 GB 11893—1989	0.01 mg/L	722N 分光光度计	Agrawal & Majumdar.，1995
总氮	碱性过硫酸钾消解紫外分光光度法 HJ 636—2012	0.05 mg/L	UV-5500PC 紫外可见分光光度计	Wu et al.，2013
氨氮	纳氏试剂分光光度法 HJ 535—2009	0.025 mg/L	722N 分光光度计	Feng et al.，2016
硝酸盐氮	酚二磺酸分光光度法 GB 7480—1987	0.02 mg/L	722N 分光光度计	Tong et al.，2017

（二）提取种植结构，确定实验轮作作物

本书的种植结构提取采用了野外核查与面向对象的决策树分类相结合的方法。选取2020年的遥感数据，利用叠加 Sentinel-2A NDVI 时间序列数据，获取各类型农作物的 NDVI 时序曲线，通过比对确定 NDVI 最大差异值来区分不同农作物类型，并在 eCognition 软件进行多尺度分割，结合面向对象的决策树分类方法，逐层识别作物类型、提取其空间分布信息。根据实地调查，将本书的种植作物分类类别确定为水稻、紫叶莴笋、玉米、蚕豆、油菜，提取6种种植结构。取 Kappa 系数≥0.7的总体精度值作为最终结果，最后选取面积最大的2种种植结构作为实验轮作作物。

（三）结构方程模型

结构方程模型是当今学术界流行的一种统计方法，其可以对抽象的概念进行估计与鉴定，同时也能够进行潜在变量的估计与复杂的自变量或因变量进行参数估计，其被广泛应用于环境生态科学以及农业领域科学的研究中。本书运用结构方程模型，进一步去探讨农业面源污染与不同的施肥水平之间的关系，并用 SPSS 26.0 与 Amos Graphic 软件进行结构方程模型的数据处理。

（四）统计分析

采用单因素方差分析（ANOVA）检验各不同农作物施肥处理间差异的显著性，采用 SPSS 26.0 进行相关的统计分析。当方差分析中的 F 值具有统计学意义时，采用最小显著性差异检验（显著性水平 $P<0.05$）进行均值分离。采用双尾偏相关分析和多重线性回归分析不同农作物的施肥水平与农业面源污染之间的关系，使用 OriginPro 2022 软件完成相关图件的绘图。

四、结果与分析

（一）遥感解译

本书选取2020年遥感影像进行种植结构的提取，如图7–4所示，洱海流域的种植结构分为6类（Kappa系数=0.71），即紫叶莴笋—紫叶莴笋轮作、水稻—油菜轮作、水稻—蚕豆轮作、玉米—油菜轮作、玉米—蚕豆轮作与其他轮作方式，水稻—蚕豆轮作种植面积占比最大（35.72%），其次是玉米—蚕豆轮作（28.64%），水稻—油菜轮作占比最小（3.32%），前5种种植面积占总面积的70.56%，基本可以反映洱海流域总体种植结构情况。

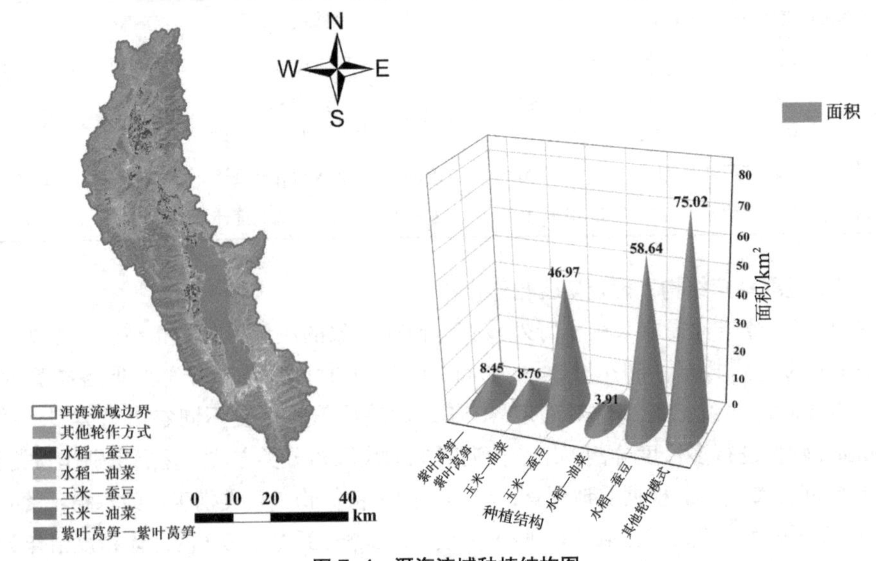

图7–4 洱海流域种植结构图

从种植结构分布区域来看，紫叶莴笋—紫叶莴笋、玉米—油菜轮作主要分布在洱海流域中游，且靠近洱海北部；而玉米—蚕豆轮作在流域上游、中游与下游均有分布，大多分布在居民点与道路附近；水稻—油菜轮作则多分布于流域上游与中游靠近水域的区域；水稻—蚕豆轮作种植面积最大，分布范围最广，主要集中在流域上游与中游，以洱源县居多，且靠近水域与居民点。

（二）不同农作物的施肥水平对农业面源污染的影响

不同农作物的施肥水平对农业面源污染的各项指标值有影响，如图7–5所示。进水口的指标值要小于施肥处理之后的指标值，这说明在进行施肥处理之后对农业面源污染排放量有一定的影响。具体从减施化肥水平实验来看，总氮与化学需氧量随着施肥水平的增加，其含量也不断地增大。而氨氮、硝酸盐氮与总氮随着施肥水平的增加，其含量的变化各异。

从不同的种植作物来看，水稻作物的化学污染排放量相比其他3种作物来说要小很

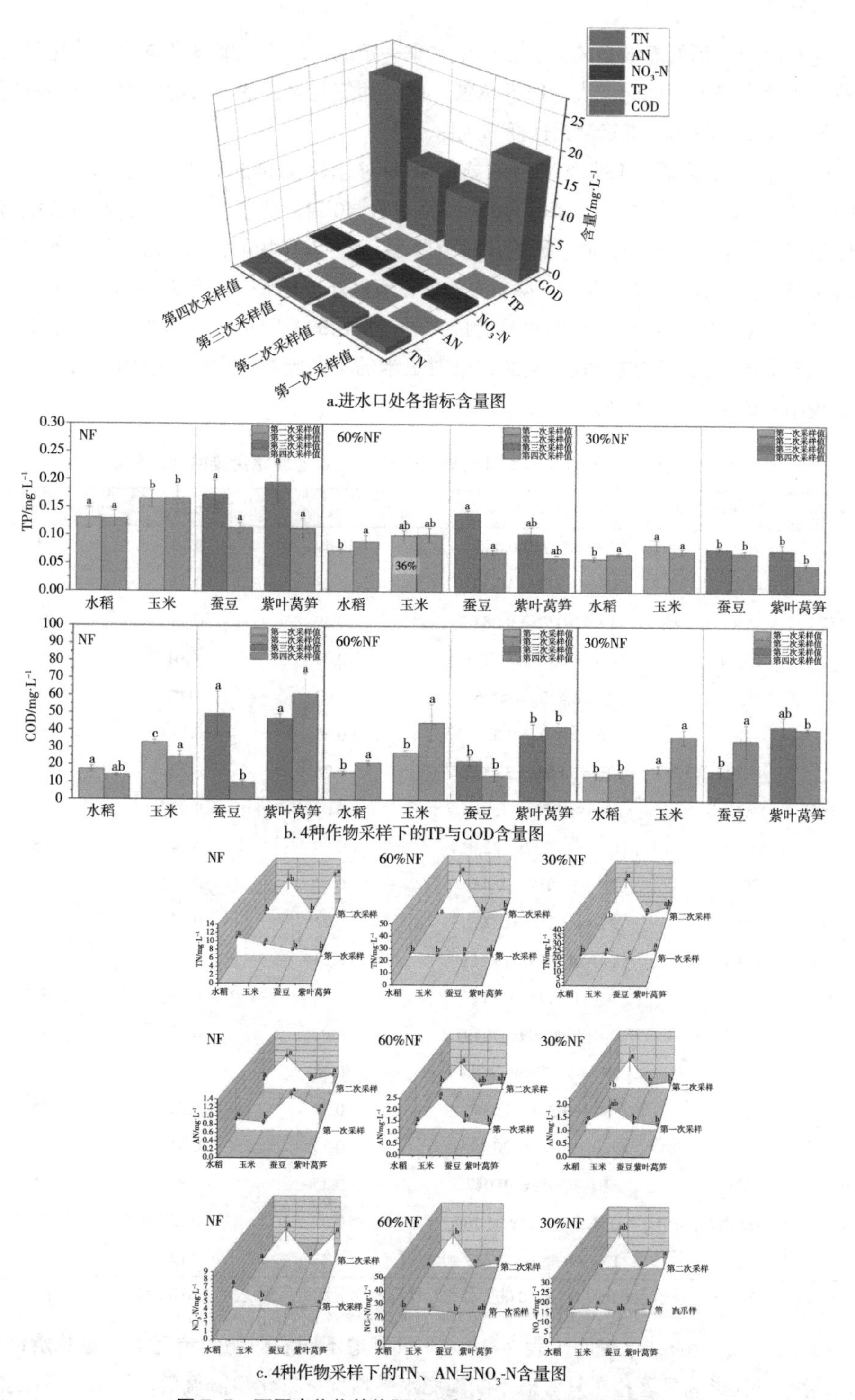

a.进水口处各指标含量图

b. 4种作物采样下的TP与COD含量图

c. 4种作物采样下的TN、AN与NO_3-N含量图

图 7-5　不同农作物的施肥处理与农业面源污染排放量图

注：字母 a，b，c 表示同一农作物的不同施肥水平的误差柱在 P<0.05 的概率水平上无显著差异。

多。这是因为水稻的灌溉量较大，在施肥水平一定的情况下，灌溉量越大，其化学污染排放浓度就会降低。同时，大春时期总氮、硝酸盐氮与氨氮的排放量要大于小春时期的排放量，而总磷与化学需氧量无这样的规律。

从回归结果来看，4 种农作物的施肥处理对总磷的排放有所影响，且影响最大（表 7–2）。（水稻 R^2=0.49，玉米 R^2=0.55，蚕豆 R^2=0.22，蔬菜 R^2=0.36）。4 种农作物的施肥处理对化学需氧量的排放量影响比总磷要小。4 种农作物的施肥处理对氮的各项指标值影响最小，且影响效果不显著。除蚕豆的氨氮值以外，其余的均出现了负向影响效应。

从不同农作物所产生排放的水质指标来看，水稻的截距项与斜率值最小，玉米的截距项与斜率值最大。这说明农业面源污染对玉米的不同施肥处理极为敏感，而对水稻敏感度较小，蔬菜与蚕豆次之。

表7–2　不同农作物在不同施肥处理条件下对农业面源污染的回归分析

农作物	水质指标	回归方程	R^2	调整后 R^2	P-value
水稻	TP	TP=0.023*x*+0.062	0.49	0.46	**
	COD	COD=1.917*x*+10.222	0.28	0.23	*
	AN	AN=0.079*x*+0.084	0.49	0.45	**
	NO_3-N	NO_3-N=0.314*x*+0.636	0.04	–0.01	NS
	TN	TN=0.410*x*+1.336	0.03	–0.02	NS
玉米	TP	TP=0.030*x*+0.075	0.55	0.52	***
	COD	COD=5.883*x*+38.111	0.26	0.22	*
	AN	AN=–0.273*x*+1.668	0.08	0.02	NS
	NO_3-N	NO_3-N=–5.227*x*+22.014	0.09	0.04	NS
	TN	TN=–10.019*x*+9.448	0.24	0.21	*
蚕豆	TP	TP=0.025*x*+0.075	0.21	0.17	*
	COD	COD=4.500*x*+13.111	0.25	0.22	*
	AN	AN=0.121*x*+0.217	0.10	0.04	NS
	NO_3-N	NO_3-N=–1.609*x*+4.497	0.07	0.02	NS
	TN	TN=–2.025*x*+5.608	0.08	0.02	NS
蔬菜	TP	TP=0.038*x*+0.038	0.36	0.32	**
	COD	COD=9.750*x*+20.444	0.35	0.31	**
	AN	AN=–0.019*x*+0.047	0.35	0.31	**
	NO_3-N	NO_3-N=–1.351*x*+6.167	0.29	0.23	*
	TN	TN=–0.584*x*+7.772	0.21	0.19	*

注：*、* *、* * * 表示在 0.05、0.01、0.001 水平上具有统计学意义；NS 表示在 0.05 水平上无统计学意义。

ANOVA 检验的结果表明（表 7–3），在只考虑不同农作物的情况下，除总磷以外，其余指标与其影响显著；在只考虑不同施肥水平情况下，化学需氧量、氨氮、硝酸盐氮和总氮与其影响不显著。如果二者都考虑在内的话，在 $P<0.001$ 的概率水平下显著影响总磷（TP）、总氮（TN）、化学需氧量（COD）、氨氮（AN），在 $P<0.01$ 的概率水平下显著影响硝酸盐氮（NO_3-N）。

表7-3　不同农作物与施肥水平对农业面源污染的组内效应与组间效应的ANOVA检验

项目	化学需氧量	总磷	氨氮	硝酸盐氮	总氮
不同农作物	***	NS	***	***	***
不同施肥水平	NS	***	NS	NS	NS
不同农作物 + 施肥水平	***	***	***	***	***

注：*、**、*** 分别表示在 0.05、0.01、0.001 概率水平上有统计学意义；NS 在 0.05 统计学水平上无统计学意义。

（三）气候、灌溉水平、种植结构、施肥水平与面源污染响应

1. 结构方程模型假设

结合上述实验结果、观测数据和前人分析，本书构建了影响洱海流域农业面源污染的结构方程假设模型。本模型选取农业面源污染为外生潜在变量，种植结构、施肥处理、气候与灌溉水平为内生变量。具体每一种内生变量之间的影响假设如图 7–6 所示。本书一共提出了 8 种假设，H_1 为气候对农业面源污染有一定影响；H_2 为种植结构对农业面源污染有一定影响；H_3 为施肥水平对农业面源污染有一定影响；H_4 为灌溉量对农业面源污染有一定影响；H_5 为气候会影响区域种植结构；H_6 为种植结构会影响施肥水平；H_7 为

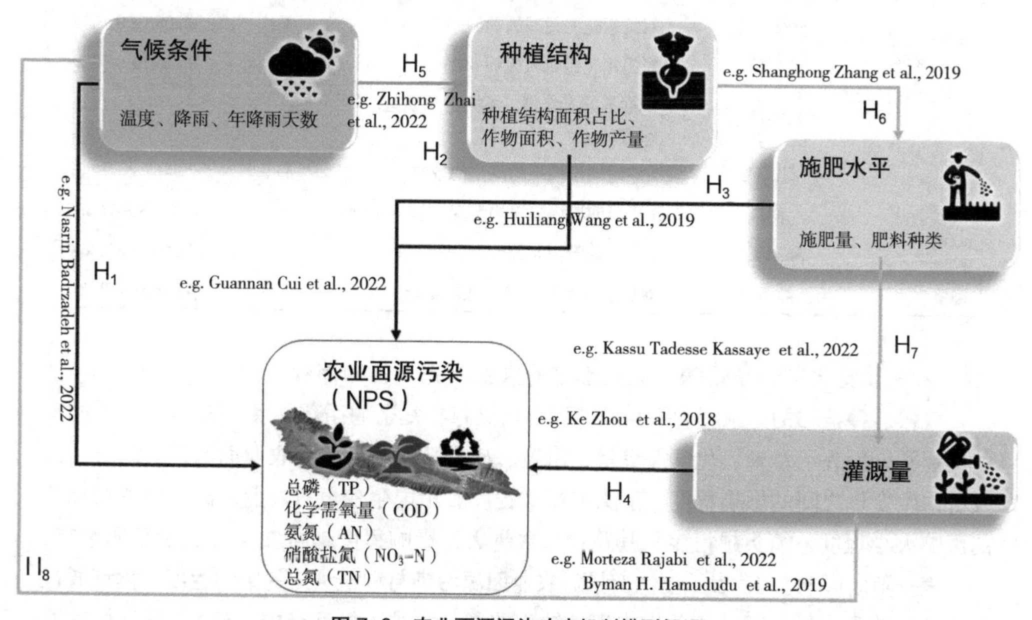

图 7–6　农业面源污染响应机制模型假设

施肥水平会影响灌溉量；H_8 为气候与灌溉量有很强的相关关系。

从模型选取的显性变量来看（表 7-4），农业面源污染强度的衡量主要选取了 TP、TN、COD、NO_3-N 与 AN。种植结构显性变量主要选取种植结构面积占比、不同农作物的面积与单产进行衡量。施肥处理显性变量选取农作物常规施肥、60% 施肥与 30% 施肥的施肥量进行选取，同时对施肥种类进行了选取。气候则选取了降雨量、温度与降雨天数。而在灌溉水平显性变量选取时，我们采用了灌溉量数据进行衡量。

表7-4 因变量（农业面源污染）和解释变量（施肥水平、种植结构、气候条件与灌溉水平）情况表

指标类型	变量	变量描述	单位	Mean ± SD
农业面源污染	总磷（TP）	农业面源污染的主要来源，以施用磷肥为主	mg/L	0.1196 ± 0.0425
	化学需氧量（COD）	是以化学方法测量水样中需要被氧化的还原性物质的量	mg/L	7.7875 ± 1.5149
	氨氮（AN）	是指以氨或铵离子形式存在的化合氮	mg/L	25.6111 ± 14.9229
	硝酸盐氮（NO_3-N）	含氮有机物氧化分解的最终产物	mg/L	4.0825 ± 8.4631
	总氮（TN）	水中的总氮含量是衡量水质的重要指标之一	mg/L	7.7875 ± 11.5149
种植结构	种植结构面积百分比	各种种植结构种植面积的比例关系	%	24.621 ± 14.124
	种植作物产量	作物产品的数量	t/hm^2	3.15687 ± 5.8694
	种植作物面积	实际种植农作物的面积	hm^2	46105.0 ± 47238.612
施肥水平	常规施肥	按照作物高产方向进行施肥	kg	0.3188 ± 0.1968
	60% 施肥	对施用化肥量减施约 60%	kg	0.2088 ± 0.1335
	30% 施肥	对施用化肥量减施约 60%	kg	0.1250 ± 0.0809
	施肥种类	根据不同农作物、不同生长期施用不同肥料	—	—
气候条件	降雨量	1 年时间段内平均降雨的数量	mm	2.9462 ± 1.7246
	温度	1 天时间段内的平均温度	℃	15.2843 ± 4.9363
	降雨天数	1 年内的降雨天数	d	94.3564 ± 17.2687
灌溉水平	灌溉量	通过引入水源与降水进行灌溉	m^3/ 亩	6.9280 ± 8.9735

2. 气候变化下种植结构、施肥水平对农业面源污染的影响

气候、种植结构、施肥水平与农业面源污染存在复杂的循环关系（图 7-7）。不同灰度的箭头分别表示总磷、化学需氧量、氨氮、硝酸盐氮与总氮对农业面源污染的影响以及各内生变量之间的影响程度。箭头的粗细程度表示内生变量对农业面源污染各指标值的影响大小程度，箭头越粗表示其路径系数越大，影响程度越高。“+”表示正向影响，“–”表示负向影响。R^2 表示显性变量对农业面源污染与种植结构的影响程度。模型通过高修正指数和变量之间的相关性来识别缺失路径，并纳入模型当中，5 个水质指标均通

过模型拟合最低标准，如比较拟合指数（CFI>0.90）、近似均方根误差（RMSEA<0.08）、卡方（$\chi^2<10$）值和 P>0.05 值。

从图 7-7 可以看出，在模型因变量农业面源污染中，各显性变量对农业面源污染的影响程度从大到小依次为总氮（$R^2=0.903$）、硝酸盐氮（$R^2=0.868$）、氨氮（$R^2=0.804$）、化学需氧量（$R^2=0.313$）、总磷（$R^2=0.292$）。在模型自变量种植结构中，各显性变量对种植结构的影响程度最大为农作物种植面积（$R^2=0.875$），种植结构面积占比次之（$R^2=0.394$），最小为作物的产量（$R^2=0.196$）。

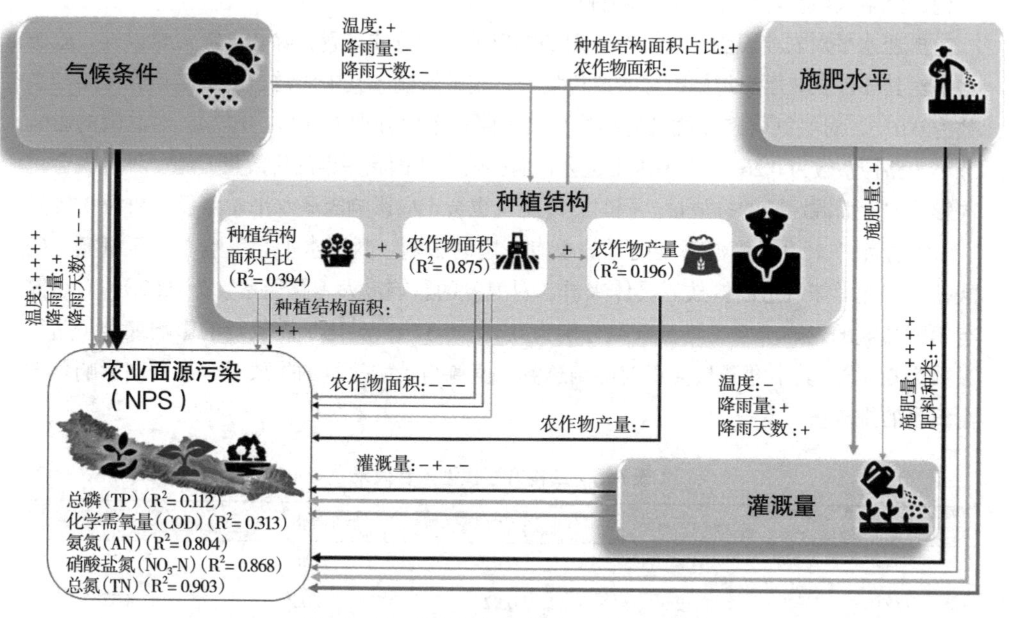

图 7-7 农业面源污染影响因素结构方程模型

种植结构与农业面源污染之间的响应关系。种植结构面积占比、不同农作物的种植面积与农作物的单产均对洱海流域农业面源污染有一定的影响。具体来看，实验区中的水稻—蚕豆、玉米—蔬菜轮作体系中（表 7-5），2 种轮作对总磷的排放量影响最大（$R^2>0.369$，$P<0.05$），对化学需氧量排放量影响次之，对氮的各项指标排放量影响最小。而种植结构面积占比会显著正向影响总磷、化学需氧量与总氮的排放量，其路径系数分别为 0.21、0.24、0.29。作物的种植面积也会正向影响总磷、化学需氧量与总氮的排放量，其路径系数分别为 0.35、0.32、0.39。作物的单产会正向影响总氮的排放量，且影响较大（路径系数为 0.57）。种植结构对施肥水平也存在一定的响应关系（路径系数为 0.25），具体来看，作物的面积会负向影响施肥水平，种植结构占比会正向影响施肥水平。在种植结构的 3 个显性变量中，种植结构占比与作物面积有着正相关关系，作物面积与作物产量也存在着正相关关系。

气候因子对农业面源污染存在一定的影响。气候对总氮排放量的影响最大，其路径系数为 0.87；对氨氮的影响次之（路径系数为 0.48）；对化学需氧量与硝酸盐氮的影响最小（路径系数分别为 0.38、0.36）。其中温度正向影响总氮、氨氮、化学需氧量与硝酸盐氮的排放量，降雨正向影响总氮的排放量，降雨天数正向影响化学需氧量排放量，负向影响氨氮与总氮的排放量。气候对灌溉水平也存在一定的影响，其影响程度为 0.94。具体来看，降雨量与降雨天数正向影响灌溉水平，温度负向影响灌溉水平。气候对种植结构也存在响应关系，具体来看，气候对种植结构的响应系数为 0.28。温度正向影响种植结构，降雨天数与降雨量负向影响种植结构。

施肥水平对农业面源污染存在一定的响应关系。具体来看，除化学需氧量以外，施肥水平对其 4 种农业面源污染指标排放量均有一定的影响。其中对总氮的影响最大（路径系数为 0.67），对氨氮与硝酸盐氮的影响次之（路径系数分别为 0.44、0.47），对总磷的影响最小（路径系数为 0.26）。其中施肥量会正向影响农业面源污染的排放量，施肥种类也会正向影响农业面源污染的排放量。同时，施肥量也会正向影响灌溉水平（路径系数为 0.34）。

灌溉水平对农业面源污染的排放也有一定的影响。灌溉水平会影响总氮、氨氮、硝酸盐氮与化学需氧量的排放。具体来看，对氨氮的影响最大（路径系数为 0.62）；对总氮与硝酸盐氮的影响次之（路径系数分别为 0.45、0.37）；对化学需氧量的影响最小（路径系数为 0.26）。其中灌溉量会正向影响总氮、氨氮与硝酸盐氮的排放量，会负向影响化学需氧量的排放量。

表7-5　结构方程模型拟合效果

类型	Chisq P-value	CFI	REMSA	χ^2
TP	0.06	0.91	0.08	10.72
COD	0.12	0.92	0.02	8.45
AN	0.08	0.94	0.04	6.12
NO_3-N	0.07	0.92	0.03	3.78
TN	0.14	0.96	0.01	2.54

五、讨论与结论

（一）讨论

1. 种植结构提取的方式与种植模式的选择

本书选取 2020 年为基准年，与其他年份相比，2020 年的云层量少，其解译难度小，解译精确，且种植结构在很长时间内难以发生大的变化。洱海流域的轮作模式还有水稻—大蒜、山坡地玉米—大麦等[①]，由于其种植比例小，因此将其纳入其他种植结构面积中。

① Yang J，Liang J，Yang G，et al. Characteristics of Non-Point Source Pollution under Different Land Use Types［J］. Sustainability，2020，12（5）：2012.

水稻—蚕豆、玉米—蚕豆轮作模式面积占比分别为35.72%、28.64%，其面积占比较大，因此本书采用这2种种植模式进行减施化肥实验。但在小春作物的选取时，如果全部种植蚕豆，势必会造成种植作物的重合，因此本实验将玉米—蚕豆轮作换成了玉米—蔬菜轮作。

本书只对2种种植结构面积占比较大的作物进行减施化肥实验，在今后的研究中，要增加更多种类的种植结构，去研究多种类作物轮作下的减施化肥对农业面源污染的影响。

2. 不同农作物的施肥水平对农业面源污染的响应机制

部分进水口的检测指标值明显高于施肥处理后的值，原因可能是气候、田块本身的物理化学性质或人为扰动因素所影响。通过以上结果（表7–2）可以发现，水稻的回归系数与截距项的数值明显低于其他农作物的数值。这可能是水稻的灌水量大，在施肥量不变、灌水量增加的情况下，其化学污染排放浓度会有所降低[①]。对于玉米来说，TN的排放量随着施肥水平的不断减少，而对于NO_3-N与AN来说，施肥水平与其排放量影响不显著，其原因可能是由于氮在土壤的迁移转化比较复杂，受到的外界影响比较多。对于蚕豆来说，不同施肥水平对NO_3-N、AN与TN无显著关系，蔬菜的施肥水平显著负向影响TN与NO_3-N，这可能是蔬菜作物的氮肥损失主要以氮的淋溶为主，而地表径流排放对氮的损失影响较小，导致其呈现负向影响的原因。

3. 农业面源污染对相关影响因素的响应机制

不同农作物的施肥水平对磷有显著影响，而在结构方程模型构建中，氮的各项指标对农业面源污染影响最大，磷的影响最小，造成这一现象的原因是洱海流域农作物总体对磷元素的需求量大、吸收快，且磷在土壤中的固定较为普遍，农作物得到灌溉后，磷的排放量也不断增加。氮的转化较为频繁，且洱海流域进水口位于洱源县县城，城市生活废水与氮肥不合理利用导致氮的不合理排放，从而影响了氮的排放量。

在建构方程模型构建中，灌溉量正向影响化学需氧量的浓度，其原因是随着灌溉量的增加，水中的溶解氧也不断地增加，导致水中的耗氧量也不断地增加。一般来说，耗氧量越大，化学需氧量浓度越高，因此灌溉量会正向影响化学需氧量浓度。

温度对农业面源污染影响显著，其原因是在一定的范围内，温度越高，水中的微生物越活跃、化学反应越剧烈，从而造成农业面源污染排放增加。部分农作物的种植面积与农业面源污染呈负相关，这是因为农作物本身有强大的吸附能力，减少了氮磷等污染物的排放，如玉米秸秆、小麦、油菜等。

4. 不足与展望

本书在低纬高原气候下探究种植结构、施肥水平与农业面源污染的响应机制，但是农业面源污染形成机制复杂，影响因素众多，如产业结构、肥料利用率等。因此，在今后的研究中，需要全方位考虑农业面源污染的影响因素。

---

① Wang H，He P，Shen C，et al. Effect of irrigation amount and fertilization on agriculture non-point source pollution in the paddy field［J］. Environmental Science and Pollution Research，2019，26（10）：10363–10373.

本书探讨了不同农作物的施肥水平对农业面源污染的影响，相比前人只讨论单一作物来说，本书的研究更具有全面性，但是不同作物的不同生长阶段对农业面源污染的影响各不相同。本书未对不同作物的时空生长变化对农业面源污染排放进行深度探究，因此在今后的研究中，要对不同作物时空生长阶段的产污排放量进行监测，探讨作物的生长对农业面源污染产污时空变化规律。

（二）结论

本书利用遥感解译、结构方程模型等方法，结合气候与灌溉量因素，探究了种植结构、施肥水平与农业面源污染的响应机制，结论如下。

（1）洱海流域的种植结构一共有 6 种，即紫叶莴笋—紫叶莴笋轮作、水稻—油菜轮作、水稻—蚕豆轮作、玉米—油菜轮作、玉米—蚕豆轮作与其他轮作方式。其中水稻—蚕豆面积最大，约占总体种植面积的 35.72%，玉米—蚕豆种植面积次之，约占总体面积的 28.64%，因此实验选取这 2 种轮作方式。

（2）结合前人研究，本书提出了 8 种高原湖泊气候下施肥水平、种植结构与农业面源污染关系假设模型，最终 8 种结果都得到了验证（CFI>0.91）。

（3）总氮对农业面源污染的贡献度最大（R^2=0.903），而在水稻—蚕豆、玉米—蔬菜轮作中，总磷对农业面源污染的贡献度最大（R^2>0.369）。其中，水稻作物对农业面源污染的敏感度最小（系数 <2，截距项 <11），玉米对农业面源污染的敏感度最大（系数 <10，截距项 <40）。

（4）结构方程模型结果表明，气候对总氮的排放量影响最大，路径系数为 0.87；灌溉量对氨氮的影响最大，路径系数为 0.62；施肥水平对总氮的影响最大，路径系数为 0.67；种植结构面积占比对总磷（路径系数为 0.21）、总氮（路径系数为 0.29）、化学需氧量（路径系数为 0.24）有一定影响；作物面积显著影响总磷（路径系数为 0.35）、总氮（路径系数为 0.32）与化学需氧量（路径系数为 0.38）的排放量；作物单产会显著影响（路径系数为 0.57）总氮的排放量。

（5）外生潜在变量之间的相互关系中，气候对灌溉量的路径系数为 0.94，说明气候对灌溉量有着很强的影响关系；气候对种植结构、种植结构对施肥水平、施肥水平对灌溉量均有一定的影响，但影响较小，其路径系数分别为 0.28、0.25、0.34。

在洱海流域生态治理陷入困境之时，本书为种植结构的调整与减施化肥处理提供一定的理论依据，为流域生态环境保护提供新思路。

第二节　施肥水平对洱海流域上游面源污染影响

一、引言

目前，农业面源污染，特别是化肥的不合理施用引起的面源污染，导致湖泊、河流水质的下降，引起严重的环境问题；农业生产施肥产生的动态影响，也使细菌、农药、重金属等污染物向土壤进行扩散，造成土壤污染，威胁流域生态环境安全。因此，控制农业面源污染的核心是施肥问题，其已成为学者们日益关注的焦点[①]。在2023年的中央一号文件中明确指出，要加快推进农业绿色发展，实现水肥一体化，要正确处理好农业用水与农业施肥之间的关系。而农业面源污染具有很强的随机性、复杂性与不确定性，使得农业面源污染成为世界水污染控制领域的一大难点。因此，如何精确量化农业面源污染排放量，探究不同农作物的施肥水平与面源污染之间的关系是实现流域水环境生态治理的关键。

洱海流域上游是洱海水污染最大污染源，化肥使用不当是造成面源污染的主要原因。据测算，每年进入洱海的总氮约9891t，总磷约108.1t，其中面源污染分别约占97.1%和92.5%，点源污染分别约占2.9%和7.5%。洱海流域农业面源氮、磷污染是洱海富营养化的主要影响因素，其中种植业面源污染对水环境污染贡献最大，化肥施用又是种植业面源污染的主要来源，约占62%[②]。可见，洱海流域水环境污染治理的关键在面源污染，面源污染治理的重点是种植业产生的水环境危害，而种植业面源污染治理的核心是优化种植结构、科学合理地施用化肥。

目前，学者们多从气候、土地利用、灌溉水平等方面进行面源污染的研究，如在Shigenobu River流域探讨了土地利用方式对生化需氧量（BOD）、总氮（TN）、总磷（TP）和悬浮物（SS）的季节性变化和空间变化的影响。也有学者们还侧重于不同施肥方式对农作物氮肥利用率及养分累积分配的关系，而不同轮作下的施肥水平与面源污染关系的研究鲜有报道。因此，本书确立不同的轮作作物，探究不同农作物的施肥水平与农业面源污染之间的关系。

学者们在农业面源污染研究时大多结合降雨径流进行，部分还探讨了施肥方式对土壤养分分布的影响[③]，当前对于减施化肥下地表径流田面水中氮磷浓度动态变化的研究较少。对于农业面源污染的水质测量指标中，学者们除了测量TP、TN指标外，还测量了BOD、COD、NO_3-N与AN。造成农业面源污染的污染物有很多，前人对农业面源污染选取的指标相对较少，因此本书选取5种典型的农业面源污染水质指标进行探讨。

本书结合项目区主要轮作作物与实地调研，确定实验区的轮作作物，设置对照组与实验组，其中对照组进行常规施肥，实验组进行减量施肥，在作物不同的生长阶段进行批次施肥后且降雨后进行水质的采样，测定化学需氧量（COD）、总磷（TP）、氨氮（AN）、硝酸盐氮（NO_3-N）与总氮（TN）5项水质指标。结合5种水质指标，分析不同

---

① Zhang K，Bai M，Li Y，et al. A Non-Uniform Broadcast Fertilization Method and Its Performance Analysis under Basin Irrigation[J]. Water，2020，12（1）：292.

② Lu Z H，Yu B，Zhang H，et al. Association analysis between agricultural non-point source pollution and water environment change in Erhai Lake Basin[J]. Journal of Central China Normal University（Natural Science Edition），2017，51（2）：215–223.

③ Liu H，Xu W，Li J，et al. Short-term effect of manure and straw application on bacterial and fungal community compositions and abundances in an acidic paddy soil[J]. Journal of Soils and Sediments，2021，21（9）：3057–3071.

农作物的施肥水平与农业面源污染之间的关系，构建相应的关系模型。本研究可为洱海流域面源污染的源—汇风险空间格局评价、划分，以及种植生态区划提供理论支撑，为流域的生态环境治理提供新思路、新方法。

二、数据来源与处理

本实验的实验地点位于洱源县茈碧湖镇，设置3个处理，3次重复，随机排列，小区净面积0.018亩，共18个小区，约0.324亩，并做防渗处理确保田间有水时不漏水、不渗水。每个径流小区对应1个径流收集桶，径流收集桶容积为0.6m³。实验占地面积约1.5亩。同时，本实验设计2种种植模式，水稻—蚕豆轮作与玉米—土豆轮作，见图7–8。

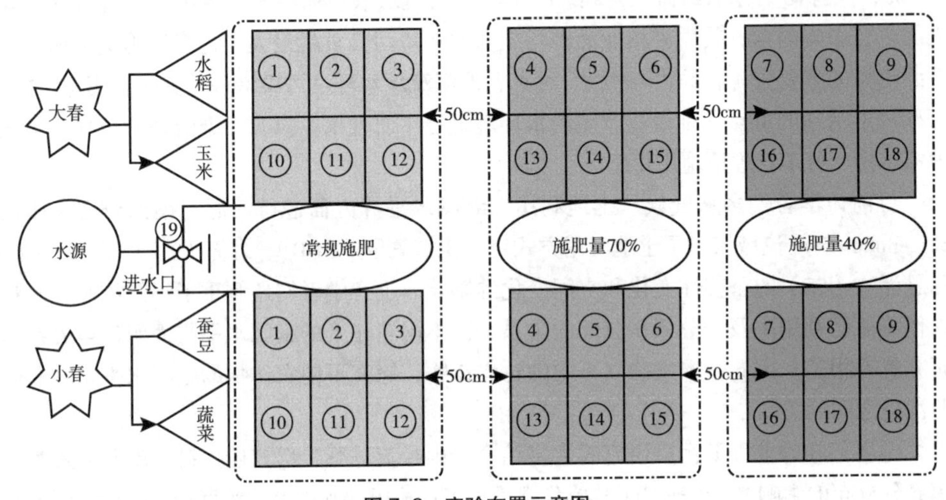

图7–8 实验布置示意图

本实验在2022年3月至2023年4月进行，分为大春（每年5~8月）与小春（每年10~12月）种植。在大春主要种植水稻与小麦，在小春主要种植蚕豆与土豆。在进水口处与每个小区设立一个径流收集桶，同时进行相应的编号。每一个小区的编号按次序分别编1~18号，进水口处为19号。对进水口水源监测的目的在于与施肥后的田块水质进行对比。在大春时期，水稻分别在1~9号田块种植，其中1~3号田块进行常规施肥，4~6号田块按照施肥量的60%进行施肥，7~9号田块按照施肥量的30%进行施肥，玉米分别在10~18号田块种植，其中10~12号田块进行常规施肥，13~15号田块按照施肥量的60%进行施肥，16~18号田块按照施肥量的30%进行施肥。同理，在小春时期，蚕豆与土豆施肥处理方法与大春时期相同。

为了确保每个小区在进行实验时不受其余小区的影响，施肥处理组相同的田块之间田埂宽度为25cm，施肥处理组不同的田块之间田埂宽度为50cm。在种植农作物之前，利用农业防渗水薄膜进行不同施肥处理田块之间的分割，防止不同小区之间的相互影响，使实验误差降到最小。

在进行实验期间，要在基肥与追肥时期进行施肥，具体每个时期的施肥时间、施肥量与施肥水平见表 7–6。

表7–6　不同作物的施肥处理水平

作物种类	施肥日期	施肥种类	施肥标准	施肥量 /kg
水稻	2022 年 6 月 1 日	复合肥	正常施肥	0.15
			减施 60%	0.1
			减施 30%	0.06
	2022 年 6 月 17 日	尿素	正常施肥	0.4
			减施 60%	0.23
			减施 30%	0.16
玉米	2022 年 5 月 25 日	复合肥	正常施肥	0.45
			减施 60%	0.32
			减施 30%	0.18
	2022 年 6 月 20 日	尿素	正常施肥	0.75
			减施 60%	0.5
			减施 30%	0.3
蚕豆	2022 年 11 月 1 日	复合肥	正常施肥	0.25
			减施 60%	0.17
			减施 30%	0.1
	2022 年 11 月 29 日	尿素	正常施肥	0.17
			减施 60%	0.09
			减施 30%	0.05
土豆	2022 年 11 月 5 日	复合肥	正常施肥	0.25
			减施 60%	0.17
			减施 30%	0.1
	2022 年 11 月 29 日	尿素	正常施肥	0.13
			减施 60%	0.09
			减施 30%	0.05

三、研究方法

（一）测量指标与测量方法

本实验的灌溉水除水稻需要在不同生长期灌溉之外，其余作物均靠降雨。同时，本实验需测量每个小区水质指标，包括总磷（TP）、总氮（TN）、化学需氧量（COD）、氨氮（AN）、硝酸盐氮（NO_3-N）。

1. 总磷（TP）的测定方法

总磷（TP）的测定方法为钼酸铵分光光度法（GB 11893—1989）。水中的含磷化合物在过硫酸钾的作用下，转变为正磷酸盐。正磷酸盐在酸性介质中，可同钼酸铵和酒石酸氧锑钾反应，生成磷钼杂多酸。磷钼杂多酸能被抗坏血酸还原，生成深色的磷钼蓝。在700nm波长下，测定样品的吸光度。从用同样方法处理的校准曲线上查出水样含磷量，计算总磷浓度，用mg/L表示。本法最低检出浓度为0.01mg/L。本实验所用的分析仪器为722N分光光度计。

2. 化学需氧量（COD）的测定方法

化学需氧量（COD）的测定方法为重铬酸盐法（HJ 828—2017）。在水样中加入已知量的重铬酸钾溶液，并在强介质下以银盐作催化剂，经沸腾回流后，以试亚铁灵为指示剂，用硫酸亚铁铵滴定水样中未被还原的重铬酸钾，由消耗的硫酸亚铁铵的量换算成消耗氧的质量浓度。在酸性重铬酸钾条件下，芳烃及吡啶难以被氧化，其氧化率低，在硫酸银催化作用下，直链脂肪族化合物可有效地被氧化。该法通常需要用到COD消解器，回流2h。本法最低检出浓度为4mg/L①。本实验所用的分析仪器为酸式滴定管。

3. 总氮（TN）的测定方法

总氮（TN）的测度方法为碱性过硫酸钾消解紫外分光光度法（HJ 636—2012）。在120~124℃条件下，碱性过硫酸钾溶液使样品中含氮化合物的氮转化为硝酸盐，采用紫外分光光度法于波长220nm和275nm处，分别测出吸光度。本法最低检测浓度为0.05mg/L。本实验所用的仪器为UV-5500PC紫外可见分光光度计。

4. 氨氮（AN）的测定方法

氨氮（AN）的测定方法为纳氏试剂分光光度法（HJ 535—2009）。纳氏试剂分光光度法是指在强碱溶液中氨（或铵）能与纳氏试剂（碘化钾的强碱溶液）反应生成黄棕色胶体化合物。此颜色在较宽的波长范围内具有强烈吸收，通常使用410~425nm范围波长光比色定量。此方法多用来测定工农业水质中氨氮的测量。本法的最低检测浓度为0.025mg/L②。本实验所用的仪器为722N分光光度计。

5. 硝酸盐氮（NO_3-N）的测定方法

硝酸盐氮（NO_3-N）的测定方法为酚二磺酸分光光度法（GB 7480—1987）。其主要原理是硝酸盐在无水存在情况下与酚二磺酸反应，生成硝基二磺酸酚，于碱性溶液中又生成黄色的化合物，在410nm处测其吸光度。此方法多用测量水质中硝酸盐氮的浓度。本法的最低检测浓度为0.02mg/L③。本实验所用的仪器为722N分光光度计。

本实验一共采集了4次水样，采集时间分别为2022年6月10日、2022年7月28日、

---

① Dedkov Y M，Elizarova O V，Kel'ina S Y. Dichromate method for the determination of chemical oxygen demand［J］. Journal of Analytical Chemistry，2000，55（8）：777–781.

② Feng Y P，Qiu H N，Sun Z J. Research progress on determination of ammonia nitrogen in water by Nessler's reagent spectrophotometry［J］. Environmental science and technology，2016，39（S2）：348–352.

③ Tong L C，Chen Q，Wong A A，et al. UV-Vis spectrophotometry of quinone flow battery electrolyte for in situ monitoring and improved electrochemical modeling of potential and quinhydrone formation［J］.Physical Chemistry Chemical Physics，2017，19（47）：31684–31691.

2022年10月10日和2022年12月10日。均位于施肥时间之后。通过采集每一小区水样，对比分析不同农作物与施肥水平对农业面源污染的影响。

（二）统计分析

采用单因素方差分析（ANOVA）检验各不同农作物施肥处理间差异的显著性，采用SPSS 26.0进行相关的统计分析。当方差分析中的F值具有统计学意义时，采用最小显著性差异检验（显著性水平 $P<0.05$）进行均值分离。采用双尾偏相关分析和多重线性回归分析不同农作物的施肥水平与农业面源污染之间和施肥量与农业面源污染之间的关系，Pearson相关性分析法分析不同指标的相关性，取 $P<0.05$ 为显著性水平。使用OriginPro 2022软件完成相关图件的绘制。

四、结果与分析

通过上述实验设计与方法，测定总磷（TP）、总氮（TN）、化学需氧量（COD）、氨氮（AN）、硝酸盐氮（NO_3-N）的含量，具体结果如下。

（一）进水口的TP、TN、COD、AN、NO_3-N的含量

进水口水质测量点用于与农作物产生的污染排放量进行对比分析。如图7-9所示，在进水口处，4次采样氨氮的含量要小于硝酸盐氮的含量。总氮、氨氮、硝酸盐氮在大春水稻—玉米轮作时期的采样值要大于在小春蚕豆—土豆轮作时期的采样值。化学需氧

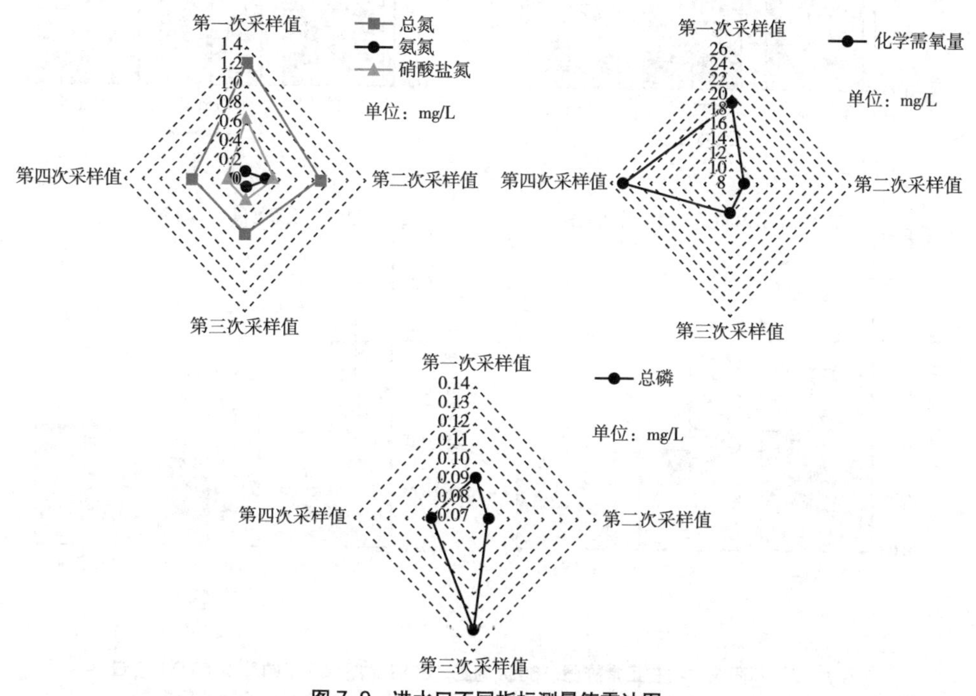

图7-9　进水口不同指标测量值雷达图

量与全磷在大春时期的采样值要小于在小春时期的采样值。

（二）不同施肥水平下水样总磷（TP）的排放量

不同农作物的3种施肥水平对总磷排放量的影响如图7–10所示。由图7–10可以得出，总磷排放量受施肥水平的影响较大。不同农作物随着施肥量的减少，其总磷排放量呈现下降趋势。从不同种植作物的角度来看，水稻—玉米大春轮作的2次施肥所产生的总磷排放量随着施肥量的减少而降低，其中基肥与追肥所产生的总磷排放量数值差异较小。而在蚕豆—土豆小春轮作时，蚕豆、土豆在进行基肥施用后所产生的总磷排放量随施肥量的减少而减少，而土豆追肥后所产生的总磷排放量出现了随施肥量的增加而增加的现象。

总体来看，不同农作物的第一次施肥所产生的总磷排放量要大于第二次施肥的总磷排放量。水稻出现相反的现象，其原因可能是水稻独有的生长条件与生长环境造就了水稻前期生长对磷有所需求。

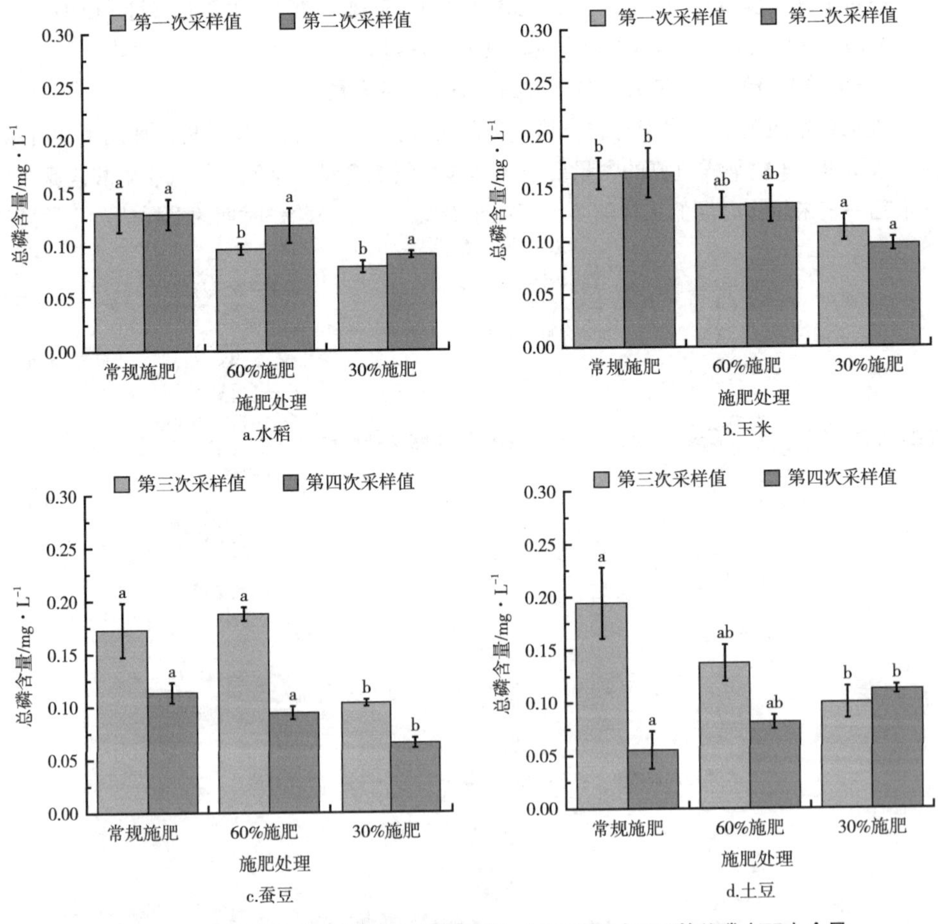

图7–10　不同农作物在正常施肥、60%施肥、30%施肥水平下的总磷（TP）含量

注：同一农作物的同一列中相同字母的误差柱在 $P<0.05$ 的概率水平上无显著差异，下同。

如图 7–9 所示的 4 次进水口 TP 含量的监测值，检测口的总磷含量均小于不同施肥处理水平的总磷含量，可见在不同农作物的施肥水平条件下，对总磷排放量有所影响。

（三）不同施肥水平下水样化学需氧量（COD）的排放量

不同农作物的 3 种施肥水平对化学需氧量排放量的影响如图 7–11 所示。由图 7–11 可以得出，化学需氧量的排放量受施肥水平、作物种植制度的影响较大。具体来看，在大春水稻—玉米轮作体系中，施用基肥后化学需氧量的排放量随着施肥量的减少出现了递增的趋势，施用追肥后的化学需氧量随着施肥量的减少出现了先增加后减少的趋势。在小春蚕豆—土豆轮作体系中，化学需氧量的含量随着施肥量的减少而出现了减少，其中蚕豆最为明显。

从不同作物的 COD 排放量来看，土豆所产生的 COD 最大，玉米与蚕豆次之，水稻最少。这可能与不同作物的施肥量的大小与进水口 COD 本身值含量较高有所关系。

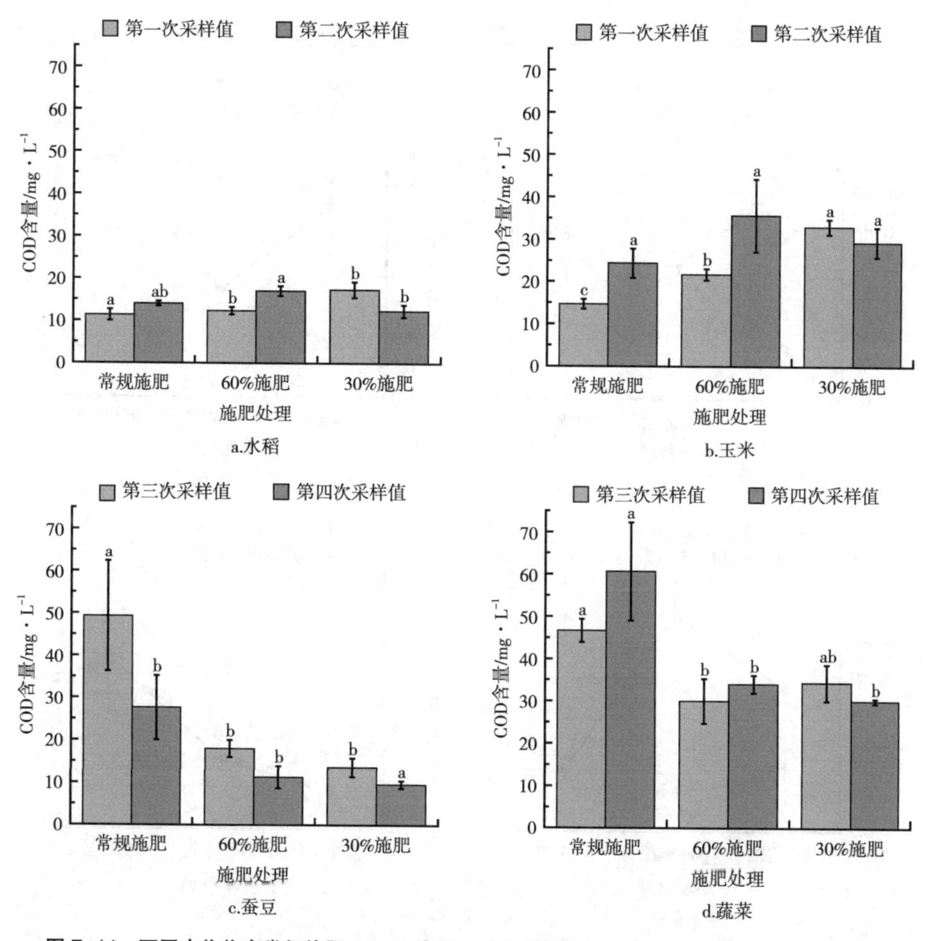

图 7–11 不同农作物在常规施肥、60% 施肥、30% 施肥水平下的化学需氧量（COD）含量

如图 7–9 所示的 4 次进水口 COD 含量的监测值，其中进水口的第二次采样与第三次采样的 COD 含量要大于不同农作物的不同施肥水平下的 COD 含量。水稻的第一次 COD 采样值要小于进水口，蚕豆的第四次采样中的二、三减施水平要小于进水口。

（四）不同施肥水平下水样氮的排放量

1. 不同施肥水平下水样总氮（TN）的排放量

不同农作物的 3 种施肥水平对总氮排放量的影响如图 7–12 所示。由图 7–12 可以得出，不同农作物与施肥阶段对 TN 的排放量都有着显著影响。水稻与玉米的 TN 排放量有着一致的变化规律，即在施用基肥后，随着不同施肥水平的变化出现了先减少后增加的趋势，在施用追肥时期，随着不同施肥水平的变化出现了先增加后减少的趋势。在小春轮作体系中，蚕豆在施用基肥后，随着不同施肥水平的变化出现了先增加后减少的趋势，在追肥后则是先减少后增加。而土豆在施用基肥后，TD 含量随着施肥水平的变化先减少后增加，在施用追肥后出现了递增的趋势。

其中，在大春轮作体系中，基肥与追肥所产生的全氮含量值差异较大，而在小春轮

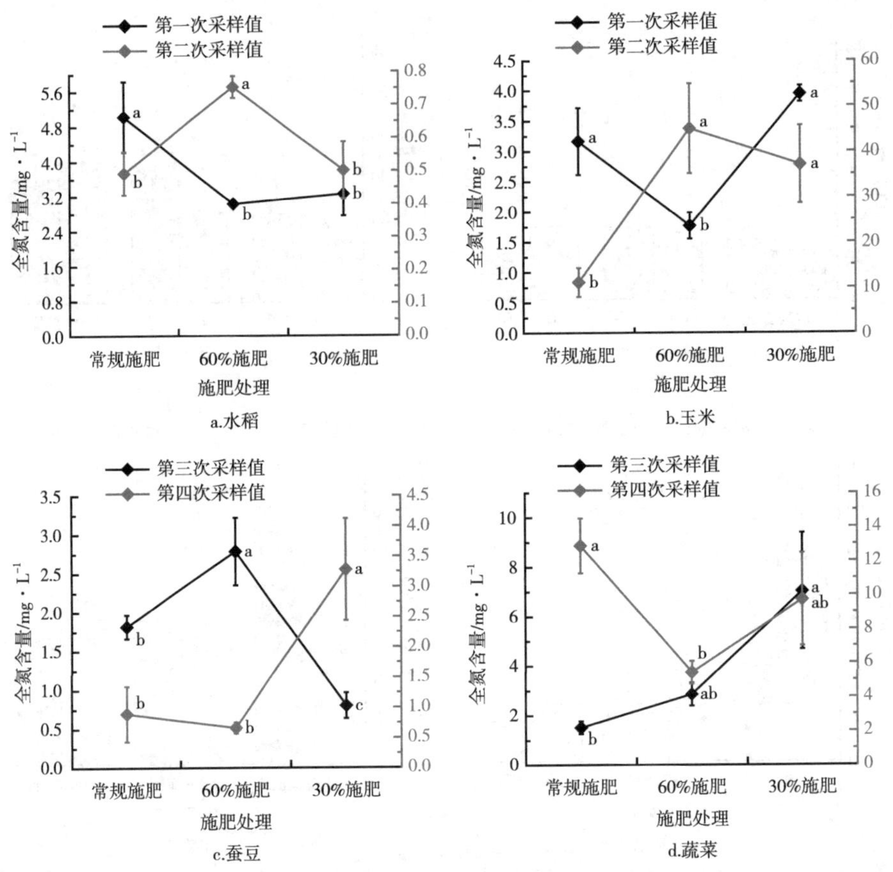

图 7–12　不同农作物在常规施肥、60% 施肥、30% 施肥水平下的总氮（TN）含量

作体系中，基肥与追肥所产生的全氮含量值差异较小。

如图 7–9 所示的 4 次进水口 TN 含量的监测值，检测口的总磷含量均小于不同施肥处理水平的总磷含量，可见在不同农作物的施肥水平条件下，对总磷排放量有所影响。

2. 不同施肥水平下水样氨氮（AN）的排放量

不同农作物的 3 种施肥水平对氨氮排放量的影响如图 7–13 所示。由图 7–13 可以得出，不同施肥水平下所产生的氨氮有着明显的差异。其中，在小春蚕豆与土豆轮作中，氨氮排放量随着施肥量的减少而降低，从常规施肥到 60% 施肥的氨氮排放量的斜率值更大，说明其下降得更快，从 60% 施肥到 30% 施肥的氨氮排放量斜率值比常规施肥到 60% 施肥的斜率值小，说明其下降的慢一些。从采样数值来看，第三次采样的数值要比第四次采样的数值大，这与其 2 个阶段施肥量有着密切的关系。

而在大春水稻与玉米轮作体系中，水稻的第一次采样值随施肥水平的降低而降低，第二次采样值出现了先增加后降低的趋势。水稻的基肥施用后的采样值要大于追肥施用后的采样值。玉米的第一次采样值随施肥量的降低而增加，而第二次采样与水稻一样出

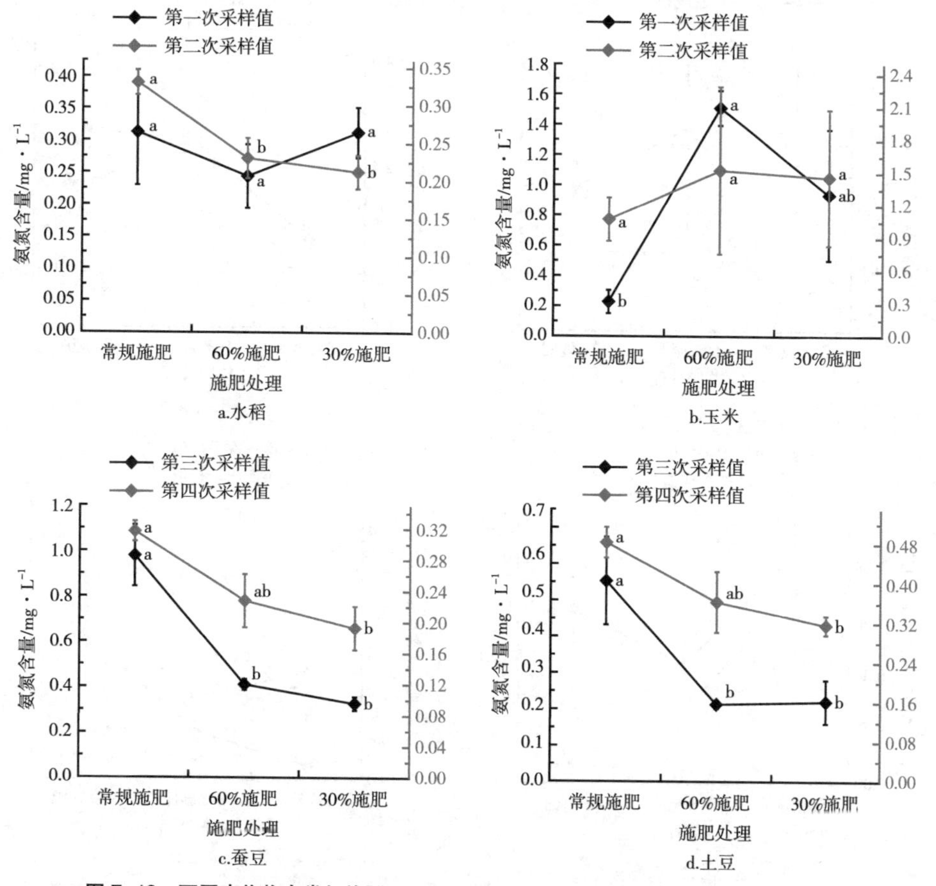

图 7–13　不同农作物在常规施肥、60% 施肥、30% 施肥水平下的氨氮（AN）含量

现了增加后降低的趋势。其中，玉米基肥施用后的采样值要小于追肥施用后的采样值。

与进水口的氨氮含量相比（图 7-9），进水口的氨氮含量均小于不同施肥处理水平的氨氮含量，可见在不同农作物的施肥水平条件下，对氨氮排放量有所影响。

3. 不同施肥水平下水样硝酸盐氮（NO_3-N）的排放量

不同农作物的 3 种施肥水平对硝酸盐氮排放量的影响如图 7-14 所示。由图 7-14 可以得出，不同农作物对 NO_3-N 排放量随施肥水平变化各不相同。这 4 种作物在施用基肥后的 NO_3-N 排放量与施用追肥后的 NO_3-N 排放量差异较大。水稻在施用基肥后，其 NO_3-N 排放量随着施肥水平的减少而减少，而在施用追肥后，NO_3-N 排放量出现了先增加后减少的趋势。玉米的 NO_3-N 排放量在施用追肥与基肥后，均出现了先增加后减少的趋势。蚕豆在施用基肥后，其 NO_3-N 排放量出现了先减少后增加的趋势，施用追肥后，其 NO_3-N 排放量在不断地减少。土豆则是在施用基肥后，NO_3-N 排放量随施肥量的减少而不断增加，在施用追肥后，NO_3-N 排放量随施肥量的减少出现了先降低后增高的趋势。

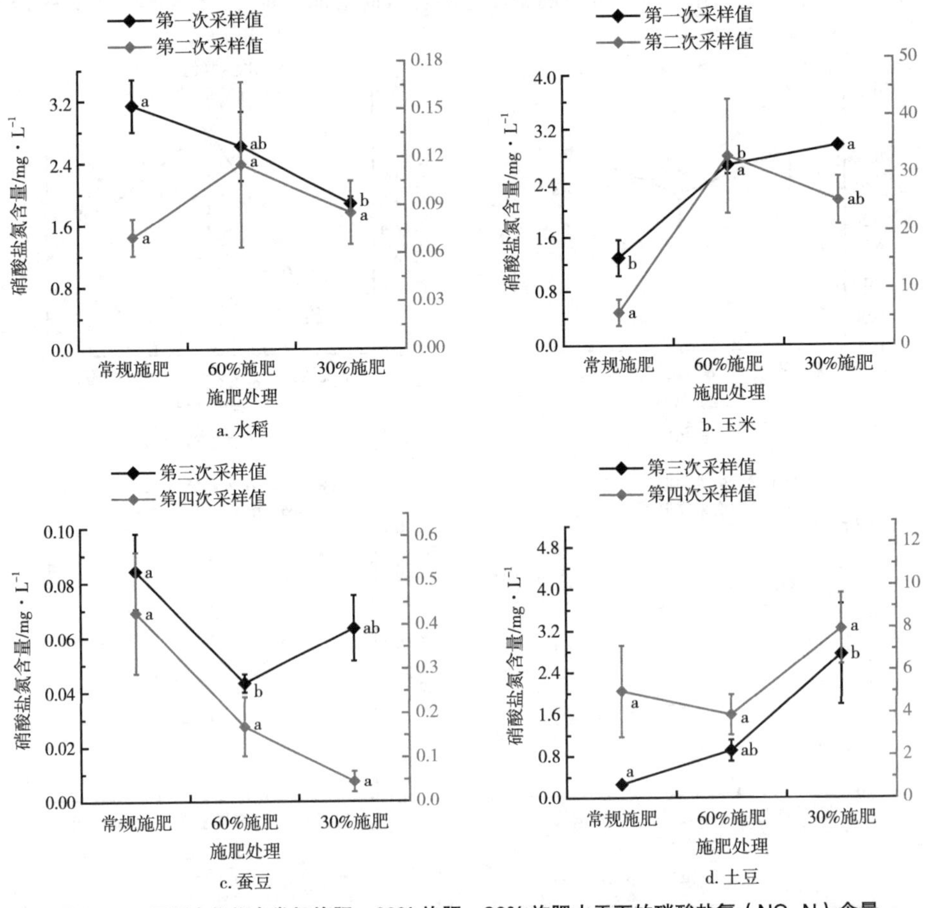

图 7-14　不同农作物在常规施肥、60% 施肥、30% 施肥水平下的硝酸盐氮（NO_3-N）含量

与进水口的 NO_3-N 排放量相比（图 7–9），除了玉米 3 次施肥水平所产生的 NO_3-N 排放量比进水口的 NO_3-N 排放量低，其余作物的 3 次施肥水平所产生的 NO_3-N 排放量均比进水口的 NO_3-N 排放量高。

（五）不同作物的施肥水平对农业面源污染的影响

对不同作物的 4 次采样指标值与施肥水平进行回归分析，得到的结果如表 7–7 所示，随着施肥水平的不断增加，水稻水质的各项监测指标值也呈现增加的趋势，其中 TP、COD 与 AN 含量显著增加。随着施肥水平的提高，TP 的排放量（R^2=0.495）与 AN 的排放量影响最大（R^2=0.490），施肥水平对 COD 的影响次之，而 NO_3-N 的排放量与 TN 的排放量影响最小。

对于玉米来说，虽然与水稻都是在大春时期种植，但是玉米水质的各项监测指标呈现出与水稻不同的规律。其中不同施肥水平对 TP、COD 的排放量的影响与水稻一样，均会随着施肥水平的增加而增加。不同施肥水平对 TP 的排放量影响最为显著（R^2=0.550）。不同施肥水平对 COD 的排放量影响次之（R^2=0.266），对于 TN 来说，随着施肥水平的不断增加，其排放量呈现出递减的趋势；而对于 NO_3-N 与 AN 来说，施肥水平与其排放量影响不显著。

对于小春作物蚕豆来说，不同施肥水平会正向影响 TP 与 COD 的排放量，而不同的施肥水平显著影响总磷的排放量（R^2=0.219）。但对于 NO_3-N、AN 与 TN 来说，不同施肥水平对二者无显著关系。而对于土豆来说，不同的施肥水平条件均显著影响农业面源污染的排放量。其中 TP 的影响最大（R^2=0.364），COD（R^2=0.352）与 AN（R^2=0.352）次之，NO_3-N（R^2=0.294）与 TN（R^2=0.211）的影响最小，且不同施肥水平显著负向影响 TN 与 NO_3-N。

总体从纵向来看，对比 4 种不同的作物可以发现，4 种作物的不同施肥水平对 TP 的影响最大且最为显著，除水稻外，其余 3 种作物的不同施肥水平对氮的相关指标呈现出负向影响的趋势，而 TN 与 NO_3-N、AN 的相关性较大（图 7–15），因此部分作物的不同施肥水平对 AN、NO_3-N 也呈现出负向影响的趋势。

表7–7　不同农作物在不同施肥水平条件下对农业面源污染的回归分析

农作物	水质指标	回归方程	R^2	调整后 R^2	显著性
水稻	TP	TP=0.023x+0.062	0.495	0.464	0.001
	COD	COD=1.917x+10.222	0.281	0.236	0.024
	AN	AN=0.079x+0.084	0.490	0.458	0.001
	NO_3-N	NO_3-N=0.314x+0.636	0.042	–0.018	0.415
	TN	TN=0.410x+1.336	0.035	–0.026	0.459
玉米	TP	TP=0.030x+0.075	0.550	0.522	0.000

续表

农作物	水质指标	回归方程	R^2	调整后 R^2	显著性
玉米	COD	COD=5.883x+38.111	0.266	0.221	0.028
	AN	AN=−0.273x+1.668	0.080	0.023	0.254
	NO_3-N	NO_3-N=−5.227x+22.014	0.098	0.042	0.206
	TN	TN=−10.019x+9.448	0.247	0.2	0.036
	TP	TP=0.025x+0.075	0.219	0.17	0.05
蚕豆	COD	COD=4.500x+13.111	0.252	0.226	0.041
	AN	AN=0.121x+0.217	0.101	0.044	0.2
	NO_3-N	NO_3-N=−1.609x+4.497	0.078	0.021	0.261
	TN	TN=−2.025x+5.608	0.080	0.023	0.255
	TP	TP=0.038x+0.038	0.364	0.324	0.008
土豆	COD	COD=9.750x+20.444	0.357	0.317	0.009
	AN	AN=−0.019x+0.047	0.352	0.311	0.009
	NO_3-N	NO_3-N=−1.351x+6.167	0.294	0.237	0.017
	TN	TN=−0.584x+7.772	0.211	0.198	0.018

（六）不同施肥量对农业面源污染的影响

为了更加深入了解施肥量对农业面源污染的影响，我们对 4 次采样的 4 种作物的不同施肥水平的施肥量与各项指标值进行了总体逐步回归分析，得到的结果如图 7-15 所示。

由图 7-16 可以得出，在不考虑农作物种类的前提下，施肥量对农业面源污染的各项指标值存在着正向影响关系。其中对总磷的影响最为显著且最大（R^2=0.261，$P<0.001$）。施肥量对氮的各项指标影响度次之，COD 最弱。

与考虑农作物的种类所得结果相比，其共同点在于都对总磷排放量的影响最大，且最为显著。因此，洱海流域上游农作物总磷的排放是洱海流域农业面源污染的主要因素。不同之处有 2 点：①不考虑种植作物的施肥水平与氮的各项指标值存在着正向影响关系，而在考虑了种植作物种类这一条件后，玉米、蚕豆与土豆的不同施肥量与氮的各项指标值存在着负向影响关系；②施肥量与 COD 含量值存在着正向影响关系，但是影响较小。而在考虑了农作物的种类这一条件后，玉米、水稻、蚕豆与土豆的不同施肥水平与 COD 的排放量存在着正向影响关系，但是影响较大。

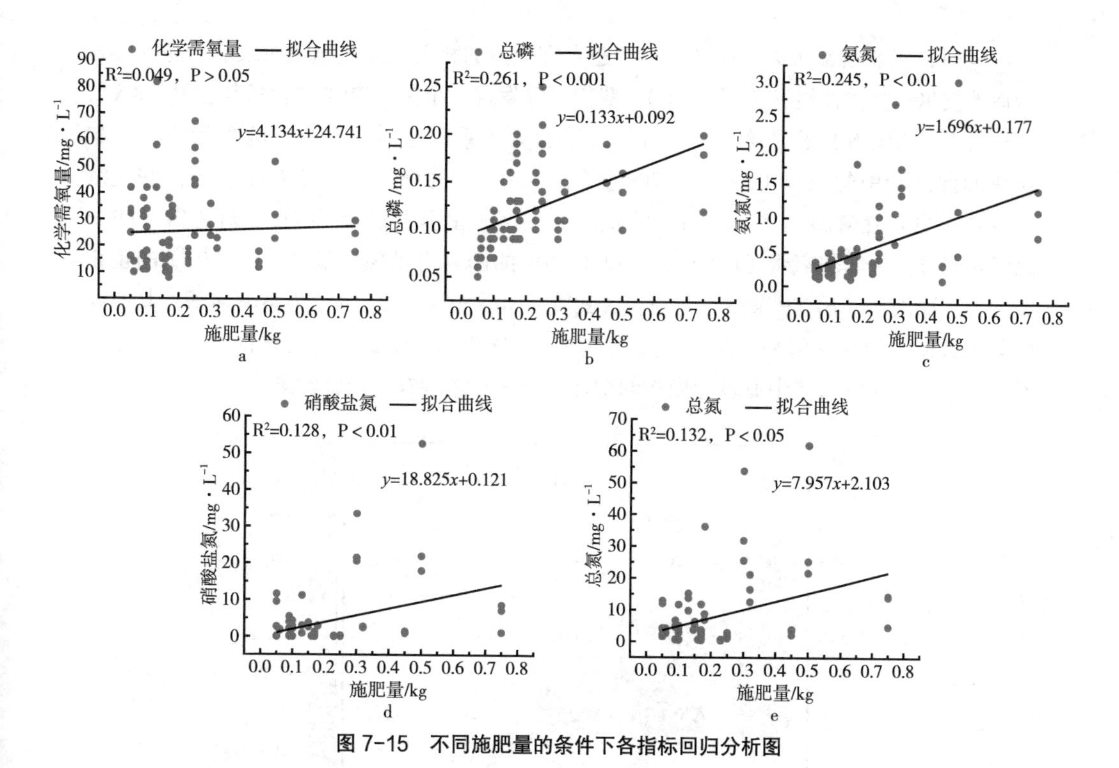

图 7-15　不同施肥量的条件下各指标回归分析图

五、讨论与结论

（一）讨论

1. 农业面源污染各指标检测值相关性分析

通过 ANOVA 检验的结果表明（表 7-8），在只考虑不同农作物这一因子的情况下，除总磷外，其余农业面源污染的指标与其影响显著；在只考虑不同施肥水平这一因子的情况下，化学需氧量、氨氮、硝酸盐氮与总氮与其影响不显著。如果二者都考虑在内的话，在 $P<0.001$ 的概率水平下极显著影响总磷（TP）、总氮（TN）、化学需氧量（COD）、氨氮（AN），在 $P<0.01$ 的概率水平下显著影响硝酸盐氮（NO_3-N）。

表7-8　不同农作物与施肥水平对农业面源污染的组内效应与组间效应的ANOVA检验

项目	化学需氧量	总磷	氨氮	硝酸盐氮	总氮
不同农作物	***	NS	***	***	***
不同施肥水平	NS	***	NS	NS	NS
不同农作物 + 施肥水平	***	***	***	**	***

注：*、**、*** 分别表示在 0.05、0.01、0.001 概率水平上有统计学意义；NS 表示在 0.05 统计学水平上无统计学意义。

同时，农业面源污染水质各项指标也存在一定的相关关系。通过对农业面源污染各指标的皮尔森相关性检验（图 7-16），我们可以发现，全氮（TN）的含量与氨氮（AN）、硝酸盐氮（NO_3-N）呈显著（P<0.01）的正相关关系。这说明，全氮的含量正向影响农业面源污染中的氨氮（AN）与硝酸盐氮（NO_3-N）的排放。氨氮（AN）与硝酸盐氮（NO_3-N）也存在着显著（P<0.01）的正相关关系。化学需氧量（COD）对总磷（TP）、总氮（TN）、化学需氧量（COD）、氨氮（AN）的影响也呈现出显著（P<0.01）的正相关关系。而对于总磷 TP 来说，与总氮（TN）、硝酸盐氮（NO_3-N）关系不显著，其原因可能是农作物的灌溉用水主要来自大气降水。大气降水会受到工业气体排放、汽车尾气排放等影响，导致水体中氮磷污染物的增加，进一步影响农业面源污染[①]。

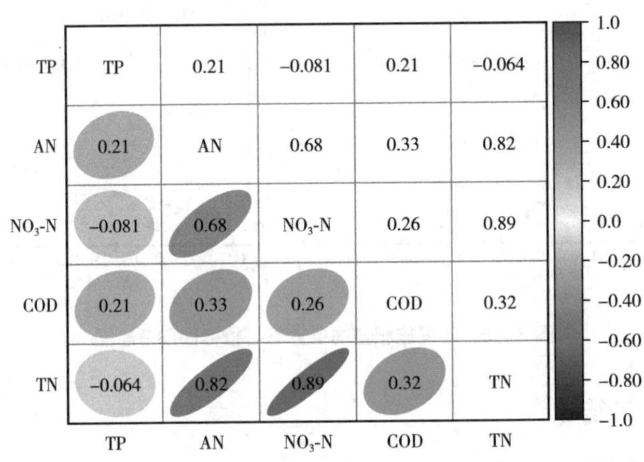

图 7-16　TP、AN、NO_3-N、COD 与 TN 各指标皮尔森相关性检验

2. 农业面源污染与不同施肥水平响应关系

本书已经证实总磷与不同施肥水平的农作物响应关系最大，且最为显著，但不同施肥水平与 TN 等氮的各项指标值的关系不显著，这与部分学者的研究结果相异，出现这一情况的原因可能是由于氮在土壤的迁移转化比较复杂，受到的外界影响比较多。部分进水口的农业面源污染浓度明显高于施肥处理后的浓度，其原因可能是由于气候、田块本身的物理化学性质或人为扰动因素所影响。从农业面源污染与施肥量的关系来看，依旧是总磷与施肥量的响应关系最大，且最为显著，这与一些学者的研究结果相一致[②]，但是化学需氧量与施肥量的响应关系不显著，这与部分学者的研究结果相异，其原因可能是化学需氧量在水中的浓度最大，且田间的排水会影响化学需氧量到径流桶的浓度，因

① Nasrin B, Jamal M V S, Mehdi M, et al. Evaluation of management practices on agricultural nonpoint source pollution discharges into the rivers under climate change effects [J]. Science of The Total Environment, 2022, 838 (4): 156643.

② Wu J L, Fan X Z Hong J. Determination of Total Nitrogen in Solid Samples by Two-Step Digestion-Ultraviolet Spectrophotometry Method [J]. Communications in Soil Science and Plant Analysis, 2013, 44 (6): 1080-1091.

此造成其不显著。

3. 农业面源污染与农作物之间的关系

通过以上的数据结果可以发现，水稻的回归系数与截距项的数值明显低于其他农作物的数值。同时，水稻所产生的各项污染物的浓度也要比其他作物低，其原因可能是水稻的灌溉量大。在施肥量不变、灌溉量增加的情况下，其化学污染排放浓度会有所降低。土豆的施肥水平显著负向影响 TN 与 NO_3-N，这可能是由于以土豆为代表的蔬菜作物的氮肥损失主要以氮的淋溶为主，而地表径流排放对氮的损失影响较小。

4. 研究展望

本书采用了水稻—蚕豆、玉米—土豆的轮作方式进行研究，比较了 4 种农作物的不同施肥水平与农业面源污染之间的关系。与单品种作物相比，这可以更全面地反映不同农作物的产污排污规律，同时也反映了农业面源污染排放量对不同施肥水平的关系。但是农业面源污染的形成机制复杂，影响因素很多，如作物种植结构、灌溉水量、施肥量和施肥利用率[①]等。因此，在今后的研究中，需要多角度考虑造成农业面源污染的影响因素。

本书探究了不同农作物的施肥水平与面源污染之间的关系，可以很好地揭示洱海流域上游不同轮作下农作物农业面源污染的响应机制。但本研究未进行实验田土壤理化性质指标的测定，因此实验小区土壤中的含磷含氮量是否会影响实验的准确度只是一种设想。同时本研究没有更深层次地去探究农作物的不同生长阶段与肥料种类对农业面源污染的影响，因此在未来的研究中，应该以此方向进行更加深入的探究。

（二）结论

不合理施用化肥是造成洱海流域上游农业面源污染的主要原因之一。本书研究了不同农作物的施肥水平对洱海流域上游农业面源污染的影响，并最终得出以下结论。

（1）进水口处的农业面源污染指标浓度要小于施肥处理后的浓度，这说明对农作物施肥会影响农业面源污染的排放量。同时，与只考虑农作物种类与施肥水平相比，二者结合考虑会显著（$P<0.001$）影响农业面源污染的排放量。

（2）通过逐步回归分析我们发现，4 种作物的施肥水平对总磷的排放量存在显著的影响，其中对水稻的影响最大（$R^2=0.550$）而对氮的各项指标排放量的影响较小。在不考虑农作物的种类前提下，施肥量会正向影响农业面源污染，对磷排放的影响最大且最为显著（$R^2=0.261$，$P<0.01$）。由此可以得出，农作物的施肥水平对洱海流域上游总磷的排放量最为突出，因此今后洱海流域在农业面源污染防治时，应当严格控制对总磷的排放。

（3）研究结果明晰了洱海流域面源污染的主要来源，为洱海流域面源污染的源—汇风险空间格局评价、划分，种植生态区划提供新思路，为同类型的低纬高原断陷湖泊面源污染的治理提供新方法。

---

① Zhou L L，Zhao P，Chi Y，et al. Controlling the Hydrolysis and Loss of Nitrogen Fertilizer（Urea）by using a Nanocomposite Favors Plant Growth［J］. ChemSusChem，2017，10（9）：2068-2079.

第八章　种植生态区划

一、引言

在全球人口不断增长和经济快速发展的背景下，对农产品的需求持续增加，给农业生产和资源利用带来了巨大压力。同时，人类活动的加强、气候变化和环境恶化也给农业生产和生态环境带来了严峻挑战。传统的种植模式和布局已无法满足现代农业发展的需求，因此对种植生态区划进行深入研究，以适应新的环境和市场需求变得尤为重要。作物布局是指不同作物种植的比例（如粮—经—饲比例）与空间分布[①]，种植生态区划是指在调查农作物布局和资源条件的基础上，考虑农作物适生条件和社会需要进行分区划片，如地形、气候、化肥施用、作物排污等因素，从而对耕作制度进行调整。

目前关于种植生态区划的研究已经开展较多，国内外很多成熟的理论和研究方法为本项目的开展提供了参考。应用GIS技术，基于气象、地理和土壤信息的协同作用，开展生态因子适宜性研究和种植区筛选，是当前作物种植生态区划的主要研究方法[②]。例如，赵广才对小麦进行了中国范围内的种植区划研究，将春麦区和冬春麦区划分为5个亚区；刘其宁等依据云南省气候条件类型，结合云南省冬季亚麻多年实验和种植的基础，对云南省冬季亚麻种植生产区域进行了划分[③]；石淑芹等利用空间插值技术和辅助信息对降水、土壤和玉米单产等指标的空间模拟进行重点研究，对吉林省玉米种植进行适宜性评价及区划[④]；张凤荣等根据农田的功能规划生态服务与景观文化区域，进行作物种植生态区划与土壤肥力调控区划[⑤]。在种植生态区划方法研究方面，GIS技术凭借其强大的空间分析功能，得到了广泛的应用，如

① 李阔，许吟隆．适应气候变化的中国农业种植结构调整研究［J］．中国农业科技导报，2017，19（1）：8-17．

② 张明达，王睿芳，李艺，等．云南省小粒咖啡种植生态适宜性区划［J］．中国生态农业学报（中英文），2020，28（2）：168-178．

③ 刘其宁，杜刚，吴学英．云南优质亚麻种植区划研究［J］．中国麻业科学，2010，32（4）：225-228．

④ 石淑芹，陈佑启，李正国，等．基于空间插值分析的指标空间化及吉林省玉米种植区划研究［J］．地理科学，2011，31（4）：408-413．

⑤ 张凤荣，关小克，王胜涛，等．大都市区农田的功能、作物种植区划与土壤肥力调控区划［J］．土壤通报，2009，40（6）：1297-1302．

张晓煜等[①]、张灿权等[②]、金志凤等[③]分别利用GIS技术对宁夏回族自治区酿酒葡萄、铜鼓县绿色水稻、浙江省杨梅进行了种植生态区划，为农作物的种植布局提供了决策意义。此外，石淑芹等基于空间插值分析的指标空间化方法，将吉林省玉米种植分为高度适宜区、中度适宜区、低度适宜区和不适宜区 4 个等级。从上述分析可知，种植生态区划尺度普遍比较大，主要集中在全国与省级范围；种植生态区划对象单一，研究主要针对某一种作物进行，缺少特定区域的种植业综合区划；区划方法则在建立区划指标体系的基础上，以 GIS 空间分析与空间插值为主，区划指标体系主要考虑产地环境、气候、土地利用现状、地形、土壤类型和土壤质地等要素。

区别上述所有研究，本书的研究充分考虑生态适宜性，以控制流域面源污染为目标，在地形地貌、土壤条件方面的基础上，选取距水源距离、源—汇风险格局等生态因子，制定 2 种种植区划方案，这 2 种方案在数据来源和具体实现过程上均有所差别，第一种方案基于统计年鉴资料整理作物种类、排污量等数据，重点考虑农作物与面源污染的关系，实现基于面源污染关键源区识别的种植生态区划；第二种方案基于遥感解译确定主要农作物的种类、面积，选取地形、距水系距离、"源—汇" 风险格局等指标实现基于种植适宜性评价的作物布局优化。这 2 种方案从不同角度实现洱海流域上游农业种植生态区划，以期为流域面源污染治理提供新思路。

二、数据来源及处理

DEM 数据来源于地理空间数据云，时间为 2020 年 6 月。基于 DEM 数据提取坡度、坡向等数据。通过遥感影像解译，结合 ArcGIS10.2 得到洱海流域及洱海上游 6 个乡镇土地利用类型面积及占比。其次，依据 TN、TP 水质指标数据对污染源进行识别与分区，同时统计近 30 年化肥使用量与主要粮食作物的产量，构建合理的种植生态区划。

根据洱源县农产品种植结构和农业施肥的调查资料获取农业管理数据，收集近 5 年面源污染现状、污染源、种植业、生态环境指标、洱海水质 TN、TP 指标统计等数据以及地形图、土壤图、土地利用现状图、土地规划图、遥感影像图等。同时，收集利用洱源县近 30 年的农业统计年鉴时间序列数据。

本章节第二种方案的作物分布信息来源于第四章第三节，以 Sentinel-2A 遥感影像为数据源，运用面向对象的 C5.0 决策树算法实现，共提取大春时期、小春时期 6 种主要作物，大春作物为水稻、玉米和烤烟，小春作物为蚕豆、油菜和蔬菜。

---

① 张晓煜，韩颖娟，张磊，等. 基于 GIS 的宁夏酿酒葡萄种植区划 [J]. 农业工程学报，2007，23（10）：275–278.

② 张灿权，陈犇，聂根新，等. 基于 GIS 的铜鼓绿色水稻种植区划 [J]. 江西农业学报，2008，20（8）：19–20.

③ 金志凤，邓睿，黄敬峰. 基于 GIS 的浙江杨梅种植区划 [J]. 农业工程学报，2008，24（8）：214–218.

三、研究方法

（一）熵值法

因素权重计算的方法有很多，可分为两大类：一类是根据一定的原则对各个指标进行自动赋权称为客观赋权法[①]，如主成分分析法、因子分析法、灰色关联分析法和熵值确定法等；另一类是主观赋权法[②]，该方法由专家按照实践经验判断各评估指标重要程度，随后通过归纳处理获得指标权重，如层次分析法（AHP）、德尔菲（Delphi）法等。

熵值法属于客观权重的常用方法之一，它的优点是容易理解，对样本数量要求较小，客观性较强，目前广泛应用在社会经济发展评价等方面[③]。熵值法通过数据本身的特征来确定客观权重，其基本思路是通过各项指标的变异程度计算出指标权重。信息熵主要是度量系统不确定性程度，对 n 个评价指标构成的矩阵 X 中，信息熵值越大，提供的信息越小，该项指标对结果的影响程度也就越小，权重也越小，系统越不均衡；反之则相反[④]，其计算步骤如下。

（1）由于各指标具有不同量纲和单位，因此需要依据下列公式进行标准化处理，标准化 X_i' 后各指标的值取［0–1］。

$$X_i' = \frac{X_i - \mathrm{Min}\,(X_i)}{\mathrm{Max}\,(X_i) - \mathrm{Min}\,(i)} \tag{8–1}$$

（2）计算每个评价指标的比重。

$$Y_i = \frac{X_i{}'}{\sum_i X_i{}'} \tag{8–2}$$

（3）计算第 i 项指标的熵值。

$$S_i = \sum_i Y_i \ln\,(Y_i) \tag{8–3}$$

（4）计算第 i 项指标的信息效用值。

$$G_i = 1 - S_i \tag{8–4}$$

（5）计算第 i 项指标的权重。

---

① 李萌，刘皓，史聆聆，等．基于熵值法的城市生态经济综合评价体系构建及江苏省评价研究［J］．生态经济，2022，38（8）：68–71，87.

② 傅建祥，郑满生．基于综合指数法的山东省农村生态环境发展水平测评［J］．生态经济，2020，36（12）：200–205.

③ 成长春，徐长乐，叶磊，等．长江经济带协调性均衡发展水平测度及其空间差异分析［J］．长江流域资源与环境，2022，31（5）：949–959.

④ 王瑞，郭荔，戴俊骋，等．中国包容性旅游发展评估及空间格局研究——基于 287 个城市面板数据［J］．干旱区地理，2024，47（1）：127–136.

$$W_i = \frac{G_i}{\sum_i G_i} \tag{8-5}$$

（二）德尔菲（Delphi）法

Delphi 法是一种综合多数专家经验与主观判断的技术测定方法，一群专业背景相同的专家通过若干轮有控制的反馈，对特定主题达成结构化共识观点的过程[①]，广泛应用于各种咨询决策领域[②]，其优点在于对数据要求不高，但存在很大的主观性。

图 8-1 所示为本研究 Delphi 法实施全流程。

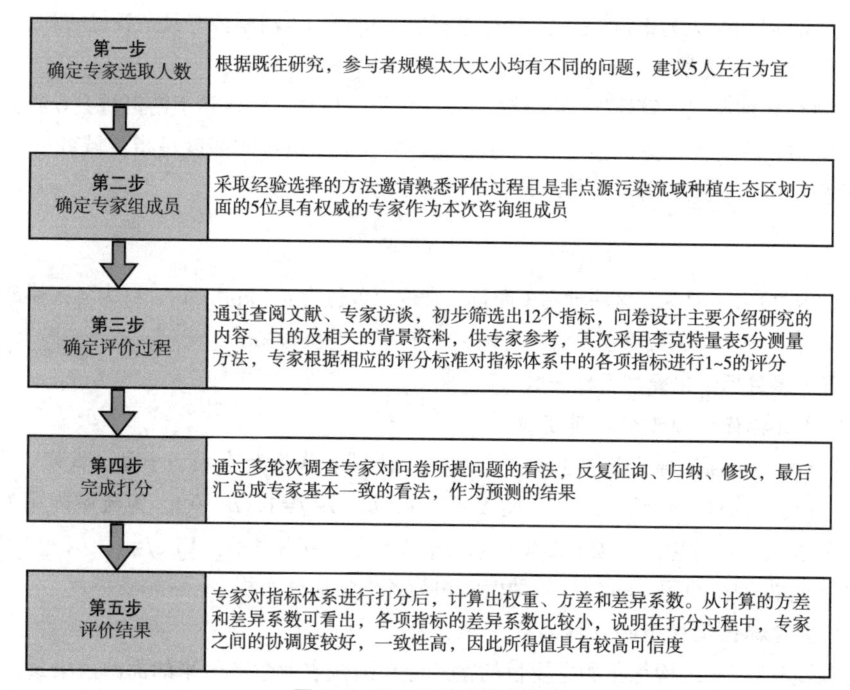

图 8-1 Delphi 法实施全流程

（三）ECM 模型

ECM 模型在氮素方面考虑了植物固氮、氮的空气沉降等因素，能较为准确地对大尺度流域的面源污染进行评价和预测，模型的一般表达式如下。

$$L_i = \sum_{j=1}^{n} E_{ij} A_j + P \tag{8-6}$$

① Hasson F，Keeney S，Mckenna H.Research guidelines for the Delphi Survey Technique［J］. Journal of Advanced Nursing，2000，32（4）：1008-1015.

② Riggs W E. The delphi technique：an experimental evaluation［J］. Technological Forecasting and Social Change，1983，23（1）：89-94.

式（8-6）中：L_i 为污染物 i 在该研究区域的总负荷量；E_{ij} 为污染物 i 在第 j 种土地利用或牲畜、人口中的输出系数；A_j 为第 j 种土地利用类型的面积或牲畜、人口数量；P 为由降雨输入的营养物数量。

采用基于水文水质资料的输出系数确定方法，参考相似区域研究成果以确定入河系数[①]，对上述模型修正如下。

$$L_i = \sum_{j=1}^{n} \lambda_j E_{ij} A_j + P \tag{8-7}$$

式（8-7）中：λ_j 为第 j 种土地利用或牲畜、人口等的入河系数，其余各量的意义未变。

（四）源强估算法

本研究采用源强估算法[②]，以乡镇为分区单位，核算洱海流域上游洱源县6个乡镇的耕地 TN、TP 污染负荷排放强度。洱海流域上游 6 个乡镇排放强度是指流域各分区单位土地面积产生的耕地氮磷污染排放量，计算公式如下。

$$P = Q / S \tag{8-8}$$

式（8-8）中：P 为各区耕地污染源排放强度，单位为 t/（km^2・a），Q 为各区耕地污染排放量，单位为 t/a，S 为以乡镇为单位的耕地面积，单位为 km^2。

（五）多目标优化模型目标函数

1. 多目标优化模型的决策变量

研究区共包括流域上游洱源县 6 个乡镇，流域农作物有水稻、小麦、大麦、玉米、薯类、豆类、油料、烤烟、蔬菜。设 X_{ij}（i=1，L，6；j=1，L，9），为流域内第 i 个乡镇第 j 种农业产业的生产规模。X_{ij}（i=1，L，6）为流域内乡镇；X_{ij}（j=1，L，9）为第 j 类种植产业的种植面积（hm^2），其种植面积为各作物播种面积。

2. 多目标优化模型的目标函数

流域农业产业结构优化的主要目的是从源头削减农业生产带来的面源污染量，减少流域水体的污染负荷，保护生态环境，同时促进经济增长和农业发展，促进生态环境与农业经济相互适应、相互协调的发展。由此，构建农业污染排放和农业经济产出的双重目标函数。

$$\text{Min } F_1 = \sum_{i=1}^{6} \sum_{j=1}^{9} A_j X_{ij} \tag{8-9}$$

$$\text{Max } F_2 = \sum_{i=1}^{6} \sum_{j=1}^{9} B_j X_{ij} \tag{8-10}$$

---

① 路凤. 南四湖种植业面源污染负荷来源解析研究［D］. 济南：山东建筑大学，2012.

② 庞燕，项颂，储昭升，等 . 基于 GIS 的洱海农村生活污水及其 TN 产排强度空间分析及控制对策［J］. 环境科学学报，2015，35（10）：3344–3352.

式（8–9）为农业污染排放量目标函数，F_1 为流域作物污染等标排放量，A_j 为第 j 种种植作物污染等标排放系数。式（8–10）为农业经济产出目标函数，其中 F_2 为流域农作物经济产出，B_j 为第 j 种农作物的经济产出系数，B_j 的数据根据洱源县农业统计年鉴资料确定。

结合氮磷污染源的约束条件以及优化模型进行求解与分析，将多目标规划模型综合转为单目标规划模型，得出优化结构如下。

$$\mathrm{Min}\ Z = P_1 d_1^+ + P_2 d_2^- \tag{8–11}$$

$$S.T. \sum_{i=1}^{17}\sum_{j=1}^{18} A_j x_{ij} + d_1^- - d_1^+ = F_1^* \tag{8–12}$$

$$\sum_{i=1}^{17}\sum_{j=1}^{18} B_j x_{ij} + d_2^- - d_2^+ = F_2^* \tag{8–13}$$

四、结果与分析

（一）基于面源污染关键源区识别的种植生态分区

1. 农作物面源污染空间分布规律

1）研究区种植结构分析

洱海上游地区洱源县的牛街乡、三营镇、茈碧湖镇、右所镇、邓川镇和凤羽镇 6 个乡镇农作物种植种类及面积统计情况见表 8–1。

表8–1　2016年各乡镇农作物种植面积汇总（单位：km^2）

乡镇	水稻	小麦	玉米	大麦	豆类	薯类	油菜	烤烟	蔬菜
茈碧湖镇	18.67	0.45	6.16	3.59	15.98	1.46	0.57	1.49	5.28
邓川镇	6.11	0	1.33	0	3.13	0.13	0	0.13	3.47
右所镇	17.03	0.29	8.46	1.38	9.7	6.6	0	1.45	14.69
三营镇	16.98	0.37	5.52	15.77	20.26	1.7	0.66	16.46	6.74
凤羽镇	16.54	0	6.75	5.3	3.75	1.09	9.3	2.42	0.8
牛街乡	10.51	0.08	4.35	1.37	10.58	1.01	0.93	1.94	1.05

从表 8–1 可以看出，洱源县上游牛街乡、三营镇、茈碧湖镇、右所镇、邓川镇和凤羽镇 6 个乡镇主要以水稻、小麦、玉米、大麦、豆类、薯类、油菜、烤烟、蔬菜为主要农作物。其中，各个乡镇种植面积最大均以粮食作物水稻为主，辅以玉米、豆类、蔬菜，小麦最少甚至不种，烤烟、薯类、油菜、小麦少有种植。

洱海流域上游牛街乡、三营镇、茈碧湖镇、右所镇、邓川镇和凤羽镇种植面积分别为 31.82km^2、84.46km^2、53.65km^2、59.60km^2、14.3km^2、45.95km^2。整体上，9 种主要农作物中邓川镇种植面积偏少，约占 6 个乡镇总种植面积的 4.93%，位于正北方向；茈碧湖镇、右所镇种植面积居中，分别约占 6 个乡镇总种植面积的 18.51%、20.57%，三营镇种植面积偏大，约占 6 个乡镇总种植面积的 29.15%。

2）种植作物施肥分析

作物品种、施肥方式、土壤等是农田面源污染产生与迁移、排污量的决定性因素。因此，对洱源县的牛街乡、三营镇、茈碧湖镇、右所镇、邓川镇和凤羽镇 6 个乡镇主要作物不同施肥水平产污实验数据进行分析。

根据洱源县农业农村局调查结果（表 8-2）显示，洱源县不同农作物的施肥量差异巨大，施肥量最大的是蔬菜，其尿素、普钙、硫酸钾的施用量分别达到 107.4kg/ 亩、70.3kg/ 亩、24.2kg/ 亩；其次是玉米，其尿素、普钙、硫酸钾的施用量分别达到 72.6kg/ 亩、38.7kg/ 亩、10.4kg/ 亩；化肥施用量比较小的豆类与水稻，豆类尿素、普钙、硫酸钾的施用量分别为 1.6kg/ 亩、45kg/ 亩、0kg/ 亩，水稻尿素、普钙、硫酸钾的施用量分别为 36.5kg/ 亩、4.3kg/ 亩、2.5kg/ 亩。除蔬菜和烤烟外，其他作物磷钾肥施用量偏低，特别是钾肥施用量严重不足。

表8-2　2016年主要农作物化肥施用量调查统计

作物	播种面积 /km^2	尿素施用量 /$kg \cdot km^{-2}$	普钙施用量 /$kg \cdot km^{-2}$	硫酸钾施用量 /$kg \cdot km^{-2}$
蔬菜	32.03	161100	105450	36300
油菜	11.46	62550	103050	7500
豆类	63.4	2400	67500	0
大麦	27.14	81900	63750	6750
小麦	1.19	15000	75000	0
水稻	85.84	54750	6450	3750
玉米	32.57	108900	58050	15600
薯类	11.99	45000	30000	9000
烤烟	23.89	21750	60000	45000

3）氮磷分布强度分析

通过上述对 ECM 模型输出系数值的确定，进行洱源县 6 个乡镇的农业面源污染负荷估算，结果表明，对洱海上游的 TN 输入量为三营镇、茈碧湖镇、右所镇、邓川镇、凤羽镇及牛街乡，依次为 73.20t/hm^2、70.50t/hm^2、64.58t/hm^2、46.80t/hm^2、40.58t/hm^2 及 35.45t/hm^2。对洱海上游的 TP 输入量为三营镇、茈碧湖镇、右所镇、邓川镇、凤羽镇及牛街乡，依次为 8.27t/hm^2、7.90t/hm^2、8.32t/hm^2、6.52t/hm^2、6.87t/hm^2、5.86t/hm^2。

根据源强估算公式计算得出洱海流域上游洱源县 6 个乡镇 TN、TP 排放强度空间分布。邓川镇 TN 和 TP 排放强度分别为 0.2181t/（$km^2 \cdot a$）、0.029t/（$km^2 \cdot a$）；三营镇 TN 和 TP 排放强度分别为 0.0577t/（$km^2 \cdot a$）、0.0065t/（$km^2 \cdot a$）。6 个乡镇 TN 排放强度由大到小依次为：邓川镇 > 茈碧湖镇 > 牛街乡 > 右所镇 > 凤羽镇 > 三营镇。6 个乡镇 TP 排放强度由大到小依次为：邓川镇 > 牛街乡 > 凤羽镇 > 茈碧湖镇 > 右所镇 > 三营镇。

2. 面源污染关键源区识别

1）分级标准

综合考虑上述影响因素及 TN、TP 排放强度等识别关键源区的影响因素，运用 GIS 空间分析方法及平均法分级标准，对关键源区分级为轻度污染、中度污染和重度污染 3 级（表 8–3）。

表8–3 氮磷排放强度分级标准［单位：t/（km^2·a）］

污染程度	TN 排放强度	TP 排放强度
轻度污染	0.0577~0.1111	0.0065~0.0139
中度污染	0.1112~0.1645	0.0140~0.0214
重度污染	0.1646~0.2181	0.0215~0.0290

2）面源污染关键源区

利用 SWAT 模型的子流域划分模块对研究区无洼 DEM 生成流域，然后采用模型推荐的划分阈值在图的基础上，提取河道水系网络图，再按照设定最小汇水面积阈值进行子流域的划分，研究区共划分为 11 个子流域（图 8–2）。

对洱海流域上游耕地区域进行污染分级，分为轻度污染、中度污染、重度污染。轻度污染区域所占面积最小，为 19.23km^2，占总面积的 17.79%，主要分布在洱海流域上游北部的牛街乡，所属弥茨河子流域，此地位于洱海流域最上游，因此面源污染程度相对较轻；中度污染区域稍大于轻度污染，占地面积为 20.17km^2，占总面积的 18.66%，主要分布在茈碧湖镇和凤羽镇，所属凤羽河子流域，一般位于坡耕地；重度污染占地面积为 68.7km^2，占总面积的 63.55%，主要分布在右所镇、邓川镇，位于洱海流域上游的中部地区，所属白沙河、永安江、三营河子流域，此处耕地面源污染程度较重，可能是海拔低、坡度小，容易导致污染物的汇集，或者是种植作物氮磷排放较高、化肥施用量严重超标、人类生产活动频繁的原因。

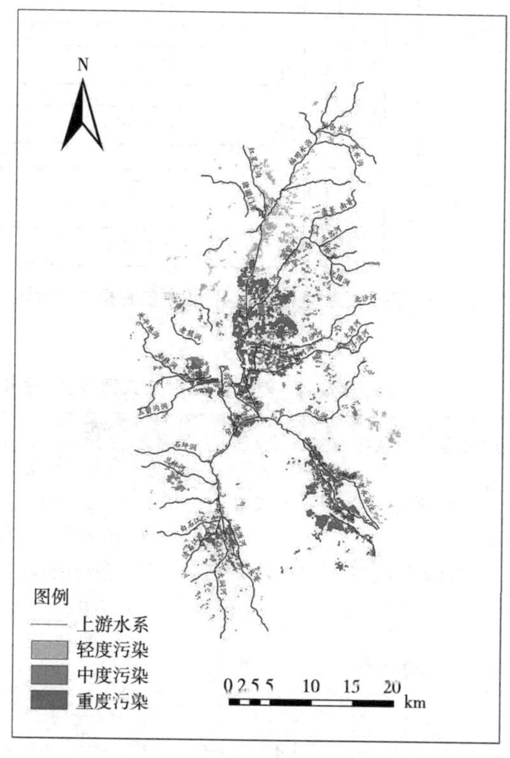

图 8–2 子流域关键源区分级图

3. 种植生态分区

1）指标体系构建

本研究基于湖泊流域上游面源污染不同地域农作物排污量、产量特点，根据收集到的相关环境基础资料，分析湖泊流域上游面源污染产、排污量的影响因子。同时结合实地调查、专家咨询等方式确定影响湖泊流域上游面源污染关键源区识别的种植生态区划的基本指标。综合考虑，本研究从本底指标、面源污染分区、离水系距离、地形地貌4个方面识别出面源污染治理中湖泊上游种植生态区划的主要驱动因子。

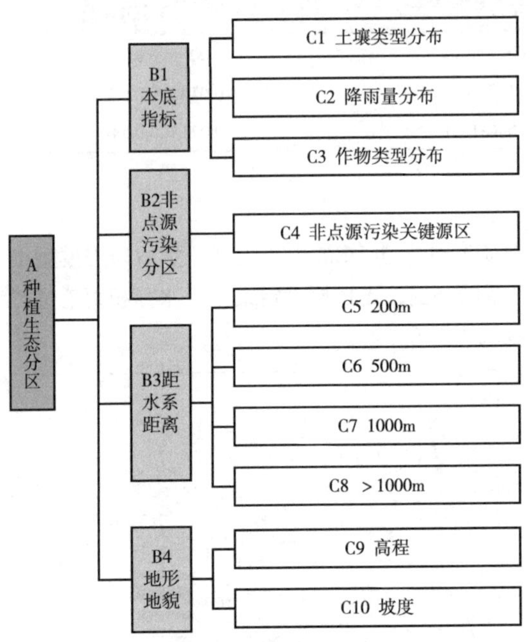

图 8-3 基于面源污染关键源区识别的种植生态分区指标体系

获取洱海流域上游DEM数据，在此基础上生成坡度；水系缓冲区是依水系周边的水土流失大概程度对洱海流域上游6个乡镇主要水系进行200m、500m、1000m、>1000m缓冲区分析。

实现基于面源污染关键源区识别的种植生态分区指标体系，需重点考虑作物种植结构与面源污染物排放的关系，实现面源污染分区，因此关键源区分级为重要指标之一。

本研究将指标体系划分为4个子系统（图8-3）。

根据专家打分法确定各指标的权重值，如表8-4所示。离水系距离为0.35，本底信息为0.15，面源污染分区为0.30，地形地貌为0.20。

表8-4 基于面源污染关键源区识别的种植生态分区指标分级及权重

准则层	权重	指标层	权重	方差	差异系数
本底信息	0.210	土壤类型分布	0.210	0.268	0.058
		降雨量分布	0.209	0.268	0.058
		农作物种类	0.205	0.286	0.063
面源污染分区	0.380	面源污染关键源区	0.255	0.286	0.063
距水系距离	0.290	200m	0.193	0.214	0.050
		500m	0.199	0.268	0.061
		1000m	0.210	0.268	0.058
		>1000m	0.198	0.215	0.065
地形地貌	0.120	坡度	0.186	0.411	0.100
		高程	0.203	0.571	0.127

2）生态分区情况

综合考虑面源污染分区、本底指标、地形地貌和水系距离 4 个方面的影响因子，运用 ECM 模型对各项指标数据进行分析，并结合专家评议，对研究区洱源县 6 个乡镇种植进行区划。

将 NP 污染负荷分析的结果作为种植生态区划的主要依据，综合考虑洱源县地形地貌、作物施肥情况、主要作物种类、作物与水源距离和经济效益等因素，对研究区进行子流域种植生态划分，并充分考虑各乡镇区域规划、战略定位等制度安排，结合专家评议的结果，以乡镇为区划单位，将洱海流域上游生态种植划分为以下 4 个类型：减磷减氮种植区、减磷定氮种植区、定磷减氮种植区、定磷定氮种植区。

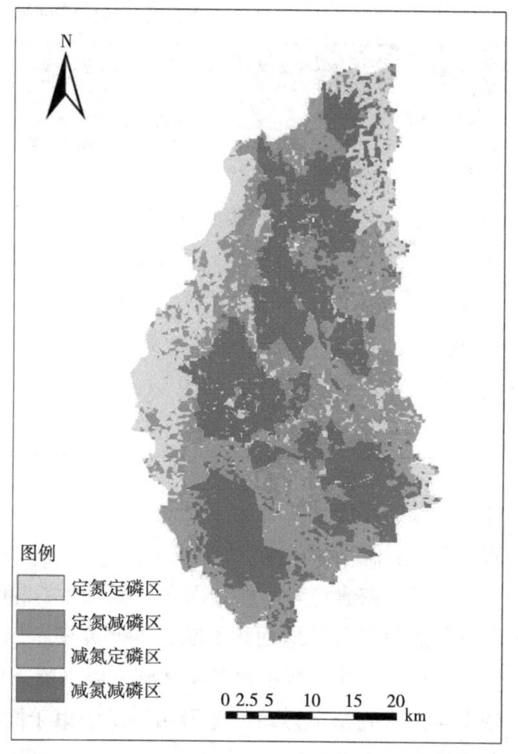

图 8-4　基于面源污染关键源区识别的种植生态分区图

如图 8-4 和表 8-5 所示，定氮定磷区主要分布在此碧湖镇和牛街乡，位于洱海流域上游的西边、北边，共占地面积 213.12km²，此区域内土地不需要作减氮、减磷处理，因土地类型主要为林地，地形具有地势高、坡度大的特点，受面源污染影响最小。

定氮减磷区占地面积 257.9km²，主要分布在牛街乡、茈碧湖镇和右所镇，占比近 70%，这 3 个乡镇在小春时期大范围种植蚕豆，而蚕豆所属高磷排放豆类，因此需要对此地作减磷措施，一般建议在原有施肥结构用量的基础上减量 20%~30%。

减氮定磷区占地面积 229.86km²，主要分布在三营镇和右所镇，占比约 53%，这 2 个乡镇在大春时期大范围种植水稻，因此需要对此地作减氮措施，一般建议在原有施肥结构用量的基础上减量 20%~30%，或者由其他自然肥料代替。

减氮减磷区占地面积最大，为 453.44km²，主要分布在上游中部地区的牛街乡、三营镇和茈碧湖镇，共占比 60%以上，这 3 个乡镇耕地所占面积最大，而耕地的氮磷排放是造成农业面源污染的主要途径之一，因此需要对该区域重点进行减氮、减磷处理，建议分别减量 20%~30%，以达到有效控制上游面源污染效果，保证上游种植生态效益最大化。

3）种植结构调整方案

（1）多目标模型优化

①确定主污染农作物。洱海流域上游以大麦、水稻、玉米、蔬菜、豆类、烤烟、薯

表8-5　各乡镇种植分区面积及占比

	定氮定磷区		定氮减磷区		减氮定磷区		减氮减磷区	
	面积 /km²	占比 /%	面积 /km²	占比 /%	面积 /km²	占比 /%	面积 /km²	占比 /%
牛街乡	84.69	39.74	53.80	20.86	26.45	11.51	91.50	20.18
三营镇	22.93	10.76	66.11	25.63	66.11	28.76	95.09	20.97
茈碧湖镇	76.72	35.99	59.42	23.04	14.70	6.39	93.79	20.68
凤羽镇	11.28	5.29	17.71	6.87	49.93	21.72	78.51	17.31
右所镇	12.26	5.75	57.15	22.16	56.06	24.39	63.12	13.92
邓川镇	5.24	2.47	3.71	1.44	16.61	7.23	31.43	6.94
总计	213.12	100	257.9	100	229.86	100	453.44	100

类、油菜、小麦共9种为主要农作物；蔬菜、烤烟和玉米氮肥施用量最高，蔬菜、薯类和油菜磷肥施用量最高。

②确定粮食产量、耕地面积、氮磷污染源的约束条件。粮食产量主要受气候、水文、所施化肥量以及耕地面积影响，本研究中，以施肥量为考虑对象，结合耕地面积，以及氮磷污染源，在原有粮食产量基础上以不削减粮食产量尽可能增加粮食产量为约束原则。依据生态区划指标体系，氮磷污染源约束于面源污染分区、本底指标、地形地貌和离水源距离。

③削减面源污染量，促进经济发展。通过洱海流域氮磷污染量空间分布特征，结合入湖水系，得出上游流域洱源县6个乡镇中N、P高污染区主要集中在三营镇、右所镇和邓川镇，上述乡镇主要作物为小麦、豆类、蔬菜、薯类和玉米，需强化控制N、P施肥量，减少面源污染排放。

（2）种植结构调整方案

①通过对多目标优化模型进行求解分析，农业产业结构优化后到规划期，除小麦、薯类和烤烟作物外，各农业产业均有不同程度的规模变化。通过优化，建议流域烤烟种植面积增加10.7%，大麦种植面积增加16.8%，豆类种植面积增加3.2%，油菜种植面积增加23.7%，水稻种植面积减少30.7%，蔬菜种植面积减少22.8%，烤烟、大麦、豆类和油菜种植面积的增加来自对水稻和蔬菜种植面积的缩减。

②建议露地蔬菜减少的种植区改造成为大棚蔬菜的种植形式，因为蔬菜大棚能够阻挡雨水对农作物根部土壤的直接冲刷，减少肥料污染的流失，且能有效集聚光热，促进蔬菜的多茬生产，提高产量和产值，因此改造后蔬菜污染排放在一定程度上削减，又能保证作物经济产出及农户的收益。

③烤烟有较高的经济价值，且排污水平相对较低，因此建议在可以保证作物生长适宜的条件下，在靠近水源地区适当增加种植面积，或替换水稻等排污量较高的作物，以

保证上游面源污染控制成效，从而增大种植生态效益、经济效益最大化，同时能够满足社会经济及流域居民的需求。

（二）基于种植适宜性评价的作物布局优化

1. 指标选取与等级划分

1）种植适宜性分区等级划分

目前，土地的适宜性评价等级划分大多是在《土地评价纲要》理论体系下展开的，比较有代表的是杨松等通过地理信息系统对内蒙古自治区巴彦淖尔市的玉米作物进行适宜种植分区，将全市玉米种植依次分为最适宜种植区、适宜种植区、基本适宜种植区和不适宜种植区 4 个种植类型区。本研究参照此方案对洱海流域上游主要作物种植适宜性进行划分。

将收集到的洱海流域上游基础地理信息数据进行整理，利用 ArcGIS10.8 软件的空间分析功能依次得到各个指标的栅格图，根据《土地评价纲要》完成对研究区种植适宜性的分类，依次为最适宜区、次适宜区、基本适宜区和不适宜区 4 个种植类型区。然后利用重分类工具对各指标适宜性等级划分，并依次赋值 7、5、3、1 进行数量化后，依据栅格计算器空间分析工具进行各指标栅格的叠加运算，得到适宜性等级为 S4、S3、S2、S1 的种植适宜分区（表 8–6）。

表8–6　主要作物种植适宜性等级含义

适宜性等级	代码	含义
最适宜区	S4	生态因子处于最佳状态，无限制
次适宜区	S3	生态因子适宜，但在程度上次之
基本适宜区	S2	生态因子起较大的限制作用
不适宜区	S1	生态因子完全不适宜

2）评价指标选取及分级标准

参考相关文献，结合研究区实地收集到的资料，综合考虑地形、生态和土壤因素等，选取高程、坡度、距水源距离、源—汇风险格局、土壤类型、土壤湿度共 6 个指标构建研究区种植适宜性评价指标体系。其中，高程和土壤湿度的阈值确定采用自然断点法；坡度参考《土地利用现状调查技术规程》国家分级标准进行划分；距水源距离是依据河网密集程度构建缓冲区，以完全覆盖研究区的原则进行划分，得到 200m、500m、1000m 和 >1000m 4 个等级；源—汇风险格局的划分则是在已有数据的基础上，将极低风险区和低风险区合并得到低风险区，其他保持不变；土壤类型则是参考研究区主要作物分布，设定水稻土、红壤为最适宜种植土壤，棕壤为次适宜种植土壤，淡灰钙为基本适宜种植土壤，湖泊及水、棕色针叶为不适宜种植土壤（表 8–7）。

表8-7 适宜性评价指标分级标准

评价指标	等级分值			
	S4	S3	S2	S1
高程	1919~2314m	2314~2710m	2710~3130m	3130~3949m
坡度	0° ~ 6°	6° ~ 15°	15° ~ 25°	25° ~ 60°
距水系距离	200m	500m	1000m	>1000m
源—汇风险格局	极高风险	高风险	中风险	低风险
土壤类型	水稻土、红壤	棕壤	淡灰钙	湖泊及水、棕色针叶
土壤湿度	31.3%~36.5%	28.3%~31.3%	24.5%~28.3%	–1%，17.1%~24.5%
赋值	7	5	3	1

3）权重确定

根据熵值法公式计算得出各指标的权重值，如表 8-8 所示。其中距水源距离的权重最大，为 0.338，土壤类型的权重最小，为 0.092，所有指标权重之和为 1。

表8-8 适宜性评价指标权重

评价指标	高程	坡度	距水源距离	源—汇风险格局	土壤类型	土壤湿度
权重值	0.117	0.108	0.338	0.240	0.092	0.105

2. 种植适宜性分区

1）适宜性分区分布

洱海流域上游种植适宜分区如图 8-5 所示，最适宜种植区主要集中分布在上游中部地区，随水系的河流支干分布，浇灌方便，地势在 1900m 左右，较为平坦，无明显陡坡，以水稻土、红壤为主，有机质含量高，土壤含水率较高。其各方面自然特征能满足大多数作物生长发育所需，因此该区域种植作物能够得到较高的粮食产量以及经济回报，适合大面积种植；次适宜种植区和基本适宜种植区水资源条件、地形条件均能够基本满足大多数作物的生长发育，但无法提供最适宜的自然环境，如距水源距离在 500~1000m 内，浇灌不便，土壤含水率较低，且土壤类型相较于最适宜种植区有机质含量较低；不适宜种植区主要集中于上游边缘地区，此区域土地利用类型主要为林地、草地，海拔在 3000m 以上，且坡度起伏在 25° 以上，超出《土地利用现状调查技术规程》对耕地坡度的规定标准，相对恶劣的自然条件不能满足大多数作物的生长发育需求，不适宜种植作物。

2）各乡镇适宜性分区

表 8-9 为洱海流域上游各乡镇种植适宜分区的面积及占比情况，其中不适宜种植区面积最大，占总面积的 31.18%，面积为 360.07km^2，而基本适宜种植区面积仅次于不适

宜种植区面积，为323.56km²，占比为28.03%，次适宜种植区面积为253.8km²，占总面积的22%，最适宜种植区面积最小，为216.89km²，占比为18.79%。

最适宜种植区在三营镇分布最广，占地面积54.04km²，其次是茈碧湖镇，在邓川镇分布面积最小，仅有10.65km²；次适宜种植区在茈碧湖镇分布最广，其次是三营镇；基本适宜种植区在邓川镇分布面积最小，仅有17.06km²；不适宜种植区在牛街乡分布最广，占地面积103.65km²，远大于其他乡镇。牛街乡、三营镇、茈碧湖镇等5个乡镇的不适宜种植区面积均大于最适宜种植区面积，仅有邓川镇最适宜种植区面积大于不适宜种植区面积，由此可知，虽然邓川镇所占面积最小，但是整体土地种植适宜度较高。

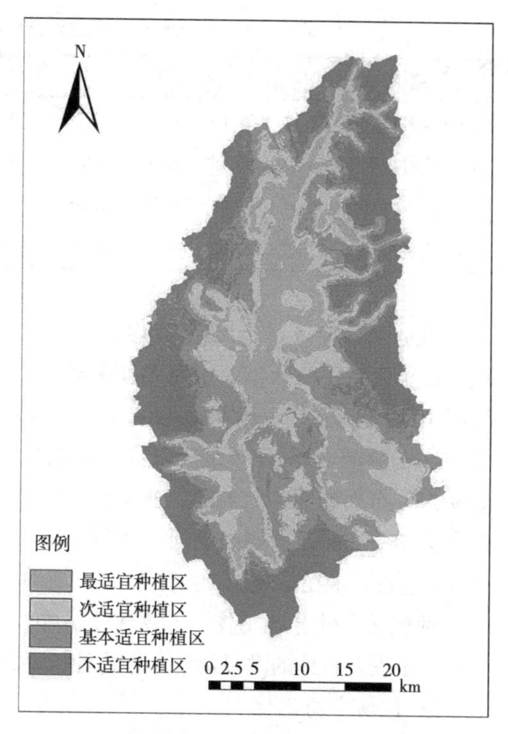

图 8-5　洱海流域上游各乡镇种植适宜分区图

表8-9　各乡镇种植适宜性分区面积统计表（单位：km²）

	最适宜种植区	次适宜种植区	基本适宜种植区	不适宜种植区
牛街乡	36.16	52.89	71.57	103.56
三营镇	54.04	55.41	59.28	65.24
茈碧湖镇	41.23	60.95	76.94	70.36
凤羽镇	37.2	32.06	36.11	72.09
右所镇	37.61	43.62	62.48	40.76
邓川镇	10.65	15.99	17.06	7.82
总计	216.89	253.8	323.56	360.07

3）各子流域适宜性分区

将适宜性分区与11个子流域作叠置处理得到洱海流域上游各子流域种植适宜性分区图，表8-10统计了各子流域种植适宜性分区分布面积。

表8-10　各子流域种植适宜性分区面积统计表（单位：km²）

子流域	1	2	3	4	5	6	7	8	9	10	11
最适宜种植区	41.17	29.16	11.02	12.76	0	15.27	1.90	20.87	28.30	47.11	9.33
次适宜种植区	40.69	23.35	25.92	18.61	0	32.44	0.02	17.69	31.56	42.82	27.81
基本适宜种植区	36.06	32.47	39.62	12.65	1.45	36.60	0	23.91	44.12	64.27	31.16
不适宜种植区	52.85	27.02	54.80	11.85	6.91	50.62	0	78.13	25.37	32.72	13.96

最适宜种植区在子流域10内分布最广，面积为47.11km²，所属弥苴河、罗时江流域，在子流域1内分布面积为41.17km²，所属白沙河、三营河流域；次适宜种植区在子流域10内分布最广，面积为42.82km²，未在子流域5内分布；基本适宜种植区在子流域同样在子流域10内分布最广，占地面积在所有分区中最大，为64.27km²，其次在子流域9内分布面积为44.12km²，所属分洪沟流域；不适宜种植区在子流域8内分布最广，面积为78.13km²，所属凤羽河、清源河流域，在子流域1、3、6内分布相差不大，均在50km²左右，未在子流域7内分布。

种植适宜性分区整体随水系主干分布，这是因为距水系距离越近，土壤质量越好，方便用于农业耕作的灌溉活动，作物种植适宜性越高。

3. 作物布局优化

1）洱海流域上游主要作物介绍

复合轮作种植结构如图8-6所示，2020年洱海流域上游耕地区域种植农作物以水稻、玉米、豆类、油菜、烤烟、蔬菜等为主，其中大春时期种植水稻、玉米和烤烟，小春时期种植蚕豆、油菜和其他蔬菜。如图8-6所示为洱海流域上游大春作物、小春作物分布图。

水稻是大理白族自治州最重要的口粮作物，也是种植面积最大的粮食作物之一①，主要产于坝子地区，大理白族自治州环洱海丘陵地带是亚洲栽培水稻的发源地之一；玉米是大理白族自治州仅次于水稻的第二大粮饲兼用重要作物，全自治州常年种植面积6.67万hm²，主要分布于各县市不同海拔和生态类型的山区、半山区，其中杂交玉米良种推广覆盖率已近100%②；大理白族自治州同时是云南省乃至全国重要的烟叶产区之一，持续的高温让大理白族自治州烟草作物可以保持稳定的成长，常年种植面积稳定在3.33万hm²左右，主要在大春时期种植③；油菜是大理白族自治州的主要经济作物④，属于旱季越

① 普燕爽，陈建军，祖艳群，等. 洱海流域不同种植模式稻田生态系统服务价值评估［J］. 农业资源与环境学报，2022，39（5）：958-966.

② 陈怀军，杨曙辉，杨银生. 杂交玉米新品种大玉8号选育初报［J］. 种子，2010，29（6）：116-118，122.

③ 罗云方，徐成龙，苏家恩. 大理特色烟叶与不同生态烟区烤烟香型风格的差异分析［J］. 南方农业，2017，11（8）：70-71.

④ 李国成. 大理州“双低”甘兰型油菜新品种高产栽培技术［J］. 经济研究导刊，2011，(12)：303-304.

冬作物，对水肥需求较低，同时具有较高的经济价值，邹娟等[①]认为油菜种植过程中，土壤能供应当前产量所需的60%的氮、70%的磷、80%的钾，余下部分需要肥料提供；蚕豆是一种蔬菜粮食兼用型作物[②]，具有生育期短、播种适期长、固氮养地、改良土壤、抗旱、耐瘠、适应性强、易于栽培管理等特点，大理白族自治州是云南省最大的蚕豆生产基地，常年鲜食蚕豆播种面积2万余 hm^2[③]；大理白族自治州的蔬菜主产区位于洱源县东部及下关街道、大理镇的洱海湖滨区，蔬菜种植主要以辛辣类蔬菜大蒜、葱、芥菜、辣椒及水生蔬菜莲藕、芋、海菜等为主[④]。

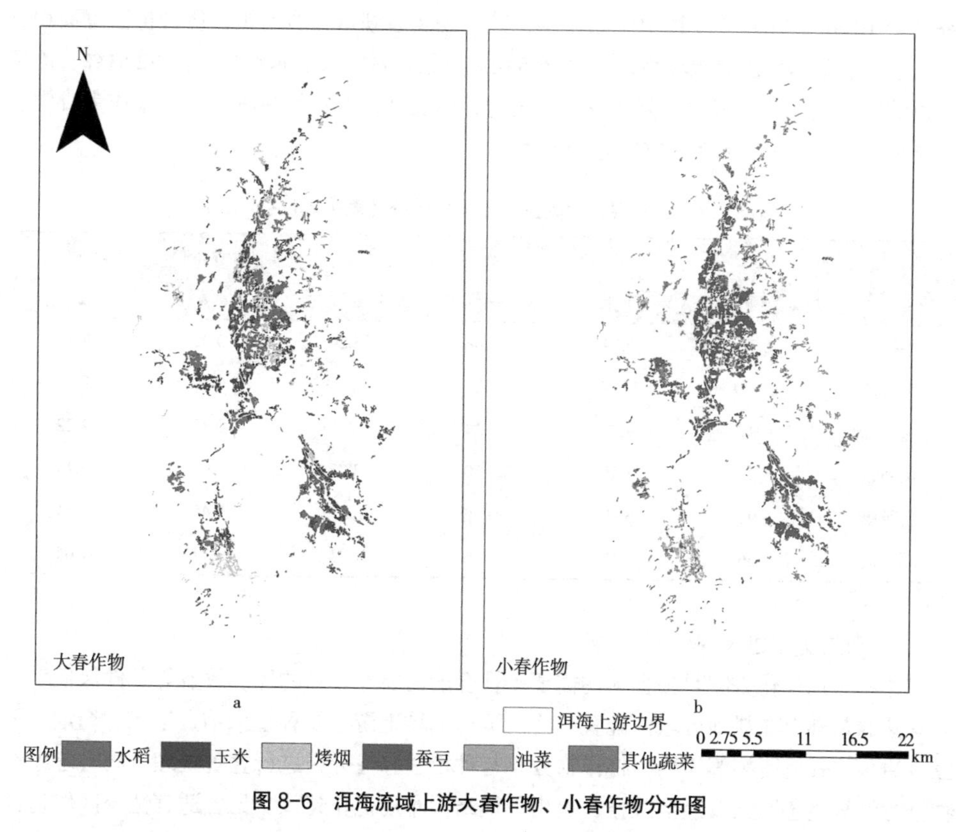

图 8-6　洱海流域上游大春作物、小春作物分布图

对洱海流域上游进行种植生态区划，作物的排污水平为重要参考依据。郭羽鑫等[⑤]利用每个小区每种作物径流污染物的排放量计算方法，对洱海流域上游主要作物的TN、

① 邹娟. 冬油菜施肥效果及土壤养分丰缺指标研究［D］. 武汉：华中农业大学，2012.

② 何丽红，赵志勇，潘志华. 大理州弥渡点蚕豆引种比较试验［J］. 长江蔬菜，2023,（14）：38–41.

③ 赵燕春，段新，段利琴，等. 洱海流域蚕豆黑斑病鉴别与综合防治方法［J］. 长江蔬菜，2023,（13）：50–51.

④ 向华，宗义湘，赵帮宏，等. 大理州大蒜产业发展现状及问题分析［J］. 中国蔬菜，2019,（9）：7–12.

⑤ 郭羽鑫，郑宏刚，吴碧兰，等. 洱海流域上游耕地氮磷排放强度空间分析［J］. 江苏农业科学，2020，48（16）：291–297.

TP 排放量进行计算和统计，TN 排放量表现为水稻 > 玉米 > 蔬菜 > 油菜 > 烤烟 > 豆类；TP 排放量表现为豆类 > 蔬菜 > 玉米 > 烤烟 > 油菜 > 水稻。

表 8-11 统计了洱海流域上游各乡镇种植的主要作物面积。

大春时期，三营镇作物种植面积最大，仅水稻种植面积就占水稻总种植面积的 41.56%；邓川镇种植面积最小，水稻、玉米和烤烟 3 种作物在 6 个乡镇中均占比最低，其中烤烟仅占总种植面积的 1.92%；各乡镇基本遵循水稻、玉米、烤烟种植面积依次递减的规律，但此碧湖镇水稻种植面积少于玉米种植面积 3.55km^2。小春时期，三营镇种植蚕豆 28.61km^2，在 6 个乡镇中位居首位，其次是此碧湖镇和右所镇，所种植蚕豆面积近乎一致；油菜总种植面积较小，主要分布在凤羽镇，占油菜总种植面积的 72.51%，因凤羽镇油料产业发达，有“油菜之乡”的美誉，而在其他乡镇鲜少种植；蔬菜作为日常所需作物，种植面积在各乡镇之间差距不大。

表8-11　各乡镇种植的主要作物面积统计表（单位：km^2）

	大春作物			小春作物		
	水稻	玉米	烤烟	蚕豆	油菜	蔬菜
牛街乡	6.36	6.74	2.68	8.24	0.02	7.53
三营镇	20.79	12.80	5.28	28.61	0.69	9.59
此碧湖镇	6.27	9.82	1.24	12.90	0.22	4.22
凤羽镇	5.02	3.36	3.20	3.22	3.93	4.43
右所镇	8.93	6.80	0.86	12.79	0.45	3.34
邓川镇	2.66	3.18	0.26	4.95	0.11	1.05

2）布局优化建议

作物布局优化方案是根据人的需要、社会的需要、较高的经济效益等条件保证生态适宜性的基础上在耕地区域内配置作物。洱海流域上游主要种植水稻、玉米、烤烟、蚕豆、油菜、其他蔬菜等作物，将作物分布与种植适宜性分区进行叠置处理，同时考虑作物排污量等生态因素及经济效益，提出种植结构布局优化建议。见各适宜性分区作物分布面积统计表（表 8-12）和各适宜性分区作物分布图（图 8-7）。

水稻为大春时期最主要的粮食作物，受水源条件和地形条件的约束，在种植适宜性分区中主要分布在最适宜种植区和次适宜种植区，共占地面积 43.46km^2，在基本适宜种植区分布面积为 3.98km^2，在不适宜种植区分布面积为 2.73km^2，因水稻具有较高的经济效益和种植普适性，种植面积需保证当地人民生活及发展生产的需要，但水稻又是高 TP 排放作物，在最适宜种植区内种植可能存在破坏生态敏感性风险，因此建议适当控制水稻在最适宜种植区内的种植面积，且尽量离水源距离在 200m 以上。

玉米为大春时期第二大粮食作物，在种植适宜性分区中主要分布在最适宜种植区，

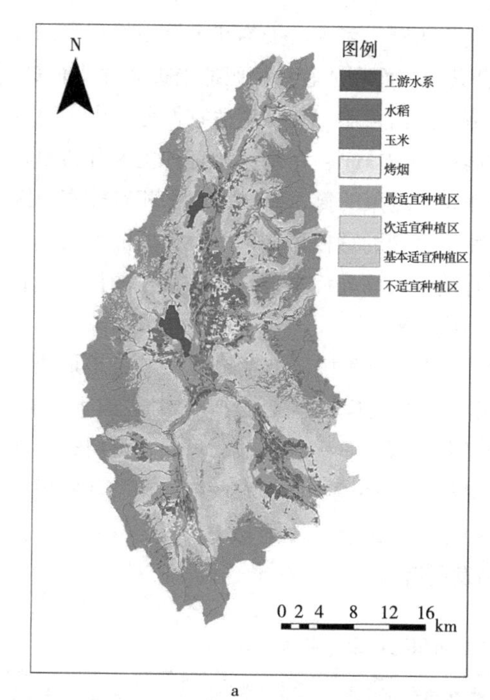

a

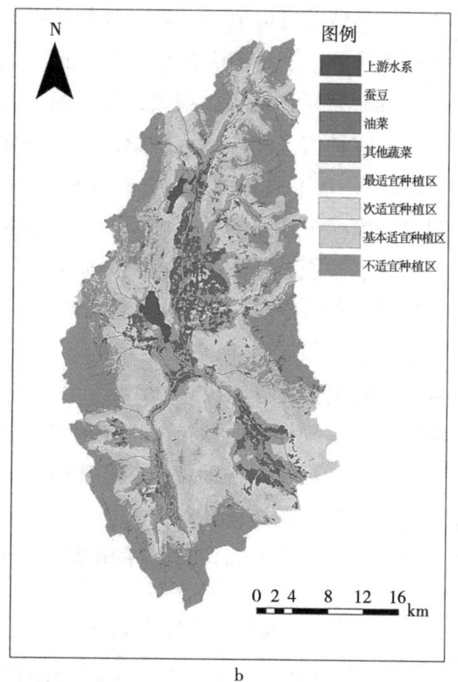

b

图 8-7　各适宜性分区作物分布图

占地面积 23.75km^2，其次是次适宜种植区，占地面积 10.34km^2，在基本适宜种植区分布面积为 4.68km^2，在不适宜种植区分布面积为 3.84km^2，玉米种植在坡耕地，一定程度上可采用梯田等方式减少水土流失，因此建议适当减少最适宜种植区玉米种植面积，在次适宜种植区、基本适宜种植区大面积种植。

烤烟为大春时期最重要的经济作物，在种植适宜性分区中主要分布在最适宜种植区和次适宜种植区，共占地面积 10.35km^2，在基本适宜种植区分布面积为 2.1km^2，在不适宜种植区分布面积为 1.06km^2，因烤烟 TP、TN 排放量较少，属于低污染排放作物，又有较高的经济效益，因此可以在最适宜种植区适当扩大种植范围。

蚕豆为小春时期最主要的粮食作物，在种植适宜性分区中主要分布在最适宜种植区和次适宜种植区，共占地面积 63.85km^2，在基本适宜种植区分布面积为 3.77km^2，在不适宜种植区分布面积为 3.13km^2。蚕豆基本不施氮肥，主要是以施钾肥为主，因此蚕豆排氮水平最低，另外种植蚕豆可以优化土壤结构，使土壤适宜作物生长发育，所以种植蚕豆具有明显的生态效益及经济效益，而蚕豆的种植区域本身很广，因此建议除了在不适宜种植区改种其他外，在适宜种植区维持种植现状即可，不需要做其他调整。

油菜为小春时期特色经济作物（油料作物），种植面积较小，在种植适宜性分区中主要分布在最适宜种植区和次适宜种植区，共占地面积 5.36km^2，在基本适宜种植区、不适宜种植区种植面积极小，共 0.11km^2。由于油菜种植面积最小，是当地最重要的食用油来源之一，且油菜可以通过分泌黏液物质吸附残留化肥，减少污染物在土壤中的积累，有助于环境保护，因此建议在不适宜种植区改种其他，而在适宜种植区适当扩大种植面积。

小春时期还种植各类蔬菜，如小葱、青椒、圆白菜等，在种植适宜性分区中主要分布在最适宜种植区和次适宜种植区，共占地面积 18.71km^2，在基本适宜种植区分布面积为 7.01km^2，在不适宜种植区分布面积为 4.35km^2。蔬菜的氮、磷排放水平相对较高，因此建议适当减少蔬菜的种植面积，或者改为蔬菜大棚的种植形式，蔬菜大棚能够最大程度阻挡雨水冲刷，减少肥料污染的流失，同时减少大棚外病虫害对棚内蔬菜的侵害，有效控制病虫害的传播，从而减少蔬菜的农药使用次数。

不适宜种植区全年共种植作物 15.16km^2，而不适宜种植区坡度超过 25°，地形条件不利于作物生长发育和机械化作业，因此不建议种植粮食、经济等作物，建议改种果树，如柑橘类、核果树等。核桃配套中药材复合经营模式，是一种高效、环保、可持续发展的产业模式，可提高土地资源的利用效率，保护生态环境，促进农业结构调整和农民收益提升。例如，在核桃树行间、树干周围等空地种植适合的中药材（如三七、丹参、党参、当归、黄芪等），具有很好的市场前景和发展潜力。

表8-12　各适宜性分区作物分布面积统计表（单位：km^2）

		最适宜种植区	次适宜种植区	基本适宜种植区	不适宜种植区
大春作物	水稻	30.56	12.9	3.98	2.73
	玉米	23.75	10.34	4.68	3.84
	烤烟	7.34	3.01	2.1	1.06
小春作物	蚕豆	46.9	16.95	3.77	3.13
	油菜	4.21	1.15	0.06	0.05
	蔬菜	10.56	8.15	7.01	4.35

五、讨论

（一）不足之处

（1）在面源污染关键源区识别的种植生态分区研究中，通过整理研究区 2016 年统计年鉴资料获取种植结构，作物种类包括水稻、小麦、玉米、大麦、豆类、薯类、油菜、烤烟、蔬菜共 9 种作物，而在基于种植适宜性评价的作物布局优化研究中，通过遥感解译仅提取水稻、玉米、蚕豆、油菜、烤烟、蔬菜共 6 种作物，这是因为小麦、大麦、薯类种植面积远远小于 6 种主要作物，而遥感解译仅能提取主要作物，不可避免受一定误差影响。另外，2020 年种植结构相较于 2016 年有很大调整，所以在种植面积上也有一定差距。

（2）本书在实证分析面源污染源与农业结构调整等因素的关系时，仅以化肥污染中的氮磷污染为农业污染指标，而没有包含钾等其他污染源，使得研究范围有一定的局限性，在研究广度上存在不足。

（3）本书在农业污染的影响因素解析方面，仅从宏观层面的影响因素出发进行了定量分析，而没有从农户层面研究各种影响因素，尤其是各种可能影响农户行为的政策对于造成农业污染的作用，在研究深度上存在不足。

（4）受调查资源和条件的限制，本书在农业产业结构优化模型的构建中，没有将技术进步引入约束条件，考虑技术进步的作用在农业产业结构优化的综合保障措施中，仅提出了制定补偿政策的思路，没有通过农户调查具体研究对农户的补偿标准、补偿额度、补偿方式。

（二）研究展望

（1）扩展农业污染的研究范围，实证分析更多农业污染物与其影响因素之间的关系，更加细致化面源污染的来源与空间分布特征，使研究内容更加完善，是需要进一步研究的重点之一。

（2）量化政策，并通过实地调查获取农户微观层面的资料，实证分析农户对不同政策的响应，以及不同政策对农户实施农业污染行为的影响，为农业政策的制定与完善提供依据。

（3）在条件允许的情况下，收集能够反映农业技术进步的统计资料，在农业产业结构优化模型的约束条件中引入先进技术，并通过农户调查开展基于湖泊流域水污染控制的农业产业结构优化的经济补偿研究。

六、结论

（1）综合考虑研究区地形、距水源距离及 TN、TP 排放强度等识别关键源区的影响因素，运用 GIS 空间分析方法，对关键源区分级为轻度污染、中度污染和重度污染 3 级。

（2）在氮、磷污染中，TN 量为三营镇 > 茈碧湖镇 > 右所镇 > 凤羽镇 > 牛街乡 > 邓川镇，TP 量为三营镇 > 茈碧湖镇 > 右所镇 > 凤羽镇 > 牛街乡 > 邓川镇。

（3）基于面源污染种植生态分区分为低氮低磷种植区，低氮减磷种植区，减氮低磷种植区，减氮减磷种植区 4 个分区。

（4）洱海流域上游种植适宜性分区分为最适宜种植区、次适宜种植区、基本适宜种植区和不适宜种植区 4 个种植类型区，所占面积依次递增。其中不适宜种植区全年共种植作物 15.16km^2，不建议种植粮食、经济等作物，建议改种果树（如柑橘类、核果树等），如核桃配套中药材复合经营模式是一种高效、环保、可持续发展的产业模式，可在此地试推广。

第九章　结论、建议与展望

第一节　结　　论

本书应用遥感、地理信息系统、GEE 等空间信息技术，以流域生态保护为目标，从遥感信息提取、时空演变模拟、生态风险识别、面源污染响应关系、种植生态区划等方面开展研究，得到如下结论。

一、构建遥感信息提取技术体系

（一）土地利用最优分类算法筛选

利用 GEE 云平台，选取 Landsat 影像地表反射率、植被指数、水体指数、DEM 4 种空间数据集作为土地覆被分类的基础和辅助数据，分别运用 CART、RF 和 SVM 3 种分类算法，实现洱海流域土地覆被信息的自动提取和精度对比。结果表明：① 3 种分类算法中，RF 的总体分类精度最高，SVM 的总体精度最低，RF 是洱海流域 LULC 的最适宜分类算法；②采用光谱指数、地形特征等辅助数据集进一步提高解译精度，而样本点的选取是最主要的影响因素；③ Erhai_RF 能够达到较高的精度，同时更加突出细节特征，在局部实际分类精度上会更高。该研究可为洱海流域长时序土地覆被数据产品智能快速提取以及最优分类算法筛选提供方法和技术支撑。

（二）耕地精细化分类方法

基于 ESP 最优尺度评价工具对 Sentinel-2A 影像进行多尺度分割，在光谱、纹理等常用特征的基础上加入位置特征构建分类特征集，利用 C5.0、CART、QUEST 决策树算法分别进行规则挖掘并对比分类精度。结果表明：①光谱特征 Mean-Green、Max.diff 比其他特征优势更为显著，在 3 种决策树的重要性排名中位居首位；②位置特征 Y-Center 出现频次明显高于 X-Center，主要用于区分水浇地与其他地类，依据树中 Y-Center 阈值预测水浇地在影像南部存在集聚分布现象；③ 3 种方法的分类精度从 C5.0、CART、QUEST 逐级递减，其中基于面向对象的 C5.0 决策树总体精度和 Kappa 系数分别为 91.33%、0.8556。因此，C5.0 决策树方法更适用于洱海流域耕地精细分类研究。

（三）种植结构决策树提取体系

对洱海流域的 Sentinel-2A 影像进行多尺度分割，在光谱和纹理等常用特征的基础上加入位置特征构建分类特征集，选用 C5.0 决策树算法挖掘分类规则，使用混淆矩阵进行分类精度评价。洱海流域土地利用分类的最优分割尺度为150，大春作物、小春作物分类的最优分割尺度为90。作物分类中，光谱特征Mean-Green为分类最重要的参数，位置特征Y-Center主要区分紫叶莴笋和玉米，X-Center为提取蚕豆的重要特征之一。依据C5.0决策树分类规则绘制大春时期、小春时期的作物精细地块图，大春作物分为水稻、玉米、紫叶莴笋及其他作物，小春作物分为蚕豆、油菜、紫叶莴笋及其他作物，得到复合轮作种植结构共16种，其中水稻—蚕豆和玉米—蚕豆轮作占流域内耕地总面积比例最大，分别为29.54%和23.66%；水稻—油菜和玉米—油菜轮作所占面积较小，分别占耕地总面积的2.05%和1.58%；大春和小春时期均种植紫叶莴笋的区域占耕地总面积的4.26%；其余11种轮作方式面积之和为7726.77hm^2，占耕地总面积的38.91%。提取复合轮作种植结构时，建议考虑C5.0决策树算法并加入位置特征提取作物信息，针对复合轮作种植结构存在分布不均等问题，建议当地农业部门加强宣传引导，遵循因地制宜的原则，优化调整洱海流域农作物种植结构，提高流域农业种植生态、经济与社会效益。

本书基于“土地利用类型—耕地系统—复合轮作种植”的流程与视角，创新了流域长时序土地覆被数据产品智能快速提取以及最优分类算法筛选方法；提出一种基于Y-Center阈值提取水浇地的一种耕地精细化分类方法；构建最优分割尺度下流域种植结构决策树提取体系。

二、构建时空演变模拟技术体系

（一）土地利用时空变化模拟

基于人机交互解译遥感影像，得到2005年和2019年2期洱海流域上游的土地利用数据，运用地理信息系统（GIS）空间分析、转移矩阵等多种研究方法，分析洱海流域上游近14年来各种土地利用类型在时间、空间及数量上的动态变化情况。结果表明：①耕地、林地和草地是洱海流域上游主要地类，耕地分布在中、南部平缓地带，林地和草地呈环状分布在盆地边缘，城镇用地零散分布在耕地中，且靠湖泊区域更为集中；② 14年间，转换主要在耕地、林地、建设用地和草地4种土地利用类型之间进行。建设用地和草地是总面积增加和减少最多的地类，分别为47.240km^{2}和97.398km^2；③土地利用动态度呈现两极分化态势，园地动态度最大，为1549.895%，林地动态度最低，为0.198%。研究结果可为洱海流域上游的土地利用规划、生态保护提供理论支撑。

（二）土壤侵蚀及其景观格局的时空模拟

采用改进的土壤流失方程RUSLE及热点分析研究流域的土壤侵蚀时空变化，并进一步揭示不同坡度下的土壤侵蚀分布规律，应用Fragstats软件从类型与景观水平分析土壤侵蚀景观格局变化趋势。结果表明：① 20年间，平均土壤侵蚀模数共减少15.5 t/（km^2·a），占比下降14.7%，微度侵蚀强度面积增加了122.3km^2，占比上升4.7%；②随着坡度的增加平均土壤侵蚀模数呈先上升后下降的趋势，在坡度范围为15°~25°时达到最大值，>35°时达到最小值；③微度侵蚀斑块优势度增大，景观破碎化程度和异质性降低。可见，洱海流域近20年土壤侵蚀状况得到改善，土壤侵蚀景观格局得到优化。

（三）融合多种生态指标模拟流域生态环境过程

选取与土地利用转型相关的区域生态环境质量指数、遥感生态指数、土壤侵蚀来分析洱海流域2000—2020年的生态环境质量。结果表明：① 2000—2020年，林地、草地和耕地是洱海流域主要土地利用类型，也是土地利用转型明显的地类；② 20年间，EV值增加了0.003，RSEI均值增加了0.14，土壤侵蚀模数均值减少了15.48t/（km^2·a），三者均表明洱海流域生态环境在不断改善，相比单一指标，多种生态指标相结合更具优越性；③ 3种生态指标均表明洱海流域生态环境在不断改善，但区域差异性明显，林地的生态环境质量最好，未利用地和城镇用地生态环境质量最差，与其他2种指数相比，RSEI区域适应性更强；④耕地的转型是洱海流域生态环境质量改善的主要原因，而旅游业加速了土地利用转型。相比单一生态指标，多种生态指标相结合可更加准确反映研究区生态环境状况，为洱海流域的生态环境保护提供依据。

本书分析了近20年来洱海流域土地利用时空动态变化特征，探讨流域土壤侵蚀及其景观格局时空演变规律，融合多种生态指标模拟流域生态环境过程，构建了“土地利用—土壤侵蚀—生态环境”时空模拟与预测技术体系。

三、构建生态风险识别技术体系

（一）揭示面源污染强度的空间分布规律

利用GIS空间分析技术、源强估算，对研究区农田总氮（TN）、总磷（TP）排放强度进行分析。结果表明：① TN排放强度由大到小依次为：邓川镇 > 茈碧湖镇 > 牛街乡 > 右所镇 > 凤羽镇 > 三营镇；② TP排放强度由大到小依次为：邓川镇 > 牛街乡 > 凤羽镇 > 茈碧湖镇 > 右所镇 > 三营镇。得出结论：①粮食作物上，水稻的种植面积最多，其TN、TP排放总量也最大，经济作物上，豆类和蔬菜的TN、TP排放量最多；②右所镇、三营镇、茈碧湖镇3个乡镇的TN、TP排放强度高于其他3个乡镇，TN、TP排放强度空间分布呈现出“南北高而中间低”的趋势；③邓川镇成为TN、TP污染最重区域，三营镇为污染最轻区域。通过对洱海流域上游耕地氮磷排放强度空间分析，提出洱海流域上游6个乡镇面源TN、TP污染采用3种控制模式，为有效防控流域面源污染提供决策支持。

（二）识别“源—汇”风险的关键源区

利用2005年、2010年、2015年和2020年4期数据，构建阻力基面评价体系，基于最小累积阻力模型，建立阻力面并划分风险等级，分析16年来风险等级的时空变化，并探讨了研究区风险等级的驱动因素。结果表明：① 16年来，阻力面均值提高了833.94，呈现先上升后下降的趋势，阻力基面和阻力面的分布具有空间异质性，随着海拔的升高，呈现中间低边界高，“源”景观的作用被“汇”景观逐渐取代；②极高风险区、高风险区和中风险区面积占总面积的一半以上，整体面源污染风险等级偏高，面源污染风险等级与土地利用类型空间分布较为一致，表现为中间高边界低，南部高北部低，右所镇、邓川镇和上关镇高于其他乡镇；③洱海保护政策加快了风险等级转移，“源”和“汇”景观交界处风险等级转移最为剧烈，是重点关注的区域。2005—2020年，极高风险区、高风险区、中风险区、低风险区和极低风险区转出面积分别为50.68km^2、49.72km^2、44.34km^2、37.71km^2、8.36km^2，林地、草地和水域等“汇”景观是优势景观类型，影响强度高于“源”景观，“源”景观耕地的面积虽不断减少，但其“源”作用仍强于“汇”；④面源污染的风险等级与耕地、林地和草地具有较强相关性，但与土壤侵蚀不具有相关性。土壤侵蚀的主要区域为茈碧湖镇、凤羽镇和右所镇3镇交界处以及牛街乡，平均土壤侵蚀模数在16年间减少了8.29t/（hm^2·a）。退耕还林、种植生态区划、产业结构调整等措施促使“源—汇”景观对控制面源污染具有更积极的作用，进而影响风险等级的时空分布，为洱海流域水环境治理提供决策依据。

（三）明确生态系统服务价值时空变化的核心因素

为探究洱海流域上游土地利用动态变化趋势及其与生态系统服务价值（ESV）之间的关系，以Landsat TM/OLI遥感影像为基础，解译得到2000年、2005年、2010年、2015年和2019年共计5期土地利用数据，运用转移矩阵、土地利用动态度、改进的生态系统服务价值当量因子等方法，分析洱海流域上游土地利用变化规律、生态系统服务价值动态趋势及其相互影响。结果显示：①林地、草地和耕地是研究区主要的土地利用类型和土地转换类型，其他用地动态度最高（13.76%），草地最低（-2.17%）；②运用改进的价值当量因子计算方法核算研究区ESV，其一级服务功能为调节服务 > 支持服务 > 供给服务 > 文化服务，二级服务功能中，水文调节的ESV最高，维持养分循环最低；③20年间洱海流域上游林地和草地的ESV最高，总体呈上升趋势，林地、草地和水域是主要的贡献因子和敏感因子，林地、草地和水域分别在2000—2005年、2010—2015年、2015—2019年生态贡献率最高，分别为62.62%、64.12%、53.66%；④各地类转入转出变化与其ESV变化呈线性关系，林地、草地和水域面积的转入转出是影响洱海流域上游ESV变化的主要原因。研究表明，洱海流域上游总体土地利用开发需求相对较低，生态环境不断改善，ESV呈现不断上升趋势。

分析流域上游耕地氮磷排放强度空间分布规律，识别面源污染“源—汇”风险的关键源区，明确生态系统服务价值时空变化的核心因素，构建了流域“氮磷分布—源汇风险—生态价值”生态风险识别技术体系。

四、构建面源污染响应关系模型

（一）面源污染的影响因素

以洱海流域上游为研究区域，从水稻—蚕豆与玉米—土豆轮作入手，运用裂区实验分析与统计分析的方法，在常规施肥、60%施肥和30%施肥的水平下测定水样中的化学需氧量（COD）、总磷（TP）、氨氮（AN）、硝酸盐氮（NO_3-N）与总氮（TN）的含量，运用裂区实验分析与统计分析的方法对两者响应关系进行探究。结果表明：①不同农作物的施肥水平对农业面源污染有显著（$P<0.01$）的影响，其中对总磷的影响最大（$R^2=0.550$，$P<0.01$）；②随着施肥水平的增加，不同农作物的总磷（TP）与化学需氧量（COD）排放量也随之增加；③玉米与蚕豆的氨氮（AN）、硝酸盐氮（NO_3-N）与施肥水平无显著关系，土豆随着施肥水平的增加，氮的排放量呈现递减的趋势；④总体来看，施肥量会正向影响农业面源污染，除个别值外，进水口的水样指标值要小于施肥后的水样指标值，且各项检测指标值存在着相关关系。本研究可为今后洱海流域减施化肥处理与农业面源污染治理提供依据。

（二）构建了面源污染响应关系模型

以洱海流域为研究对象，提取复合种植结构，进行不同轮作模式下减施化肥实验，创新性地提出低纬高原气候下种植结构、施肥水平与面源污染之间的 8 类响应关系模型并进行验证（$CFI>0.91$）。结果表明：①洱海流域的主要农作物种植结构有 6 种，其中水稻—蚕豆面积最大，占总种植面积的 35.72%，玉米—蚕豆种植面积次之，占总面积的 28.64%，因此实验选取这 2 种作物轮作方式；②结构方程模型中总氮对农业面源污染的贡献度最大（$R^2=0.90$），而在水稻—蚕豆、玉米—蔬菜轮作中，总磷对农业面源污染的贡献度最大（$R^2>0.37$）；③气候、灌溉水平、种植结构、施肥水平对农业面源污染均有一定的影响，其中气候对总氮的排放的影响最大，其路径系数为 0.87；灌溉量对氨氮的影响最大，路径系数为 0.62；施肥水平对总氮的影响最大，路径系数为 0.67；种植结构面积占比对总磷（0.21）、总氮（0.29）、化学需氧量（0.24）有一定影响，作物面积显著影响总磷（0.45）、总氮（0.42）与化学需氧量（0.51）的排放量，作物产量显著影响总氮（0.57）的排放量。研究为洱海流域农业面源污染的防控提供了理论支撑。

在提取作物种植结构的基础上，探讨不同农作物的施肥水平对洱海流域上游面源污染影响，构建了低纬高原气候下洱海流域农业种植结构、施肥水平与面源污染之间的 8 类响应关系模型。

五、构建种植生态区划技术体系

针对洱海流域上游种植结构现存的生态问题，从 2 个角度探究能够满足该地农业发展需求的种植生态区划方案。通过统计年鉴、研究报告、问卷调查等资料获取研究区种植结构、化肥施用等数据，采用德尔菲（Delphi）法及构建 ECM 模型等方法实现基于面源污染关键源区识别的种植生态分区；通过遥感解译获取研究区种植结构、地形条件等数据，采用熵值法确定指标权重，构建种植适宜性评价指标体系，完成基于种植适宜性评价的作物布局优化。

（一）基于面源污染关键源区识别的种植生态分区

关键源区分级为轻度污染、中度污染和重度污染 3 级，其中轻度污染占地面积最小，重度污染分布最广。基于面源污染关键源区识别的种植生态分区分为减氮减磷区、减氮定磷区、定氮减磷区和定氮定磷区，其中减氮减磷区分布面积最大，为453.44km^2，主要分布在上游中部地区的牛街乡、三营镇和茈碧湖镇，耕地分布较广，氮磷污染物排放量大，需要对该区域重点进行减氮、减磷处理。

（二）基于种植适宜性评价的作物布局优化

种植适宜性分区分为最适宜种植区、次适宜种植区、基本适宜种植区和不适宜种植区，其中不适宜种植区面积最大，为360.07km^2，占总面积的31.18%，最适宜种植区面积最小，为216.89km^2，占总面积的18.79%；不适宜种植区全年共种植农作物15.16km^2，建议改种果树，如柑橘类、核果树等，可试推广核桃配套中药材复合经营模式。

这2种方案从不同角度实现洱海流域上游农业种植生态区划，构建了流域“关键源区识别—种植适宜性评价”的种植生态区划体系，以期为流域面源污染治理提供新思路。

第二节　建　　议

一、夯实空间数据在生态保护中的基础作用

（一）长时间序列、高空间分辨率的数据获取

本书使用的洱海流域长时序LULC，时间跨度较长，前期遥感数据主要以Landsat为主，使用的数据分辨率为30m；而对种植结构的提取的遥感影像使用的是Sentinel系列，其空间分辨率为10m，Sentinel-2A光学遥感卫星于2015年6月23日发射，对比Landsat系列、AVHRR、MODIS、SPOT系列等卫星传感器，具有较好的空间分辨率、时间分辨率和丰富的红边信息，可以实现利用单一数据源构建中高分辨率时序数据集。随着卫星技术的不断发展，更高分辨率的卫星影像可以使用。今后，可以考虑用更高精度的数据，如高分系列、珠海、吉林等国产高分辨率的遥感影像，将更准确、更有效地展开研究。

（二）拓展无人机遥感应用的深度与广度

无人机是通过无线电遥控设备或机载计算机程控系统进行操控的不载人飞行器，无人机遥感以无人机为空中平台，遥感传感器获取信息，用计算机对图像信息进行处理，并按照一定精度要求制作成图像。无人机遥感实现自动化、智能化、专用化快速获取国土资源、自然环境、地震灾区等空间遥感信息，具有机动、快速、经济等优势，在生态环境遥感监测、危险区域的地质灾害调查、空中救援指挥等方面发挥着重要作用。

除上述通过卫星遥感平台获取的大范围遥感基础数据外，通过无人机遥感获取流域小范围的高频次、高精度的长时间序列遥感影像数据，在进行生态环境识别、蓝藻监测、水质反演、农作物估产等方面可发挥重要作用，尤其在分类指标的筛选、分类精度评价的野外验证、时空演变模拟与预测等方面有着不可替代的作用。

二、应用多种方法改进遥感信息提取质量

（一）选择最适宜的分类方法

本书中，土地利用提取对比了 CART、RF 和 SVM 3 种分类算法，耕地精细化提取对比了 C5.0、CART 和 QUEST 3 种决策树算法，在此基础上，种植结构提取最终选择了 C5.0 决策树算法，对大春、小春复合轮作结构分类达到理想的效果。因此，分类方法的选择是影响遥感信息提取精度的影响因素。研究表明，不同决策树在分类结果和精度中存在一定差异，这可能与算法的原理相关。例如，C5.0 算法是在 C4.5 算法基础上的进一步改进，它的实质是建立多棵 C4.5 决策树，每建立一次决策树，重复增加上次分类错误的样本的权重。权重越大，被选为训练样本的概率越大。也就是说，重新分析在最终模型中被错误分类的叶子，并尝试正确分类这些叶子。因此，基于 C5.0 决策树算法构建的决策树相对于 CART 和 QUEST 决策树结构更复杂，分类精度最高。

（二）结合作物物候信息选择合适的时相

作物物候信息的合理使用对提高作物分类的精度和效率至关重要，明确提取目标的最佳时相能有效排除作物间的干扰，从而降低提取工作难度，结合作物物候信息选择合适的时相对提高遥感信息提取精度具有重要意义。例如，耕地精细分类的最佳时相选择大春时期的 8 月，此时期耕地作物覆盖度较高，分类过程中可以结合研究区的种植结构背景，更易于区分水田、旱地和水浇地。再如，洱海流域的蚕豆成熟期为 5~6 月，3 月蚕豆处于生长茂盛期，影像呈深绿色图斑，此时油菜处于开花期，影像呈现金黄色图斑，是油菜提取的最佳时相，同时期的紫叶莴笋叶片呈深紫色，影像特征明显。因此，选取 3 月影像数据提取小春作物能有效将蚕豆、油菜、紫叶莴笋与其他作物分离。8 月玉米与水稻生长旺盛，叶片宽厚浓绿，各类作物生长稳定，因此光谱信息丰富，利于不同作物类型提取；紫叶莴笋处于第 2 轮生长期，影像同样呈深紫色，能有效区别同期的其他绿色植株。综上，选取 3 月和 8 月影像数据作为研究区小春作物、大春作物提取的最佳时相较为合理。

（三）选择最佳空间分辨率

在遥感影像分类中，并非空间分辨率越高分类精度越高，分辨率较高或较低均会影响分类精度，也会影响计算机进行分类识别的效率，具体执行中需要根据研究的具体目标与对象选择最佳空间分辨率。如果进行土地利用现状分类，筛选合适的分类方法，优化分类特征指标，10m 空间分辨率的遥感影像就能满足需求；但如果进行更为精细化的土地整治规划设计，对遥感影像的空间分辨率的要求更高。本书中，如高分二号影像，其分辨率为 1m，图像提供各地物细节，但在分类中同一地物因影像的细微差别可能被划分为不同类别，导致同一类别内光谱异质性增大，不同类别间的光谱异质性减小，影像同物异谱和同谱异物现象严重，反而降低地物间的可分性；又如 Landsat 系列影像，其分辨率为 30m，在分类中多组田块被划为一个像素单元，导致不同类别混杂在一起，不利

于提高分类精度。

三、生态风险识别体系助推生态保护升级

（一）提高资源环境规划的针对性

运用空间信息技术进行流域生态风险识别是本书的典型成果，构建了洱海流域“氮磷分布—源汇风险—生态价值”生态风险识别技术体系。首先，利用GIS空间分析技术、源强估算，明确了TN、TP排放总量最大的粮食作物与经济作物，分析了TN、TP排放强度空间分布规律；其次，构建阻力基面评价体系，基于最小累积阻力模型，建立阻力面并划分风险等级，分析风险等级的时空变化，并探讨了风险等级的驱动因素；最后，运用改进的生态系统服务价值当量因子方法，揭示了生态系统服务价值动态变化趋势。

充分利用上述成果，可为洱海流域生态保护的高质量发展提供理论依据与决策支持。例如，阐明了TN、TP的主要作物来源，分析了TN、TP面源污染的空间分布，地方可根据面源污染的重点地区，有针对性开展种植结构调整，制定农业产业升级发展的“一地一策”；识别了“源—汇”生态风险等级时空变化，针对“源—汇”生态风险的重点地区，制定土地利用规划、国土空间规划、基本农田保护等具体措施，提高土地利用效率与水平；揭示了生态系统服务价值动态变化趋势，可为流域生态保护红线划定、“三区三线”划定提供理论依据与决策支持。

（二）提出了更为细化的生态保护措施

洱海流域上游的高风险区和极高风险区主要集中分布在耕地“源”景观及其附近，这些区域是受人类活动影响最大的。而限制城镇规模，重点管控耕地，加大林地和草地等“汇”景观的面积，进行景观优化、种植业结构的优化和轮作模式是改善生态环境质量的有效方式，可有效降低面源污染的产生和转移。划定耕地的边界，减少旱地的面积，对坡度较大（>25°）、耕地质量较低、易造成水土流失的耕地逐步退出，对茈碧湖、西湖和海西湖所在的区域重点管控，实施退耕还湿。牛街乡以及茈碧湖镇、凤羽镇和右所镇交界处同时加大植树造林力度，增加林地和草地的面积，提高“汇”景观的优势度及主导作用。同时，在制定政策时，要农户的经济收入水平不下滑、生态效益不降低为目标，调整农业产业结构，降低“源”景观的主导作用，实现洱海保护和农民利益的双赢。

全流域内全面禁止种植大蒜等高水高肥的经济作物，全面推广有机肥的使用，建设万亩木瓜园、万亩蚕豆、万亩湿地等绿色生态产业，上述土地利用变化直接影响生态系统服务的变化，进而影响区域生态系统服务总价值的改变。通过对比塔里木盆地、四川盆地和岷江上游等相似区域，均发现林地、草地、水域对ESV的贡献率较大，且ESV均是中间低、四周高，与本书研究结果高度相似。因此，提高林地、草地和水域面积会拥有更高的生态系统服务价值，对洱海的保护具有非凡的意义。

四、科学合理施肥控制农业种植面源污染

本书研究了农作物施肥水平对洱海流域面源污染的影响，构建了8种低纬高原气候下施肥水平、种植结构与农业面源污染关系假设模型，最终8种结果都得到了验证（CFI>0.91）。

研究表明，不合理施用化肥是造成洱海流域农业面源污染的主要原因之一，科学合理施肥对控制农业种植面源污染具有重要意义。

一是精确施肥。2006年，洱源县被列为农业部测土配方施肥补贴项目试点县，连续实施多年，其间洱源县共采集土壤样品2000多个，化验有机质、速效氮、速效磷、速效钾等12个指标，全面摸清了洱源县土壤养分情况，并形成了属性数据库，为精确施肥提供了数据支撑。根据上述成果，有针对性地对农户种植作物提供指导，做到精确施肥。二是科学灌溉。合理施肥与科学灌溉相结合可提高肥效，作物生长需要养分和水分，水分直接影响养分的转化和移动，科学灌溉对提高肥料利用率、促进作物生长、减少肥料流失有着重要的作用。旱地追肥后，要及时浇灌，自然落干，严禁漫灌，减少肥料流失。三是肥料替代。合理增加绿肥的施用量，绿肥是一种生物肥源，对改良土壤也有很大作用，有较好的增产作用。也可推广"缓释"肥，通过土壤pH值、微生物活动、土壤中水分含量、土壤类型和浇水量等因素控制肥料的释放速度，从而达到控制农业面源污染的目的。

五、种植生态区划提高生态经济社会效益

针对洱海流域上游种植结构现存的生态问题，本书从"关键源区识别—种植适宜性评价"2个角度探究种植生态区划方案。第一种方案采用德尔菲（Delphi）法、构建ECM模型实现基于面源污染"关键源区"识别的种植生态分区，4种分区为减氮减磷区、减氮定磷区、定氮减磷区和定氮定磷区；第二种方案采用熵值法确定指标权重，构建种植适宜性评价指标体系，种植适宜性分区分为最适宜种植区、次适宜种植区、基本适宜种植区和不适宜种植区，并基于种植适宜性评价进行作物布局优化。2种方案以生态与经济双赢为目标，可为流域上游种植结构调整提供理论依据。

第一种方案通过对多目标优化模型进行求解分析，水稻和蔬菜种植面积分别缩减30.7%、22.8%，烤烟、大麦、豆类、油菜面积分别增加10.7%、16.8%、3.2%、23.7%。为满足乡镇居民与农户的生活需求与农户的经济收入，建议在蔬菜减少的种植区改造成为大棚蔬菜的种植形式。在靠近水源地区适当增加烤烟种植面积，替换水稻等排污量较高的作物，达到经济与生态效益双赢的目标。

第二种方案对水稻、玉米、烤烟、蚕豆、油菜、其他蔬菜6种作物提出布局优化建议。适当控制水稻在最适宜种植区内的种植面积，且尽量离水源距离在200m以上。适当减少最适宜种植区玉米种植面积，在次适宜种植区、基本适宜种植区大面积种植。烤

烟可以在最适宜种植区适当扩大种植范围。蚕豆除了在不适宜种植区改种其他作物外，在适宜种植区维持种植现状即可，不需要做其他调整。油菜在不适宜种植区改种其他作物，而在适宜种植区适当扩大种植面积。小春时期种植各类蔬菜，如小葱、青椒、圆白菜等，适当减少蔬菜的种植面积，或者改为蔬菜大棚的种植形式。不适宜种植区坡地超过 25°，地形条件不利于作物生长发育和机械化作业，此区域不要种植粮食、经济作物等，改种果树，如柑橘类、核果树等，或采用核桃配套中药材复合经营模式。

洱海流域上游采用第一种模式总量控制各种作物种植面积，第二种模式即可为种植结构调整指明方向，并建议在洱海流域进行推广。构建的“关键源区识别—种植适宜性评价”的种植生态区划体系，将为同类型湖泊面临面源污染治理难题时提供经验借鉴。

第三节 展 望

本书应用空间信息技术，在洱海流域生态保护中开展了一系列的应用，虽然取得了一些成果，但是在诸多方面有待进一步改进和深化。

一、多源遥感数据的融合

由于现有的部分卫星在设计上存在局限性，无法兼顾数据的时间和空间分辨率，同时使用的都是光学卫星影像，在遇到夏季长时间的多雨季节时无法获取影像，后续研究中应当使用更多种类的卫星数据。多源遥感数据融合更好地发挥不同遥感数据源的优势，弥补某一种遥感数据的不足，减少不确定性与模糊度，提高解译、分类的精度及动态监测能力，并形成对目标完整一致的信息描述。遥感数据融合是解决多源海量数据集成表示的有效途径，同时也考虑到不同卫星数据的提取精度、观测时段以及数据的处理方法等均有不同，今后的研究应结合多时相影像及融合影像，突破有效数据不足的限制，融合多源数据也是今后一个重要的研究方向。

二、研究尺度的拓展

研究尺度的选取对研究结果的精确性及其应用至关重要，在研究中需统筹考虑数据的可得性、连续性、完整性等，本书选取的研究尺度都较为宏观，以流域—子流域尺度为主，微观尺度的数据采集很少涉及。若后续收集到微观尺度的相关数据，如土壤的水分、有机质、pH 值、重金属等，水质的总氮、总磷、COD、BOD、氨氮等指标，微生物的种类及含量等，研究结果将更准确。此外，时空分异分析方法基本原理是通过统计方法进行描述。受研究尺度的限制，所得结果虽然符合实际，但是不排除某些规律被掩盖的可能性。今后研究中，通过扩大研究区域或缩小研究尺度来增加研究样本数量，使得研究结果更具统计学意义。

三、水质反演的研究

近期利用高光谱技术和机器学习手段对水质参数进行反演已成为国内外热点研究问题，高光谱技术能够获得物体连续的光谱信息，近年来逐步应用于农产品检测、水生植被和水资源调控等领域。在水质参数高光谱反演建模中，国内外学者采取机器学习方法对不同水质参数进行建模，如总氮、总磷、水质浊度、一般悬浮物、化学需氧量等，并取得了一定成果。在以后的研究中，可通过光谱数据的预处理，去除波段的冗余、噪声，提取特征波段，选取线性回归、随机森林、AdaBoost、XGBoost 等机器学习建模方法，建立水质反演模型，并采取 RMSE、R^2 和 RPD 3 个指标对反演模型进行对比和评价，建立的水质反演模型，将进一步充实空间信息技术在流域生态保护中的内容，完善其技术体系。

四、信息化新技术的协同

本书的相关研究内容中，涉及的空间信息技术以 RS、GIS、GEE、Fragstats 等为主，而数字孪生、人工智能、物联网等新信息技术较少进行融合应用，在今后的研究中，要充分利用物联网技术进行水土资源数据的采集，利用人工智能实现智能化识别、定位、跟踪、监管等功能，利用数字孪生模拟水土植物的生长过程，从而提高农业水—土—肥高效耦合效率，提高耕地生态高效利用，真正实现智慧农业、智慧国土、智慧水利等信息技术的融合应用，最终达到智慧生态、智慧环境的目标。

五、信息化新途径的探索

2021 年 3 月 5 日，习近平总书记在参加十三届全国人大四次会议内蒙古自治区代表团审议时强调，要坚持绿水青山就是金山银山的理念，坚定不移走生态优先、绿色发展之路；要继续打好污染防治攻坚战，加强大气、水、土壤污染综合治理，持续改善城乡环境。3 月 15 日，习近平总书记指示实现碳达峰、碳中和是一场广泛而深刻的经济社会系统性变革，要把碳达峰、碳中和纳入生态文明建设整体布局，拿出抓铁有痕的劲头，如期实现 2030 年前碳达峰、2060 年前碳中和的目标。贯彻“两山”“双碳”理念，是生态环境保护的行动纲领与重要指南。

可见，“两山”理念、“双碳”目标对洱海流域绿色发展具有引领性，着眼于降低碳排放，有利于推动经济结构绿色转型，加快形成绿色生产方式，助推高质量发展。在本书的研究中，对“双碳”战略目标下空间信息技术在流域的生态环境保护的探讨尚少，因此，在未来的研究中，要统筹山水林田湖草沙系统治理，实施好生态保护修复工程，关注与推动空间信息技术在碳捕集、利用与封存方面的融合应用，真正实现资源高效利用、绿色低碳发展。